ABHANDLUNGEN
DER AKADEMIE DER WISSENSCHAFTEN DER DDR
Abteilung Veröffentlichungen der Wissenschaftlichen Räte
Jahrgang 1982 · Nr. W 6

36. Tagung des Wissenschaftlichen Rates
für die wirtschaftswissenschaftliche Forschung
bei der Akademie der Wissenschaften der DDR
am 11. 5. 1982

Zur weiteren Vervollkommnung der wissenschaftlichen Arbeitsorganisation

Aufgaben und Probleme zur weiteren Vervollkommnung
der wissenschaftlichen Arbeitsorganisation
bei der Erhöhung der Effektivität und Qualität der Arbeit –
die weitere Entfaltung der schöpferischen Masseninitiative

AKADEMIE-VERLAG · BERLIN 1983

Herausgegeben im Auftrage des Präsidenten
der Akademie der Wissenschaften der DDR
von Vizepräsident Prof. Dr. Heinrich Scheel

Verantwortlich für dieses Heft:
Akademiemitglied Prof. Dr. sc. oec. Dr. h.c. Helmut Koziolek
Vorsitzender des Wissenschaftlichen Rates
für die wirtschaftswissenschaftliche Forschung
bei der Akademie der Wissenschaften der DDR

Redaktionsschluß: 20. August 1982

ISSN 0302–8054
Erschienen im Akademie-Verlag, DDR-1086 Berlin, Leipziger Str. 3–4

Lizenznummer: 202 · 100/71/82
Gesamtherstellung: VEB Druckerei „Gottfried Wilhelm Leibniz", 4450 Gräfenhainichen
Bestellnummer: 754 116 2 (2001/82/6 W) · LSV 0325
Printed in GDR
DDR 15,– M

Inhaltsverzeichnis

* schriftlich eingereichter Beitrag

* schriftlich eingereichter Beitrag

* schriftlich eingereichter Beitrag

1. Beratungsmaterial*

* überarbeitete Fassung

Ausgearbeitet von einem Autorenkollektiv des Wissenschaftlichen Rates für Fragen der Ökonomie und Organisation der Arbeit. Ihm gehörten an: Dr. R. Feig, Prof. Dr.-Ing. H. Hanspach, S. Lein, Prof. Dr. E. Mader.

Aufgaben und Probleme zur weiteren Vervollkommnung der wissenschaftlichen Arbeitsorganisation bei der Erhöhung der Effektivität und Qualität der Arbeit – die weitere Entfaltung der schöpferischen Masseninitiative

In der Gesellschafts- und Wirtschaftspolitik der DDR nimmt die Arbeit einen zentralen Platz ein. Im Programm der SED wird die Arbeit als wichtigste Sphäre des gesellschaftlichen Lebens und die gewissenhafte, ehrliche, gesellschaftlich nützliche Arbeit als Herzstück der sozialistischen Lebensweise bezeichnet. Von der Produktivität, Qualität und Effektivität der Arbeit in allen Bereichen des gesellschaftlichen Lebens, besonders in der materiellen Produktion, hängt entscheidend das Leistungswachstum der Volkswirtschaft und damit die weitere Realisierung der Hauptaufgabe ab.

Es geht darum, „einen neuen Schritt bei der Verbindung der Vorzüge des Sozialismus mit den Errungenschaften der wissenschaftlich-technischen Revolution zu tun" und alle Möglichkeiten, die Wissenschaft und Technik bieten, als „Hauptreserve für Leistungswachstum und Effektivität"[1] in vollem Maße zu nutzen.

Die wissenschaftliche Arbeitsorganisation ist in die Gesamtpolitik von Partei und Regierung eingeordnet und hat einen bedeutenden Beitrag zum Produktivitätswachstum bei gleichzeitiger Verbesserung der Arbeits- und Lebensbedingungen sowie zur Persönlichkeitsentwicklung der Werktätigen zu leisten. Sie ist eine Grundvoraussetzung für eine hohe Wirksamkeit des Arbeitsvermögens und der materiell-technischen und organisatorischen Bedingungen der Arbeit und für die Gewährleistung des effektiven Zusammenwirkens der Werktätigen im Arbeitsprozeß und die Entwicklung ihrer schöpferischen Initiative im sozialistischen Wettbewerb in allen Bereichen des gesellschaftlichen Lebens. Die Durchsetzung der wissenschaftlichen Arbeitsorganisation ist unmittelbarer Bestandteil der sozialistischen Rationalisierung und Intensivierung – sie gehört zum wissenschaftlich-technischen Fortschritt. Mit den wachsenden Ausmaßen des volkswirtschaftlichen Reproduktionsprozesses wird die Rolle des Menschen als Hauptproduktivkraft und damit auch die der WAO immer gewichtiger.

Das vorliegende Material für die 36. Tagung des Wissenschaftlichen Rates für die wirtschaftswissenschaftliche Forschung dient dem Ziel,

- Probleme der Entwicklung und wichtige Ergebnisse der WAO bei der Lösung gesellschaftlicher und ökonomischer Aufgabenstellungen zu erörtern und
- Hauptrichtungen der praktischen und wissenschaftlichen Arbeit in den 80er Jahren zu charakterisieren, die zu einem hohen Beitrag für die Realisierung der vom X. Parteitag der SED beschlossenen ökonomischen Strategie führen.

Dabei muß den Ergebnissen der 3. Tagung des ZK der SED und der Beratung des Generalsekretärs des ZK der SED, Genossen Erich Honecker, mit den 1. Kreissekretären im Februar 1982 voll Rechnung getragen werden.

[1] Bericht des Zentralkomitees der Sozialistischen Einheitspartei Deutschlands an den X. Parteitag der SED, Berichterstatter: Genosse Erich Honecker, Berlin 1981, S. 49/50.

I. Zur Entwicklung und zu wichtigen Ergebnissen der Anwendung der wissenschaftlichen Arbeitsorganisation (WAO)

1. *Die wissenschaftliche Arbeitsorganisation entwickelte sich als Bestandteil der sozialitischen Rationalisierung mit der Verwirklichung der vom VIII. Parteitag der SED beschlossenen Hauptaufgabe in der Einheit von Wirtschafts- und Sozialpolitik und macht diese für die Werktätigen im Arbeitsprozeß erlebbar.*

Der VIII. Parteitag erhob – fußend auf den erreichten Ergebnissen bei der Entwicklung des Arbeitsstudiums, der Arbeitsgestaltung und der Arbeitsnormung sowie in Auswertung der Erfahrungen der Sowjetunion – die Forderung, die WAO als Bestandteil der sozialistischen Rationalisierung und wichtigen Wachstumsfaktor der Arbeitsproduktivität wirksam zu machen und mit der Verbesserung der Arbeits- und Lebensbedingungen zu verbinden. Sie ist in die Leitung und Planung einzuordnen und vor allem mit Hilfe der Initiative und des Schöpfertums der Werktätigen umfassend durchzusetzen.

Seitdem vollzog sich eine rasche Entwicklung zur breiten Anwendung der WAO und auch ihrer ökonomischen und sozialen Wirksamkeit. Markante Schritte waren:

– Seit 1974 sind Maßnahmen der WAO verbindlicher Bestandteil des Betriebsplanes. Das hatte bedeutende Wirkungen für die sozialistische Rationalisierung, z. B. durch die Umgestaltung von Arbeitsplätzen und die Zurückdrängung gesundheitsgefährdender und körperlich schwerer Arbeitsbedingungen.

– Seit 1976 entwickelte sich in Verbindung mit der vom IX. Parteitag beschlossenen leistungsorientierten Lohnpolitik Schritt um Schritt eine Massenbasis zur Anwendung der WAO. In den Betrieben formierten sich zehntausende WAO-Kollektive, in denen erfahrene Arbeiter und Neuerer zusammen mit Fachkadern und dem zuständigen Leiter an der sozialistischen Rationalisierung aktiv mitwirken, um bessere Leistungs- und Arbeitsbedingungen zu schaffen.

– Mit den steigenden Anforderungen an die bessere Nutzung und höhere Wirksamkeit des gesellschaftlichen Arbeitsvermögens und mit der Beschleunigung des wissenschaftlich-technischen Fortschritts wuchsen Niveau und Ausmaß der WAO-Arbeit. Die Werktätigen des PCK Schwedt setzten dafür mit ihrer Initiative „Weniger produzieren mehr" Maßstäbe.

2. *Die wissenschaftliche Arbeitsorganisation erhält bei der weiteren Gestaltung der entwickelten sozialistischen Gesellschaft und der Schaffung grundlegender Voraussetzungen für den allmählichen Übergang zum Kommunismus wachsende Bedeutung. Durch ihre Verwirklichung wird zur Ausprägung des sozialistischen Charakters der Arbeit beigetragen und die grundsätzliche Übereinstimmung von gesellschaftlichen und persönlichen Interessen der Werktätigen als Triebkraft der gesellschaftlichen Entwicklung zunehmend zur Geltung gebracht.*

Wie Marx feststellte, wird erst durch die Arbeitsorganisation gesellschaftliche Produktion möglich. Das Niveau der Arbeitsorganisation bestimmt, wie „der Mensch seinen Stoffwechsel mit der Natur durch seine eigne Tat vermittelt, regelt und kontrolliert".[2] „Welches auch immer die gesellschaftlichen Formen der Produktion", so Marx, „Arbeiter und Produktionsmittel bleiben stets ihre Faktoren. Aber die einen und die andern sind dies nur der Möglichkeit nach im Zustand ihrer Trennung voneinander. Damit überhaupt produziert werde, müssen sie sich verbinden. Die besondre

[2] K. Marx, Das Kapital, Erster Band, in: K. Marx/F. Engels, Werke (im folgenden: MEW), Bd. 23, Berlin 1962, S. 192.

Art und Weise, worin diese Verbindung bewerkstelligt wird, unterscheidet die verschiednen ökonomischen Epochen der Gesellschaftsstruktur."[3]

Die Arbeitsorganisation ist also Bedingung jeder Produktion und auch wesentlicher Produktivitätsfaktor. In bestimmten Entwicklungsstufen der Produktivkräfte kann die Arbeitsorganisation zum entscheidenden Element der Produktivitätssteigerung werden.

Im Unterschied zu bürgerlichen Auffassungen versteht der Marxismus-Leninismus die Arbeitsorganisation nicht einseitig als technisch-organisatorische Aufgabe, sondern als eine erstrangige sozialökonomische Kategorie.

Das Streben der Kapitalisten nach Maximalprofit und der Kampf um die Erhaltung ihrer Gesellschaftsordnung durch Verschleierung des Ausbeutungscharakters haben die kapitalistische Arbeitsorganisation zu hoher Perfektion geführt. Die Werktätigen sind dabei nicht Subjekt, sondern Objekt der Arbeitsorganisation. Im Sozialismus erhält die WAO ihr bedeutendes politisches Gewicht dadurch, daß mit ihrer Hilfe die Rationalisierung auf sozialistische Weise, das heißt von den Menschen ausgehend und in ihrem Interesse erfolgt, daß sie mit der tagtäglichen Praxis der Mehrheit der Werktätigen direkt verbunden ist und ihre Erkenntnisse in großem Maßstab anwendbar macht.

Gegenstand der WAO sind die Bedingungen für die Tätigkeit der Menschen im Produktions- und Arbeitsprozeß. Das heißt, die WAO erfaßt Tätigkeiten in allen Bereichen der Volkswirtschaft, in der Produktion ebenso wie in der Produktionsvorbereitung, der Verwaltung und den wissenschaftlichen Einrichtungen, überall dort, wo lebendige Arbeit verausgabt wird. Es geht dabei um alle Bedingungen der Arbeit unter dem Gesichtspunkt ihres Einflusses auf die menschliche Tätigkeit.

Aufgabe der WAO ist es, das Zusammenwirken der Werktätigen mit den Arbeitsmitteln und Arbeitsgegenständen, die Arbeitsumwelt und ganz besonders die Beziehungen der Werktätigen untereinander im Arbeitsprozeß so zu gestalten, daß dabei die neuesten wissenschaftlichen Erkenntnisse und die besten Arbeitserfahrungen voll zur Geltung kommen. Die Aufgabe erstreckt sich von der Gestaltung der Arbeitsplätze und der Arbeitsumgebung bis zur materiellen und moralischen Stimulierung.

Das Ziel der WAO besteht darin, solche Arbeitsbedingungen zu schaffen, die den Werktätigen hohe Leistungen ermöglichen sowie ihre allseitige körperliche und geistige Entwicklung fördern und zur Herausbildung sozialistischer Beziehungen, zur Entwicklung sozialistischer Kollektive beitragen. Es geht letztlich um Bedingungen, unter denen die Arbeit mehr und mehr zum ersten Lebensbedürfnis der Werktätigen wird.

3. *Die konsequente Anwendung der wissenschaftlichen Arbeitsorganisation bei der Rationalisierung und Intensivierung hat in Realisierung der vom VIII. Parteitag der SED beschlossenen Wirtschafts- und Sozialpolitik in den vergangenen Jahren zu beachtlichen Ergebnissen geführt.*

Das ökonomische Gewicht der wissenschaftlichen Arbeitsorganisation kommt darin zum Ausdruck, daß durch ihre Maßnahmen in den vergangenen Jahren mehr als ein Drittel des Produktivitätszuwachses in der Industrie erreicht worden ist. Etwa 40 % der Arbeitszeiteinsparung in den Plänen Wissenschaft und Technik wurden durch WAO-Maßnahmen realisiert. Mit Hilfe der Methoden und Verfahren des Arbeitsstudiums wurden bestehende Arbeitsprozesse rationalisiert, und es wurde durch eine kontinuierliche Produktion und die Beseitigung vermeidbarer Ausfallzeiten auf die bessere Nutzung der Arbeitszeit Einfluß genommen. Arbeitsprozesse, die noch in hohem Maße lebendige Arbeit binden, wurden mit Hilfe der WAO neu gestaltet und ermög-

[3] K. Marx, Das Kapital, Zweiter Band, in: MEW, Bd. 24, Berlin 1963, S. 42.

lichten beträchtliche Steigerungsraten der Arbeitsproduktivität. Die durch sinnvolle Kombination von Arbeitstätigkeiten, Gestaltung anspruchsvoller Arbeitsaufgaben und Entwicklung kollektiver Formen der Arbeitsorganisation erreichte Arbeitszeiteinsparung machte es möglich, Arbeitskräfte für andere Aufgaben zu gewinnen.

Die Realisierung arbeitswissenschaftlicher Erkenntnisse bei der Entwicklung von Erzeugnissen und Technologien sowie bei der Vorbereitung und Durchführung von Investitionen erbrachte ebenfalls erhebliche Einsparungen an Arbeitszeit sowie die Voraussetzungen für günstige Arbeitsbedingungen. Die WAO leistete einen Beitrag dazu, daß erstmals im Jahre 1981 in der metallverarbeitenden Industrie durch Investitionen mehr Arbeitsplätze eingespart als neue geschaffen wurden.

Mit Hilfe der WAO konnte der sozialistische Inhalt der Rationalisierung weiter ausgestaltet werden. Rund 1 300 000 Arbeitsplätze wurden von 1976 bis 1981 nach Erkenntnissen der WAO um- bzw. neugestaltet. Seit 1974 sind mehr als 60 % aller Arbeitsplätze in der Industrie, im Bau- und Verkehrswesen durch Maßnahmen der WAO verändert worden. Für viele Werktätige konnten auf diesem Wege die Arbeitsbedingungen verbessert und die Arbeitssicherheit wesentlich erhöht werden. Im vergangenen Fünfjahrplanzeitraum wurden für insgesamt 212 000 Werktätige die Arbeitserschwernisse reduziert oder gänzlich beseitigt. Gegenüber 1970 wurde 1981 eine Reduzierung auf 56,3 % erreicht.

Die Anwendung arbeitshygienischer Normative und der Anordnungen des Gesundheits- und Arbeitsschutzes schuf in allen Zweigen der Wirtschaft die Voraussetzungen dafür, daß die Unfallquote weiter gesenkt werden konnte. Im Zeitraum 1970 bis 1980 sank die Anzahl der meldepflichtigen Arbeitsunfälle von 40 auf 29 pro 1 000 Beschäftigte. Damit ist 1980 die niedrigste Arbeitsunfallquote seit Bestehen der DDR erreicht worden.

Gestaltungs- und Sanierungsmaßnahmen führten dazu, daß in den letzten Jahren die arbeitsbedingten Erkrankungen zurückgegangen sind. Dabei muß man bedenken, daß ihre Entstehungszeit meist zwischen 5 und 15 Jahren liegt. Der Rückgang der wichtigsten Gruppen der Berufskrankheiten beträgt gegenüber dem Jahre 1971 zwischen 65 und 95 %.

Ein wichtiger Beitrag zur Erhöhung der Wirksamkeit des gesellschaftlichen Arbeitsvermögens wurde durch Schaffung von Leistungsvoraussetzungen und Leistungsmaßstäben für die Einführung von Produktivlöhnen geleistet. Bis Ende 1980 wurden für 1,8 Mio Produktionsarbeiter Produktivlöhne in Form von Grundlöhnen wirksam. Für rund 450 000 Meister, Hoch- und Fachschulkader wurden leistungsorientierte Gehälter eingeführt. Damit wurde auf das Leistungsverhalten und die Einstellung zur Arbeit Einfluß genommen. *Die WAO wurde in den Betrieben und Kombinaten als ständige Leitungsaufgabe verwirklicht. Hunderttausende Produktionsarbeiter haben in WAO-Kollektiven Erfahrungen bei ihrer praktischen Verwirklichung gesammelt.* Erfolgreiche Kombinate, wie das PCK Schwedt, das Mansfeld Kombinat, die Kombinate Carl Zeiss Jena, Robotron u. a., haben die Leitungsarbeit auf der Grundlage langfristiger Rationalisierungsstrategien vorbildlich entwickelt und eine Massenbasis für die Rationalisierung und die Durchsetzung der WAO erreicht. In diesen Kombinaten wird die Rationalisierungsarbeit im Auftrage der Generaldirektoren von Ingenieurbüros und WAO-Abteilungen geleistet. Sie bereiten Leitungsentscheidungen vor, arbeiten operativ in den Betrieben der Kombinate, lösen Kombinatsaufgaben vor allem auf dem Gebiet der Planung und organisieren die Übertragung der Erfahrungen der Besten. Sie stützen sich dabei auf die in den verschiedenen Leitungsbereichen bestehenden ehrenamtlichen WAO-Kollektive.

WAO-Kollektive haben sich als wirksame Form schöpferischer und aktiver Beteiligung der Werktätigen an der Gestaltung und Organisation der Arbeit bewährt. Gegenwärtig bestehen weit über 20 000 WAO-Kollektive mit mehr als einer viertel Million Mitgliedern. Ebenso wie die Arbeit der ehrenamtlichen Arbeitsschutzobleute der Gewerkschaft, die Übernahme von WAO-Objekten im Rahmen der Jugendbewegung „Messe der Meister von morgen" und die zielgerichtete Organisation der sozialistischen Gemeinschaftsarbeit und der Neuererbewegung ist ihre Tätigkeit sichtbarer Beweis für die breite Initiativbewegung, die mit Unterstützung der Gewerkschaften für die sozialistische Rationalisierung organisiert wurde.

4. *Besonders seit dem VIII. Parteitag nahmen die sozialistischen Arbeitswissenschaften in Forschung, Lehre und Praxis eine positive Entwicklung. Sie sind bei ihrem Erkenntnisgewinn und der praktischen Anwendung ihrer Ergebnisse unmittelbar mit der Arbeiterklasse verbunden und beziehen die wachsenden Arbeitserfahrungen der Werktätigen ständig in ihre Arbeit ein.*

Die Zusammenarbeit zwischen den arbeitswissenschaftlichen Einrichtungen und mit der Praxis wurde weiter ausgebaut. Im Rat für Ökonomie und Organisation der Arbeit und in seinen Fachsektionen sind mehr als 40 arbeitswissenschaftliche Forschungsstellen vereint. Als wesentliche Hilfe erwies sich die Unterstützung durch den Wissenschaftlichen Rat für die wirtschaftswissenschaftliche Forschung.

Zu folgenden theoretischen Fragen, die Grundlagencharakter haben, wurden durch die sozialistischen Arbeitswissenschaften Beiträge geleistet:

- zur weiteren Ausprägung des sozialistischen Charakters der Arbeit, speziell zur Rolle und Bedeutung sozialistischer Arbeitsbedingungen sowie zur Herausbildung anspruchsvoller Arbeitsinhalte,
- zur Nutzung des potentiellen Arbeitsvermögens und der wachsenden Qualifikation der Werktätigen durch neue Prinzipien der Arbeitsorganisation,
- zu den arbeitsnormativen Grundlagen, speziell zur Vervollkommnung der Leistungsbewertung und zu den Voraussetzungen für kollektive Formen der Arbeits- und Lohnorganisation,
- zur neuen Qualität der Anwendung des Leistungsprinzips bei der schrittweisen Einführung von Produktivlöhnen.

Die weitere Ausprägung des Charakters der sozialistischen Arbeitswissenschaften zeigt sich darin, daß in zunehmendem Maße arbeitsmedizinische, arbeitsphysiologische und soziologische Erkenntnisse in die wissenschaftlichen Grundlagen und Methoden und Verfahren einflossen. Die wissenschaftlichen Ergebnisse haben dazu beigetragen, die Zusammenarbeit der RGW-Länder auf arbeitswissenschaftlichem Gebiet zu entwickeln und auszubauen. Gemeinsame Arbeiten der sozialistischen Länder haben dazu geführt, daß der Einfluß der bürgerlichen Arbeits- und Soziallehre in der Internationalen Arbeitsorganisation weiter zurückgedrängt werden konnte. Den jungen, sozialistisch orientierten Nationalstaaten wurde verstärkt Unterstützung gegeben.

Von den sozialistischen Arbeitswissenschaften wurden Methoden und Instrumente entwickelt, die zur Leistungsentwicklung sowie zur Herausbildung anspruchsvoller Arbeitsinhalte und sozialistischer Arbeitsbedingungen führten. Die Methoden und Verfahren des Arbeitsstudiums sind unentbehrlich für die Analysentätigkeit in den Betrieben. Die Hilfsmittel der Arbeitsgestaltung (arbeitshygienische Normative und arbeitswissenschaftliche Standards, Bestimmungen über die Schutzgüte und Richtlinien, Gestaltungsregeln und Grundsätze, Typenlösungen, Kataloge, Anforderungsbilder u. a.) bilden die unerläßliche Grundlage für die Schaffung sozialistischer Arbeitsbedingungen. Das Instrumentarium der Arbeitsklassifizierung (Grund- und Zweigmethodiken,

Qualifikationsmerkmale und -handbücher) dient dazu, die Arbeitsanforderungen an die Werktätigen nach einheitlichen Maßstäben zu ermitteln und auf die Schaffung anspruchsvoller Arbeitsaufgaben Einfluß zu nehmen.

Die Verfahren und Methoden zur Ausarbeitung und Anwendung von Leistungskennziffern sind unentbehrlich für eine fundierte Planung, für eine rationelle Produktions- und Arbeitsorganisation wie auch für die konsequente Anwendung des Leistungsprinzips. Dazu zählen auch die geschaffenen Grundlagen für die Weiterentwicklung der Lohngestaltung und Prämienformen sowie die vielfältigen Formen moralischer Stimulierung. Als Hilfsmittel für die Leiter zur Anwendung der wissenschaftlichen Arbeitsorganisation wurden Arbeitsprogramme, Ablaufschemata und Niveaukennzahlen der WAO geschaffen.

Die Bildung eines zentralen Informationsdienstes für Zeitnormative gewährleistet eine breite und rationelle Nutzung technisch-technologisch begründeter Zeiten, die gleichzeitig die genauere Bestimmung von Leistungsmaßstäben ermöglichen. Diese und weitere Methoden und Verfahren der WAO sind für die Werktätigen wertvolles Hilfsmittel, um – gestützt auf das Arbeitskollektiv – selbst an der Verbesserung ihrer Arbeitsplätze und der Arbeitsbedingungen mitwirken zu können.

Mit ständig weiterentwickelten Schulungsmaterialien, wie Lehrbriefen, Filmen, Ausstellungen, wird der Praxis Anleitung gegeben. Die Aus- und Weiterbildung erhielt durch neue Lehrbücher, staatlich festgelegte Lehrgänge, postgraduales Studium und die Vortragstätigkeit mit Unterstützung der KDT und der Gesellschaft für Arbeitshygiene und Arbeitsschutz eine gesicherte Basis für die Verbreitung anwendbarer Erkenntnisse und für die Vertiefung der Einheit von Theorie und Praxis.

Wesentlichen Anteil an der Breitenarbeit zur Verwirklichung der WAO haben die arbeitswissenschaftlichen Zentren, die – im Auftrage der Minister und gestützt auf einen regelmäßigen Erfahrungsaustausch beim Zentralen Forschungsinstitut für Arbeit, Dresden – eine planvolle WAO-Arbeit leisten. Sie umfaßt – in Abstimmung mit den wissenschaftlich-technischen Zentren – eine zweigspezifische Anwendungsforschung, u. a. bei der Einführung von Neuerungsprozessen und zur Anwendung der WAO in Leitung und Verwaltung, sowie die Unterstützung der Kombinate und eine planmäßige Weiterbildung.

II. Hauptrichtungen zur weiteren Vervollkommnung der wissenschaftlichen Arbeitsorganisation

1. *Die Beschlüsse des X. Parteitages stellen die gesamte Gesellschaft vor die Aufgabe, die ökonomische Strategie der 80er Jahre zur weiteren Verwirklichung der Hauptaufgabe zu realisieren. Sie orientiert auf eine stärkere Nutzung der qualitativen Wachstumsfaktoren und hebt die intensiv erweiterte Reproduktion auf eine neue Stufe, um unter den neuen Bedingungen ein kontinuierlich hohes Leistungswachstum zu sichern.*

Bei der Durchsetzung der auf dem X. Parteitag der SED beschlossenen ökonomischen Strategie sind durch die WAO wichtige Aufgaben zu erfüllen, die sich vor allem aus der Stellung der Ökonomie und Organisation der Arbeit im Prozeß der Intensivierung der gesellschaftlichen Produktion ergeben. Mit den wachsenden Ausmaßen der materiell-technischen Basis und des Reproduktionsprozesses nimmt die Rolle des subjektiven Faktors für dessen Ergebnis zu. Eine der entscheidendsten Aufgaben bei der breiten Anwendung der wissenschaftlichen Arbeitsorganisation ist es, den subjektiven Faktor bei der Verwirklichung der ökonomischen Strategie voll zur

Wirkung zu bringen. Die Kernfrage besteht darin, die lebendige Arbeit noch wirkungsvoller zu machen und das Arbeitsvermögen rationeller zu nutzen und zu entwickeln. Bei der Erhöhung der ökonomischen Wirksamkeit der lebendigen Arbeit müssen gleichzeitig die Worte von Engels beachtet werden: Die alte Produktionsweise muß „von Grund aus umgewälzt werden, und namentlich muß die alte Teilung der Arbeit verschwinden. An ihre Stelle muß eine Organisation der Produktion treten, in der einerseits kein einzelner seinen Anteil an der produktiven Arbeit ... auf andre abwälzen kann; in der andrerseits die produktive Arbeit, statt Mittel der Knechtung, Mittel der Befreiung der Menschen wird, indem sie jedem einzelnen die Gelegenheit bietet, seine sämtlichen Fähigkeiten, körperliche wie geistige, nach allen Richtungen hin auszubilden und zu betätigen, und in der sie so aus einer Last eine Lust wird."[4]

Mit der Verwirklichung der ökonomischen Strategie, besonders mit der Rationalisierung und Intensivierung, sind daher immer zwei Aufgaben verbunden:

Zum einen wird mit der Rationalisierung und Intensivierung besonders durch den wissenschaftlich-technischen Fortschritt zur Verwirklichung der ökonomischen Strategie der notwendige Leistungszuwachs für die weitere Verbesserung des Lebens der Werktätigen geschaffen.

Zum anderen besteht gleichzeitig die Aufgabe, mit der Rationalisierung und Intensivierung die Bedingungen für die weitere Ausprägung des sozialistischen Charakters der Arbeit weiter zu entwickeln.

Dazu muß die WAO einen konkreten Beitrag leisten. Das gilt für einfache Organisationslösungen ebenso wie für die Entwicklung und den Einsatz neuer Technik.

Damit sind hohe Ansprüche, besonders an die Forscher und Entwickler, Konstrukteure, Projektanten und Technologen, verbunden. Ihnen obliegt es, durch die Anwendung von Erkenntnissen der sozialistischen Arbeitswissenschaften die lebendige Arbeit – das Kernstück der Erhöhung der Produktivität und Effektivität, das ausschlaggebende, weil verändernde und bewegende Element der Produktion – zu noch größerer Wirkung zu bringen. Gleichzeitig muß bei jeder wissenschaftlich-technischen und Rationalisierungsmaßnahme beachtet werden, daß damit auch Bedingungen für die Arbeit von Menschen gestaltet werden und daß es immer auch darum geht, durch belastungsoptimale und persönlichkeitsfördernde Arbeitsinhalte den sozialistischen Charakter der Arbeit zunehmend auszuprägen. Das gewachsene Bildungs- und Qualifikationsniveau und das Bewußtsein der Werktätigen müssen einen immer höheren Stellenwert erhalten; denn „die Fähigkeiten der Werktätigen und das Bewußtsein der Übereinstimmung ihrer Interessen mit dem gesellschaftlichen Anliegen der Produktion entscheiden letztlich darüber, mit welchem Effekt die materiell-technischen Bedingungen sowie die hohe Qualifikation für das Wirtschaftswachstum und die weitere Gestaltung der entwickelten sozialistischen Gesellschaft genutzt werden".[5]

2. *Für die Verwirklichung der ökonomischen Strategie ist die Beschleunigung des wissenschaftlich-technischen Fortschritts eine unabdingbare Voraussetzung. (Das bedeutet im Sozialismus die Erhöhung seiner ökonomischen und sozialen Wirksamkeit.) Aus der umfassenden Anwendung der Erkenntnisse von Wissenschaft und Technik, durch immer bessere Nutzung der Vorzüge des Sozialismus und ihre Verbindung mit den Errun-*

[4] F. Engels, Herrn Eugen Dührings Umwälzung der Wissenschaft („Anti-Dühring"), in: MEW, Bd. 20, Berlin 1971, S. 273/274.

[5] Aus dem Schlußwort des Mitglieds des Politbüros und Sekretärs des Zentralkomitees der SED, Genossen Günter Mittag, in: Mit der Kraft der Kombinate für weiteren hohen Leistungsanstieg, Berlin 1980, S. 48.

genschaften der wissenschaftlich-technischen Revolution wird ein maximaler Zuwachs an ökonomischer Kraft gewonnen.

Entsprechend der Rolle und Stellung des Menschen im sozialistischen Arbeitsprozeß sind Maßnahmen des wissenschaftlich-technischen Fortschritts darauf gerichtet, die Erhöhung der Arbeitsproduktivität mit der planmäßigen Verbesserung der Arbeitsbedingungen zu verbinden. Von dieser Zielsetzung ausgehend, werden die Erkenntnisse der sozialistischen Arbeitswissenschaften bei der sozialistischen Rationalisierung verwirklicht. Sie sind in das Konzept der sozialistischen Rationalisierung, in die Veränderung bestehender Arbeitsprozesse und die Entwicklung und Produktionseinführung neuer Erzeugnisse und Technologien sowie in die Vorbereitung und Durchführung von Investitionen eingeordnet und werden bei der weiteren Vervollkommnung der wissenschaftlichen Arbeitsorganisation in den Betrieben und Kombinaten angewendet. Bei jeder wissenschaftlich-technischen Maßnahme sind arbeitswissenschaftliche Forderungen von Beginn an zu berücksichtigen.

Auf der Grundlage der Konzeptionen zur beschleunigten Anwendung der Mikroelektronik, zum Einsatz von Industrierobotern, zur Ausrüstung von Maschinen mit elektronischer Steuerung und zur weiteren Anwendung der elektronischen Rechentechnik konzentriert sich der Beitrag der WAO auf hohe Steigerungsraten der Arbeitsproduktivität, auf die Einsparung von Arbeitsplätzen und die Verbesserung des Verhältnisses von Aufwand und Ergebnis. Sie leistet einen Beitrag zum Ersatz menschlicher Arbeit durch Mikroelektronik und Robotertechnik und zur Beseitigung gefährdender und gesundheitsschädigender Bedingungen der Arbeit.

In der Direktive des X. Parteitages der SED ist als Schwerpunkt der wissenschaftlich-technischen Arbeit festgelegt:

„Durch die Nutzung der Erkenntnisse der wissenschaftlichen Arbeitsorganisation sind in Industrie, Bauwesen und Verkehr in den Jahren 1981–1985 rd. 1 100 000 bis 1 400 000 Arbeitsplätze neu- bzw. umzugestalten und für rd. 300 000–320 000 Werktätige noch bestehende Arbeitserschwernisse zu beseitigen.“[6]

Mit den Maßnahmen des wissenschaftlich-technischen Fortschritts, der Beherrschung und Nutzung moderner Technik und Technologie in Verbindung mit der WAO, die ständig vom wachsenden Qualifikationsniveau der Werktätigen ausgeht, sind weitere Leistungsreserven zu erschließen und ist der sozialistische Charakter der Arbeit weiter auszuprägen.

Die Entwicklung von Arbeitsmitteln, die Ausarbeitung und Anwendung moderner Technologien und von Projekten muß stets nach technischen, ökonomischen und arbeitswissenschaftlichen Parametern durchgeführt werden; denn in den Bereichen Konstruktion, Technologie und Projektierung wird zu über 80 % über künftige Produktivität und Effektivität sowie die Arbeitsbedingungen künftiger Arbeitsprozesse entschieden.

Die Anwendung arbeitswissenschaftlicher Erkenntnisse bei der Einführung moderner Produktionsverfahren und Erzeugnisse konzentriert sich auf:

- die Minimierung des Aufwandes an lebendiger und vergegenständlichter Arbeit je Erzeugnis oder Leistungseinheit,
- die Gestaltung anspruchsvoller Arbeitsinhalte durch Projektierung von Arbeitstätigkeiten, die stärker das geistige Leistungsvermögen herausfordern,
- die Gestaltung einer Informationsdarbietung an Maschinen und Anlagen, die eine effektive und störungsfreie Bedienung sichern,

[6] Direktive des X. Parteitages der SED zum Fünfjahrplan für die Entwicklung der Volkswirtschaft der DDR in den Jahren 1981 bis 1985, Berlin 1981, S. 63.

- die Realisierung neuer oder veränderter Anforderungs-, Belastungs- und Expositionsprofile zur Arbeitsgestaltung,
- die effektive Gestaltung der Funktionsteilung zwischen Mensch und Maschine, der Arbeitsteilung und -kooperation,
- die durchgängige Gestaltung der Arbeitsaufgaben und ihrer Ausführungsbedingungen zur Erhöhung der Leistungen und Förderung der Persönlichkeitsentwicklung,
- die durchgängige Sicherung des Gesundheits- und Arbeitsschutzes und die Gewährleistung der Schutzgüte.

Hohe Ansprüche werden in diesem Zusammenhang an die Leitung und Planung der wissenschaftlich-technischen Arbeit gestellt. Sie beziehen sich auf:
- die Festlegung arbeitswissenschaftlicher Aufgaben in den Pflichtenheften und ihre Realisierung in den Arbeitsstufen des Planes Wissenschaft und Technik,
- die Realisierung arbeitswissenschaftlicher Aufgaben bei der Vorbereitung und Durchführung von Investitionen,
- die konsequente Anwendung von Instrumentarien der WAO, wie Anforderungsbilder, Typenlösungen, Standards des Gesundheits- und Arbeitsschutzes, Katalog arbeitswissenschaftlicher Richtlinien und Empfehlungen,
- die Bewertung der erreichten Ergebnisse auf technisch-funktionellem, ökonomischem und arbeitswissenschaftlichem Gebiet,
- die Sicherung einer konsequenten Leistungsbewertung in der Einheit von Zeit und Qualität als Grundlage der materiellen und moralischen Stimulierung hoher Leistungen.

3. *Die weitere Vervollkommnung der WAO ist auf die rationelle Nutzung des gesellschaftlichen Arbeitsvermögens zu richten. Die Nutzung seiner quantitativen und qualitativen Faktoren erhöht die Arbeitsproduktivität und das zu ihrer Steigerung notwendige Entwicklungstempo.*

Für eine verstärkte Einflußnahme auf die *quantitative* Seite des Arbeitsvermögens stehen folgende Aufgaben im Vordergrund:
- die vollständige Nutzung der Arbeitszeit durch kontinuierliche Produktion und die Beseitigung vermeidbarer Ausfallzeiten,
- die Einflußnahme auf die Verringerung der Fluktuation,
- die Entwicklung der Schichtarbeit zur besseren Nutzung der hochproduktiven Fonds,
- die Schaffung altersadäquater Arbeitsplätze, auch zur Einbeziehung arbeitsfähiger Rentner in den Arbeitsprozeß,
- die Einsparung von Arbeitszeit durch Erhöhung des Niveaus der Arbeitsorganisation (rationelle Gestaltung der Arbeitsabläufe, zweckmäßige Arbeitsteilung und -kooperation, Realisierung der durch Arbeitsstudien begründeten technisch-organisatorischen Veränderungen),
- die Einsparung von Arbeitsplätzen und die Gewinnung von Arbeitskräften für volkswirtschaftlich wichtige Aufgaben durch die Rationalisierung solcher Arbeitsprozesse, die noch in hohem Maße lebendige Arbeit binden (Montagearbeiten in den Hauptprozessen, alle Hilfsprozesse, wie Transport-, Umschlag- und Lagerprozesse, Instandhaltung, Gütekontrolle, Leitung und Verwaltung).

Besondere Bedeutung gewinnt die Nutzung der *qualitativen* Seite des Arbeitsvermögens. Dabei stehen folgende Aufgaben im Mittelpunkt:
- Herstellung optimaler Beschäftigtenstrukturen in den Phasen und Bereichen des betrieblichen Reproduktionsprozesses. Dabei geht es darum, die Anzahl der Beschäftigten in den produktionsvorbereitenden Bereichen (insbesondere Technologie, Rationalisierungsmittelbau u. a.), in der unmittelbaren Produktion und im Dienstleistungs-

bereich zu erhöhen und in den Produktionshilfsbereichen (Instandhaltung, Transport, Umschlag- und Lagerwesen, TKO) und in den Verwaltungsbereichen zu senken;

- qualifikationsgerechter Einsatz der Werktätigen entsprechend der erworbenen oder künftigen Qualifikation;
- Gestaltung anspruchsvoller Arbeitsaufgaben durch sinnvolle Funktionsteilung zwischen Mensch und Arbeitsmittel und eine zweckmäßige innerbetriebliche Arbeitsteilung und -kooperation.

Eine wichtige Rolle bei der Nutzung des gesellschaftlichen Arbeitsvermögens zur Rationalisierung des Reproduktionsprozesses spielt die Schwedter Initiative. Sie vereinigt alle wichtigen Fragen der Leistungssteigerung. Die Aufgaben zur Verwirklichung des wissenschaftlich-technischen Fortschritts, zur rationellen Nutzung und Entwicklung des Arbeitsvermögens, zur umfassenden Anwendung der WAO, zur Entwicklung der Masseninitiative und zur Stimulierung hoher Leistungen werden komplex angepackt und verwirklicht.

4. Die weitere Vervollkommnung der sozialistischen Produktionsverhältnisse, die Entwicklung neuer Formen der Spezialisierung und Konzentration der Produktion und die Herausbildung wissenschaftlicher Formen der Leitung von Kombinaten schafft neue Möglichkeiten und Voraussetzungen für effektivere Formen der Arbeitsorganisation sowie zur Gestaltung effektiverer Strukturen des Arbeitsvermögens in großen Produktionseinheiten.

Mit der effektiven Gestaltung des Reproduktionsprozesses in den Kombinaten sind neue große Aufgaben für die Entwicklung und Nutzung des Arbeitsvermögens und die umfassende Durchsetzung der WAO verbunden. Das beinhaltet die Schaffung hocheffektiver Strukturen der Arbeitskräfte ebenso wie das Wirksammachen der lebendigen Arbeit in der Material- und Energieökonomie, die Auslastung hochproduktiver Maschinen und Anlagen wie die Sicherung eines kontinuierlichen Produktionsablaufes und den Kampf gegen Arbeitszeitverluste. Die Vervollkommnung der Arbeitsorganisation in den Betrieben und Kombinaten ist vor allem auf folgende Prozesse gerichtet:

– *Die Rationalisierung von Arbeitsprozessen mit überwiegend manueller Tätigkeit*

Hier geht es darum, die manuellen, monotonen, sich oft wiederholenden Tätigkeiten vor allem durch Mechanisierung und Automatisierung in den Großserien- und Massenproduktionen zu beseitigen. Durch Anwendung des Verfahrens „Gestaltung manueller Arbeitsprozesse" (GMA) sind mit geringen Aufwendungen verbundene Rationalisierungseffekte möglich.

– *Die Rationalisierung einfacher Bedienprozesse*

In diesen Prozessen sind anforderungsarme Tätigkeiten zu beseitigen. Die wichtigsten Wege, die dazu beschritten werden müssen, sind:

- automatisierte Verkettung der Maschinen, um das Beschicken, Abnehmen, Messen und Kontrollieren als Bedientätigkeit zu beseitigen,
- Erweiterung der Bedienbereiche durch Anwendung der Mehrmaschinenbedienung,
- Einsatz bedienungsarmer Technologien und
- Entwicklung und Einsatz integrierter Fertigungsabschnitte, vor allem in der metallverarbeitenden Industrie.

– *Die Rationalisierung von Hilfsprozessen*

Gemessen am Niveau der Produktivität und Effektivität der Arbeit sowie der Organisation der Hauptprozesse, liegen die Transport-, Umschlag- und Lagerprozesse sowie die Instandhaltung zurück. Sie üben aber auf die Hauptprozesse erheblichen Einfluß aus. Von dem technischen und organisatorischen Niveau der Hilfsprozesse wird die Produktivität, Grundfonds-, Material- und Energieökonomie im gesamten Reproduktionsprozeß entscheidend beeinflußt. Deshalb bildet die Rationalisierung der Hilfsprozesse durch zielgerichtete Anwendung der Instrumentarien der WAO und durch Anwendung moderner Instandhaltungs-, Transport- und Lagertechnologien einen Schwerpunkt der Arbeit.

Das betrifft vor allem

- die Organisation einer wirkungsvollen planmäßig vorbeugenden Instandhaltung,
- die Ausarbeitung und Anwendung rationeller Instandhaltungs-, Transport- und Lagertechnologien und die Einführung von Typenlösungen,
- die Sicherung einer instandhaltungsgerechten Konstruktion von Maschinen und Anlagen, um von vornherein rationelles Arbeiten zu sichern,
- die analytische Durchdringung und Optimierung von Transport- und Lagerprozessen mit dem Ziel der Einsparung von Energieträgern und
- die Ausarbeitung und Anwendung von Leistungskennziffern und prozeßadäquaten Lohnformen.

– *Die Rationalisierung der Leitungs- und Verwaltungsarbeit*

„Es geht darum, daß die Leitungs- und Verwaltungsarbeit noch wesentlich stärker zu einem produktiven Faktor der Leistungsentwicklung wird. Gerade von dieser Position her gilt es, an die Rationalisierung dieser wertvollen Arbeit heranzugehen."[7] Dabei stehen im Vordergrund die einheitliche Anwendung einer effektiven Wirtschafts-, Leitungs- und Betriebsorganisation, die Rationalisierung der Arbeitsplätze und -prozesse durch Verwirklichung der WAO um den Neueinsatz und die höhere Nutzung von Leitungs- und Verwaltungstechnik zu erreichen. Die Anwendung von Methoden, Verfahren und Instrumentarien der WAO zur Rationalisierung der Leitungs- und Verwaltungsarbeit muß beschleunigt werden. Wesentliche Richtungen der Rationalisierung sind:

- die Analyse der Arbeit in den Leitungs- und Verwaltungsprozessen,
- die zielgerichtete Durchführung von Leistungsvergleichen zwischen Abteilungen, Betrieben und Kombinaten,
- die systematische Ausarbeitung und Anwendung von Arbeitskräfterichtwerten und Arbeitskräftenormativen und
- die Ausarbeitung und Anwendung von Typenlösungen der WAO für typische Arbeitsprozesse.

– *Die Rationalisierung der Arbeit in den produktionsvorbereitenden Bereichen*

Unter Berücksichtigung der Spezifika in der wissenschaftlich-technischen Arbeit wird die Rationalisierung der Arbeitsprozesse mit folgender Zielstellung durchgeführt:

Die Ergebnisse der Arbeit der Forscher, Entwickler, Technologen und Projektanten muß dazu führen, daß Produkte mit hohem Gebrauchswert, bester Qualität und einem niedrigen Aufwand an lebendiger und vergegenständlichter Arbeit erzeugt werden können und zum richtigen Zeitpunkt für den Export und die Volkswirtschaft zur Verfügung stehen.

Die WAO-Arbeit konzentriert sich dabei auf folgende Aufgaben:

Die Anwendung der in der Produktionspraxis erprobten Methoden des Arbeitsstudiums zur Analyse der Arbeitsabläufe, der Arbeitsaufgaben, der Arbeitsmethoden und der Informationsflüsse,

- die Erweiterung der Arbeitszeitanteile für schöpferische Arbeit durch Erfassung und Ausgliederung formalisierbarer Tätigkeiten und die Übertragung auf eine leistungsfähige Bürotechnik,

[7] Aus dem Schlußwort des Mitglieds des Politbüros und Sekretärs des Zentralkomitees der SED, Genossen Günter Mittag, in: Mit der Kraft der Kombinate für weiteren hohen Leistungsanstieg, a. a. O., S. 48/49.

- die Entwicklung persönlicher und kollektiver Verantwortung für die Überführung der Ergebnisse in die Produktion, damit der Zyklus Forschung und Entwicklung – Produktion – Absatz mit hoher Effektivität und in sozialistischer Gemeinschaftsarbeit realisiert wird,
- die Vervollkommnung der Leistungsbewertung sowie der materiellen und moralischen Stimulierung hoher Endergebnisse.

Die Erfahrungen erfolgreich arbeitender Kombinate, wie PCK Schwedt, Mansfeld Kombinat, Kombinat Robotron und andere, zeigen, daß eine zielgerichtete Arbeit und eine neue Qualität bei der Erhöhung des Niveaus der wissenschaftlichen Arbeitsorganisation erreicht wird, wenn ihre Aufgaben fest in die Rationalisierungsstrategien der Kombinate eingeordnet und unter Verantwortung der Leiter auf jeder Ebene gemeinsam mit den Arbeitskollektiven verwirklicht werden.

5. *Mit der Vervollkommnung der WAO entsprechend den Erfordernissen der Produktivkräfte und der weiteren Entwicklung der sozialistischen Produktionsverhältnisse sind die Grundlagen für die konsequente Anwendung des Leistungsprinzips durch die weitere Vervollkommnung der Leistungsbewertung zu schaffen. Die materielle und moralische Interessiertheit der Werktätigen ist gezielter und wirksamer auf die Erfordernisse zur Verwirklichung der ökonomischen Strategie zu richten.*

Bei der Weiterführung der leistungsorientierten Lohnpolitik tragen die Kombinate und Betriebe eine hohe Verantwortung dafür, daß solche Lohnformen angewendet werden, die auf eine rasche und effektivere Nutzung wissenschaftlich-technischer Erkenntnisse zur Steigerung der Produktivität und Effektivität und auf die Erschließung innerer Reserven durch die wissenschaftliche Arbeitsorganisation wirken.[8] Drei Richtungen zur Vervollkommnung der Leistungsbewertung sind wichtig:

Erstens: Die qualitativen Faktoren des Wirtschaftswachstums, wie hohe Qualität der Arbeitsausführung und der Erzeugnisse, produktive Nutzung der Arbeitszeit, der Maschinen und Anlagen, hohe Materialökonomie und sparsamer Umgang mit Energie, Senkung der Kosten u. ä., sind noch stärker und in größerer Breite der materiellen Stimulierung, insbesondere den leistungsstimulierenden Lohnformen, zugrunde zu legen. In Verbindung mit der WAO sind hierfür unter Mitwirkung der Werktätigen beeinflußbare, erfüllbare und abrechenbare Leistungskennziffern auszuarbeiten und anzuwenden. Es kommt darauf an, ein ausgewogenes Verhältnis in der Stimulierung von Mengenleistung und qualitativen Faktoren herzustellen.

Zweitens: Die stimulierende Wirkung des Leistungsprinzips muß stärker auf die Entwicklung der Endergebnisse der kollektiven Arbeit (wie Einzelteile, Baugruppen u. ä.) gerichtet werden. In vielen Prozessen, besonders der metallverarbeitenden Industrie, wird das aus zwei Gründen immer wichtiger. Einmal geht es um die Erhöhung der Wirksamkeit der lebendigen Arbeit. Das gewachsene Qualifikationsniveau der Werktätigen und ihre Arbeitserfahrungen müssen besser genutzt werden; dafür sind inhaltsreiche Arbeitsaufgaben zu schaffen. Mehrfachqualifikation, Disponibilität, kameradschaftliche Zusammenarbeit und gegenseitige Hilfe zu fördern trägt nicht nur zu höherer Effektivität und Stabilität im Arbeitsablauf bei, sondern ist ein Wesenszug der weiteren Ausprägung des sozialistischen Charakters der Arbeit. Zum anderen wird mit der Orientierung auf die Endergebnisse die Gesamtverantwortung der Arbeitskollektive gegenüber dem Betrieb und damit der Gesellschaft deutlicher betont. Es geht also darum, daß fortschreitende technisch-technologische Bedingungen stärker kollektive Arbeits-

[8] Vgl. Direktive des X. Parteitages der SED zum Fünfjahrplan für die Entwicklung der Volkswirtschaft der DDR in den Jahren 1981 bis 1985, a. a. O., S. 28.

organisation und kollektive Stimulierung erfordern; zugleich ist diese Entwicklung von den politischen, ökonomischen und sozialen Zielsetzungen unserer Gesellschaftsordnung her von prinzipieller Bedeutung. Natürlich müssen bei kollektiver Entlohnung unterschiedliche individuelle Leistungen sorgfältig berücksichtigt werden.

Drittens: Die Einheit von materieller und moralischer Stimulierung ist besonders auch bei der Entlohnung nach der Arbeitsleistung wirksamer zu gestalten. Das subjektive Leistungsverhalten der Werktätigen im Arbeitsprozeß muß deutlicher gewürdigt werden. Subjektive Leistungsaspekte sind vielgestaltig und können mit Leistungskennziffern und der Arbeitsklassifizierung nicht ausreichend erfaßt werden. Erfahrungen lehren, daß qualifizierte Einschätzungen der Leistungen durch den zuständigen Leiter in Übereinstimmung mit dem Vertreter der Gewerkschaft als Bestandteil der Leistungsbewertung starke Impulse für den Leistungswillen und die Einsatzbereitschaft auslösen.

Die wichtigste und nur auf längere Sicht lösbare Aufgabe bei der Vervollkommnung der Leistungsbewertung und der Anwendung leistungsorientierter Lohnformen besteht in der verarbeitenden Industrie – besonders in vielen Betrieben des Maschinenbaues – darin, die traditionelle Anwendung des Stücklohnprinzips bei den Produktionsarbeitern, das besonders bei individueller Anwendung immer mehr zu einem Hemmnis wird, schrittweise durch eine Orientierung auf die Endergebnisse der kollektiven Arbeit zu ersetzen. Das ist nicht nur eine anspruchsvolle Aufgabe bei der weiteren Verwirklichung der WAO, sondern – wie Erfahrungen in der Sowjetunion und bereits auch bei uns zeigen – eine komplexe Aufgabe, die vielfältige Probleme der Vervollkommnung der Leitung, Planung, Organisation, Kontrolle und Abrechnung der Produktion aufwirft.

Darüber hinaus ist von besonderem Gewicht, die Fortschritte in der Durchsetzung des Leistungsprinzips bei den Hoch- und Fachschulkadern, Meistern und anderen Leitern, die durch die Einführung leistungsorientierter Gehälter erreicht wurden, zu stabilisieren. Besonderes Augenmerk muß der Vervollkommnung der Leistungsbewertung und konsequenten Anwendung des Leistungsprinzips bei der wissenschaftlich-technischen Arbeit im Forschungs- und Entwicklungsprozeß der Kombinate und Betriebe, die für die Stärkung der volkwirtschaftlichen Leistungskraft von besonderem Gewicht ist, gewidmet werden.

6. Eine entscheidende Aufgabe zur Verwirklichung der ökonomischen Strategie und breiten Anwendung der wissenschaftlichen Arbeitsorganisation ist die ständige Vervollkommnung des sozialistischen Wettbewerbs.

Die WAO als Bestandteil der sozialistischen Rationalisierung trägt vor allem dann zur Erreichung hoher ökonomischer und sozialer Ergebnisse bei, wenn bei der Vorbereitung und Durchführung von Rationalisierungsaufgaben die aktive und schöpferische Mitwirkung der Werktätigen im sozialistischen Wettbewerb gewährleistet ist. Andererseits werden hohe Ergebnisse im sozialistischen Wettbewerb dann erreicht, wenn die Methoden und Verfahren der WAO einen festen Bestandteil der Wettbewerbsführung bilden und das Niveau der Arbeitsorganisation eine kontinuierliche Arbeit der Werktätigen ermöglicht.

Zur Verwirklichung der ökonomischen Strategie der 80er Jahre gilt es daher besonders,

- die Masseninitiative auf die Schwerpunkte der ökonomischen und technischen Entwicklung zu lenken und
- den sozialistischen Wettbewerb prozeßbezogen zu organisieren, d. h. auf die Schaffung günstiger Leistungsbedingungen, die Erreichung hoher Leistungen mit geringstem Aufwand bei Sicherung der materiellen und moralischen Anerkennung der Leistungen zu lenken.

Mit der Entwicklung neuer Organisationsformen der Arbeit und einer modernen Produktionstechnik werden größere Möglichkeiten eröffnet, die Arbeit und ihren Inhalt zu bereichern. Die Schaffung inhaltsreicher Arbeitsaufgaben trägt wesentlich zur Produktions- und Produktivitätsentwicklung bei. Gleichzeitig wird damit dem Bedürfnis der Werktätigen entsprochen, höhere Verantwortung zu übernehmen und die schöpferischen Fähigkeiten voll zu entfalten. An die Stelle postulierter Kollektivarbeit treten zunehmend das bewußte und koordinierte Zusammenwirken und die ständige Aneignung neuer Erkenntnisse und Erfahrungen – eine aus der Organisation der Arbeit und den Anforderungen moderner Technik erwachsende Notwendigkeit. Oftmals entscheidet das Niveau der Organisation der Arbeit über die Wirkungen und Effekte moderner Technik.

Aufmerksamkeit gebührt zunehmend kollektiven Formen der Arbeitsorganisation. Sie werden besonders unter den Bedingungen einer qualitativ neuen Produktionstechnik, aber auch unter herkömmlichen materiell-technischen Bedingungen immer notwendiger. Kollektive Formen der Arbeitsorganisation sind auf die Aufhebung gleicher, nebeneinander ausgeführter, durch Routine geprägter Arbeitshandlungen gerichtet. Sie regeln die Aufgabenverteilung entsprechend der Qualifikation, den Interessen und Neigungen der Werktätigen. Sie fördern die kameradschaftliche Zusammenarbeit und gegenseitige Hilfe mit dem Ziel, hohe Ergebnisse mit geringstem Aufwand zu erreichen. Dafür werden neue Formen der Leistungsbewertung und der Stimulierung kollektiver Arbeitsergebnisse erforderlich.

Aufmerksamkeit gebührt ferner der Förderung und Entwicklung ehrenamtlicher Rationalisierungs- und WAO-Kollektive. Sie verkörpern eine breite Basis für die Rationalisierung im sozialistischen Wettbewerb und fördern die direkte Mitwirkung der Kollektive an der Veränderung ihrer Arbeitsplätze und -prozesse.

7. *Die Einordnung der Aufgaben der Rationalisierung in die Leitungs- und Planungstätigkeit der Kombinate und Betriebe und die Verwirklichung der wissenschaftlichen Arbeitsorganisation durch alle Leitungsebenen, gestützt auf die Kraft der Arbeitskollektive im sozialistischen Wettbewerb, ist eine wichtige Voraussetzung zur Verwirklichung der ökonomischen Strategie im Reproduktionsprozeß.*

Dazu ist die Arbeitsweise der bei den Ministerien der Industrie, des Bau- und Verkehrswesens geschaffenen arbeitswissenschaftlichen Zentren (AWZ) weiter zu qualifizieren, damit sie die vom Minister gestellten arbeitswissenschaftlichen Aufgaben noch besser bearbeiten, planen und gemeinsam mit den Kombinaten verwirklichen können. Sie leisten zweigspezifische Aufgaben der Anwendungsforschung des Industriebereiches, lösen Rationalisierungsaufgaben in und mit den Kombinaten, führen zielgerichtete Qualifizierungsmaßnahmen durch und verallgemeinern die besten Arbeitsmethoden und Erfahrungen.

Zunehmende Bedeutung erlangen auch die in Kombinaten gebildeten arbeitswissenschaftlichen Struktureinheiten, die – wie z. B. im Mansfeld Kombinat „Wilhelm Pieck" Eisleben – im Auftrage des Generaldirektors Aufgaben zur breiten Anwendung der WAO in einem Ingenieurbüro lösen. Zur Verwirklichung bewährter Vorgehensweisen und Erfolge der WAO-Arbeit auf der Grundlage langfristiger Rationalisierungskonzeptionen und zur Vermittlung dieser Erfahrungen an die noch zurückgebliebenen Kombinate wird der Erfahrungsaustausch in Verbindung mit dem Wettbewerb bei vergleichbarer Produktion immer wichtiger.

Solche Struktureinheiten sichern u. a.

– die Einordnung der WAO-Aufgaben in die Pläne des Kombinats und die Aufschlüs-

selung der Planaufgaben und -auflagen auf die Kombinatsbetriebe sowie die qualitätsmäßige Abrechnung und Kontrolle,
- die Durchführung von Leistungsvergleichen zwischen den Kombinatsbetrieben und die Verallgemeinerung der Erfahrungen der Besten,
- die Durchführung von Komplexuntersuchungen in geschlossenen technologischen Prozessen und Erzeugnislinien,
- die Qualifizierung der Kader und die Organisation des Erfahrungsaustausches.

Die Erfahrungen der Kombinate zeigen ferner, daß hohe Rationalisierungseffekte planmäßig und langfristig gesichert werden, wenn die Rationalisierung auf der Grundlage langfristiger Konzeptionen vom Generaldirektor persönlich geleitet wird. Dazu sollten im Prinzip zwei Leitungsformen angewendet werden:

1. Der Generaldirektor leitet die WAO-Arbeit durch einen WAO-Rat des Kombinats und entsprechende ehrenamtliche Arbeitsgremien in den Kombinatsbetrieben. Bei den Fachdirektoren existieren ehrenamtliche Arbeitsgruppen und in den Abteilungen und Meisterbereichen ehrenamtliche WAO-Kollektive, die vom jeweiligen staatlichen Leiter geleitet werden.

2. Der Generaldirektor arbeitet mit einem zentralen Leitungsorgan (WAO-Rat), in dem alle Fachdirektoren und gesellschaftlichen Organisationen vertreten sind. Auf der Grundlage langfristiger Aufgabenstellungen werden die WAO-Aufgaben in die Jahrespläne eingeordnet und im Rahmen der Betriebsstrukturen bei der Verwirklichung des Planes Wissenschaft und Technik realisiert und kontrolliert. In den Abteilungen und Meisterbereichen bestehen ehrenamtliche WAO-Kollektive, Rationalisierungskollektive oder Neuererbrigaden, die die breite Basis der Rationalisierung sichern und planmäßig WAO-Aufgaben lösen.

8. *Die Hauptrichtungen der arbeitswissenschaftlichen Forschung zur weiteren Vervollkommnung der WAO werden durch die Entwicklung der Produktivkräfte und der sozialistischen Produktionsverhältnisse, die mit den Beschlüssen des X. Parteitages der SED vorgezeichnet sind, bestimmt.*

Die 10 Punkte der ökonomischen Strategie der 80er Jahre stellen höhere Anforderungen an die sozialistischen Arbeitswissenschaften hinsichtlich der Präzisierung theoretischer Problemstellungen und der schnellen produktivitätswirksamen Umsetzung neuer Erkenntnisse als wirksamen Beitrag zur Stärkung der Leistungskraft unserer Wirtschaft.

Einerseits sind die Wirkungen des weiteren wissenschaftlich-technischen Fortschritts auf die Arbeit des Menschen zu analysieren und wissenschaftliche Grundlagen für die Gewährleistung einer hohen ökonomischen und sozialen Wirksamkeit der Technik weiterzuentwickeln. Andererseits geht es darum, die Wirksamkeit der lebendigen Arbeit als entscheidenden Intensivierungsfaktor selbst zu erhöhen. Die Erhöhung der Wirksamkeit des gesellschaftlichen Arbeitsvermögens betrachten die Arbeitswissenschaftler als Dreh- und Angelpunkt ihrer Arbeit. Daraus erwachsen besonders folgende Forschungsrichtungen:

Die Anwendung der WAO als Bestandteil des wissenschaftlich-technischen Fortschritts in den Prozessen der Entwicklung und Überleitung neuer und weiterentwickelter Technologien und Erzeugnisse.

Die Erhöhung des arbeitswissenschaftlichen Beitrages bei der Anwendung des wissenschaftlich-technischen Fortschritts dient
- der Gestaltung flexibler rechnergestützter Fertigungssysteme mit hohem Automatisierungsgrad und einem hohen Grad der Integration der Produktionshilfs- in die Produktionshauptprozesse,

- dem verstärkten Einsatz hochproduktiver Verfahren auf der Grundlage der Anwendung automatisierter Fertigungsmittel,
- der Entwicklung und Überleitung technologiefreundlicher Erzeugnisse mit erhöhten Gebrauchswerteigenschaften.

Im Zentrum steht dabei die Entwicklung und Anwendung der Mikroelektronik und der Industrierobotertechnik. Es wird das Ziel verfolgt, das Instrumentarium der wissenschaftlichen Arbeitsorganisation für die spezifische Anwendung in Neuerungsprozessen zu vervollkommnen, um zu gewährleisten, daß die Verknüpfung naturwissenschaftlich-technischer, ökonomischer und arbeitswissenschaftlicher Anforderungen von vornherein gewährleistet wird.

Einsatz arbeitswissenschaftlicher Methoden und Lösungen zur komplexen Gestaltung des Reproduktionsprozesses und seiner Teilprozesse im Betrieb und Kombinat

Dabei handelt es sich um die Untersuchung der Wirkungskette: Rationalisierung – Einsparung von Arbeitsplätzen – Freisetzung und Wiedereinsatz der Arbeitskräfte im Betrieb, Kombinat oder Territorium. Es geht um die Ermittlung der Tendenzen und Entwicklungsrichtungen und die Herausarbeitung von Strategien, Prinzipien und Instrumentarien für die planmäßige Beherrschung der Einheit von wissenschaftlich-technischem und sozialökonomischem Fortschritt, damit die Vorzüge des Sozialismus dafür nutzbar gemacht werden können. Das schließt ein, die prozeßbezogenen Grundlagen der wissenschaftlichen Arbeitsorganisation, insbesondere ihre Stellung im Reproduktionsprozeß der Kombinate und Betriebe, weiterzuentwickeln. Eine größere Praxiswirksamkeit der WAO wird durch ihre Einordnung in langfristige Rationalisierungsstrategien und die immer stärkere Abwendung von einer vorwiegend arbeitsplatzbezogenen Orientierung erreicht.

Durchsetzung der WAO und Weiterentwicklung des sozialistischen Leistungsprinzips

Hierbei geht es insbesondere um wissenschaftliche Grundlagen für die weitere Ausgestaltung der leistungsorientierten Lohnpolitik durch Vervollkommnung der Leistungsbewertung für Produktionsarbeiter, Hoch- und Fachschulkader und andere Werktätige, um die materielle Einheit mit der moralischen Interessiertheit wirkungsvoll auf einen hohen Leistungsbeitrag zur Realisierung der ökonomischen Strategie zu richten.

Leitung und Planung der Arbeit und des Lohnes im Kombinat

Die Forschungsarbeit konzentriert sich auf analytische Untersuchungen der Wirksamkeit von Leitung und Planung auf den Gebieten WAO, Leistungskennziffern, Arbeitsproduktivität, Arbeitskräfte und Arbeitseinkommen. Dabei wird das Ziel verfolgt, progressive Erfahrungen zu verallgemeinern sowie durch die Erarbeitung geeigneter Instrumentarien zur Erhöhung des Niveaus der Leitung und Planung auf dem Gebiet der Arbeit und des Lohnes entsprechend den neuen Bedingungen und Erfordernissen beizutragen und damit Produktivitäts- und Effektivitätsreserven erschließen zu helfen.

Erhöhung der Einflußnahme der Territorien (Kreise und Bezirke) auf die Nutzung und Entwicklung des gesellschaftlichen Arbeitsvermögens

Ausgehend von der prognostischen Entwicklung des quantitativen und qualitativen Arbeitsvermögens, sind die Bedingungen und Erfordernisse herauszuarbeiten, die sich aus der Zielsetzung, effektive Arbeitskräftestrukturen zu entwickeln, für den effektiven Einsatz von Arbeitskräften im Territorium ergeben. Durch die Ausarbeitung von Empfehlungen sind die Ämter für Arbeit dabei zu unterstützen, mit Hilfe von Analysen und langfristigen Konzeptionen die rationelle Nutzung des gesellschaftlichen Arbeitsvermögens in Zusammenarbeit mit Kombinaten, Betrieben und Einrichtungen planmäßig vorzubereiten und zu steuern. Dazu gehören Instrumentarien zur Beurteilung der Effektivität des Arbeitskräfteeinsatzes sowie Regelungen für das Zusammenwirken von Kombinaten, Betrieben sowie wirtschaftsleitenden und örtlichen Staatsorganen bei der Organisation, Durchführung und Kontrolle der Gewinnung und des Wiedereinsatzes von Arbeitskräften für andere Aufgaben. Zur höheren Wirksamkeit des gesellschaftlichen Arbeitsvermögens durch die weitere Vervollkommnung der WAO beizutragen ist mit allen Punkten der ökonomischen Strategie des X. Parteitages verbunden. Die arbeitswissenschaftliche Forschung muß diese Komplexität erfassen. Die theoretische Arbeit ist zu vertiefen, muß aber immer mit dem bewährten Prinzip verbunden bleiben, im unmittelbaren Zusammenwirken mit Kombinaten und Betrieben durch praxiswirksame wissenschaftliche Beiträge einen echten Beitrag zum Leistungswachstum zu leisten.

2. Einführungsreferat

H. Hanspach

Aufgaben und Probleme zur weiteren Vervollkommnung der wissenschaftlichen Arbeitsorganisation bei der Erhöhung der Effektivität und Qualität der Arbeit – die weitere Entfaltung der schöpferischen Masseninitiative

Der Behandlung ausgewählter Schwerpunkte der gegenwärtigen und künftigen Arbeit liegen folgende Überlegungen zugrunde.

1. *In der Gesellschafts- und Wirtschaftspolitik unseres Staates hat die Arbeit einen zentralen Platz. Im Programm der SED wird sie als wichtigste Sphäre des gesellschaftlichen Lebens bezeichnet. Von ihrer Produktivität, Effektivität und Qualität, vom Niveau ihrer Organisation in den Betrieben und Kombinaten, an allen Arbeitsplätzen und in allen Arbeitsprozessen hängt entscheidend der weitere gesellschaftliche und ökonomische Fortschritt ab.*

Von diesen Zusammenhängen ausgehend, wird die Rolle der Arbeit in der entwickelten sozialistischen Gesellschaft bestimmt. Die von Marx und Engels aufgestellten Leitsätze und erkannten Gesetzmäßigkeiten zur gesellschaftlichen Rolle der Arbeit, ihrer Organisation, der Teilung, Kombination und Kooperation der Arbeit sowie über die Stellung des Arbeiters in der Gesellschaft sind das grundlegende Fundament für den Inhalt der wissenschaftlichen Organisation der Arbeit im Sozialismus.

2. *Der X. Parteitag hat die Nutzung der qualitativen Faktoren des Wirtschaftswachstums als eine entscheidende Aufgabe hervorgehoben. Ihre Lösung verlangt eine hohe Wirksamkeit des wissenschaftlich-technischen Fortschritts und des großen Potentials des gesellschaftlichen Arbeitsvermögens.*

Mit Hilfe von Wissenschaft und Technik und einer schnellen Überführung der Ergebnisse in die Produktion kann das notwendige Entwicklungsniveau der Produktivkräfte erreicht werden. Es muß stets darauf eingewirkt werden, daß die damit verbundenen Aufgaben zum Produktivitätswachstum, des Inhalts und der Bedingungen der Arbeit, gelöst werden; denn die im Arbeitsvermögen verkörperte lebendige Arbeit – als die wertschaffende Arbeit – ist die Hauptquelle des gesellschaftlichen Reichtums. Sie ist das revolutionäre, verändernde Element der Produktion und Reproduktion. Die Faktoren der Intensivierung, die ökonomische Strategie werden über eine hohe Wirksamkeit der lebendigen Arbeit verwirklicht.

Nutzung der qualitativen Faktoren des Wirtschaftswachstums als komplexe Aufgabe bedeutet, ein stetes, hohes Leistungswachstum zu sichern und den Gesamtaufwand an Arbeit je Erzeugniseinheit entschiedener zu senken.

3. *In den letzten Jahren wurde der Vergesellschaftungsprozeß weiter vorangebracht, und die Entwicklung und Festigung großer Wirtschaftseinheiten in Form leistungsfähiger Kombinate rücken auch weiterhin in das Zentrum der Arbeit.*

Damit entstehen neue Probleme und Aufgaben der Rationalisierung der Arbeit und ihrer Organisation zur Verwirklichung der ökonomischen Strategie. Mit der Vervollkommnung der materiell-technischen Basis der Produktion, neuer Formen der Teilung und Kombination der Arbeit entwickeln sich auch wirksamere Bedingungen und Anforderungen an ihre Organisation. Neue Formen der Arbeitsorganisation müssen dazu führen, das gewachsene Bildungspotential der Facharbeiter und der ingenieur-technischen

Kader in eine meßbar höhere Steigerung der Arbeitsproduktivität umzusetzen. Damit ist die Aufgabe verbunden, effektivere Strukturen des betrieblichen Arbeitsvermögens auf der Grundlage langfristiger Konzeptionen der technisch-technologischen Entwicklung und des gesellschaftlichen Arbeitsvermögens zu entwickeln und zu nutzen.

Die mit der Verwirklichung des wissenschaftlich-technischen Fortschritts durch Entwicklung der Mikroelektronik, der Robotertechnik, der elektronischen Steuerungen und der EDV in den Betrieben und Kombinaten im Zusammenhang mit dem Einsatz und der Nutzung des gesellschaftlichen Arbeitsvermögens sich herausbildenden neuen Bedingungen sind die Grundlage für die Hauptrichtungen zur Vervollkommnung der WAO. Sie konzentrieren sich auf die Rationalisierung des Reproduktionsprozesses als Ganzes und seiner Teilprozesse. Unter Berücksichtigung veränderter Arbeitsteilung und Kombination sowie unter den Bedingungen der breiten Wirksamkeit volkswirtschaftlicher Neuerungsprozesse ist die Aufgabe gestellt, adäquate Formen der Arbeitsorganisation zu finden, neue Leistungskennziffern auszuarbeiten und die Stimulierung auf die Endergebnisse der Arbeit zu richten.

4. *Die mit der Wirtschaftsstrategie verfolgte Frei- und Wiedereinsetzung von Arbeitskräften und ihre planmäßige Qualifizierung sind Erfordernis des allgemeinen Produktionsgesetzes und der spezifischen ökonomischen Gesetze des Sozialismus, insbesondere des Gesetzes der ständigen Steigerung der Arbeitsproduktivität und des Gesetzes der planmäßigen proportionalen Entwicklung der Volkswirtschaft.* Mit dem Beitrag zu ihrer Ausnutzung nimmt die wissenschaftliche Arbeitsorganisation verstärkt Einfluß auf die gesellschaftliche Organisation der Arbeit. *Das geistige Potential der Werktätigen, die Qualifizierung, die ständig wachsenden Erfahrungen gehören zu den Vorzügen des Sozialismus, sind sein größter Reichtum und unversiegbare Quelle des Wachstums.* Sie ständig zu erschließen, erfordert zielstrebige Arbeit in den Kombinaten und in den Territorien. Die Arbeit im Territorium, demographische Bedingungen, die Wirksamkeit der nichtmateriellen Bereiche entscheiden in zunehmendem Maße über den Produktivitätsfortschritt, das Entwicklungstempo der Produktion und ihr Niveau. Es ist ein gesellschaftliches Erfordernis, die Zusammenarbeit zwischen Betrieben, Kombinaten und dem Territorium stets auf höherem Niveau zu entwickeln. Wesentliche Seiten dazu sind die Nutzung aller Möglichkeiten der territorialen Rationalisierung, gemeinsame konzeptionelle Arbeit und die konsequentere Erschließung territorialer Reserven.

Zu ausgewählten Schwerpunkten:

1. Der Beitrag der WAO zum steilen Anstieg der Arbeitsproduktivität

Die Wirtschaftswissenschaftliche Konferenz der DDR im April 1978 beschäftigte sich mit den Hauptwegen zur Steigerung der Arbeitsproduktivität für die weitere Erhöhung des materiellen und kulturellen Lebensniveaus. Heute geht es darum, aus den erreichten Ergebnissen und den neuen Anforderungen bei der Verwirklichung der Beschlüsse des X. Parteitages Schlußfolgerungen für einen wirksameren Beitrag im Kampf um höchste Produktivität zu ziehen. Günter Mittag hat auf dem Seminar des Zentralkomitees mit den Generaldirektoren der Kombinate und den Parteiorganisatoren des ZK nochmals mit aller Deutlichkeit hervorgehoben, *daß es um den Wirkungsgrad der lebendigen Arbeit, um das Ergebnis der schöpferischen Tätigkeit des Menschen in der sozialistischen Produktion geht.* Unter Hinweis auf das von Marx formulierte Gesetz der Ökonomie der Zeit führte er aus: „Die gesamte Entwicklung unserer sozialistischen Volkswirtschaft bestätigt das Wirken dieses grundlegenden ökonomischen Gesetzes, das, wie alle diese Gesetze, objektiven Charakter hat. Das Gesetz der Ökonomie der Zeit wirkt – wenn man so will – als Bewegungsgesetz unserer sozialistischen Ökonomie. Nur indem wir diesem objektiven ökonomischen Gesetz fortschreitend immer besser Rechnung tragen, nur in dem Maße werden wir entsprechend dem ökonomischen Grundgesetz dem Ziel unserer sozialistischen Produktion, der ständigen Erhöhung des materiellen und kulturellen Lebensniveaus der Bevölkerung, gerecht."[1]

Wenn wir uns mit der Steigerung der Arbeitsproduktivität beschäftigen, dann geht es immer um die Senkung des Gesamtaufwandes an Arbeit und in diesem Zusammenhang um den Beitrag der WAO zur Verbesserung des Verhältnisses von Aufwand und Ergebnis. Das Problem besteht einfach darin, daß immer wieder darüber nachgedacht werden muß, wie die Vervollkommnung der WAO durchzuführen ist, damit sie stets diesen gesellschaftlichen Anforderungen gerecht wird. Deshalb geht es um prinzipielle Orientierungen der WAO im Zusammenhang mit veränderten Produktionsstrukturen, mit der breiten Anwendung moderner Schlüsseltechnologien, einer hohen Grundfonds- und Materialökonomie und der schnellen Inbetriebnahme von Investitionen durch im eigenen Betrieb freigesetzte Arbeitskräfte. Schon allein die im Zeitraum 1976 bis 1980 durch WAO-Maßnahmen erreichte Erhöhung der Arbeitszeiteinsparung von 63 Millionen auf zirka 105 Millionen Stunden beweist ihren Einfluß auf das Produktivitätswachstum.

Jede Anstrengung, die darauf gerichtet ist, die Arbeitszeit besser auszulasten und beeinflußbare Ausfallzeiten einzuschränken, hat nicht nur Auswirkungen auf den Arbeitszeitfonds selbst, sondern auch auf die Auslastung der Grundmittel. Hier liegen vielfältige Reserven für den Produktivitätsfortschritt, und gleichzeitig weisen uns die Ausfallzeiten auf sozialökonomische Faktoren der Produktivitätssteigerung hin. 1981 konnten die beeinflußbaren Ausfallzeiten des Produktionspersonals je VbE in der Industrie um 4,6 Stunden gesenkt werden. Mit einem Anteil von 8,4 % der nominellen Arbeitszeit insgesamt liegen sie noch sehr hoch. Mit rund 90 % wird das Niveau vom Krankenstand bestimmt. Er ist 5,3 Stunden/VbE niedriger als 1980.

Das ökonomische Gewicht der beeinflußbaren Ausfallzeiten wird deutlich, wenn bedacht wird, daß bezogen auf den Arbeitskräftebestand des Produktionspersonals der Industrieministerien eine Stunde Ausfallzeit dem Zeitvolumen von 1,7 Millionen Stunden bzw. der tatsächlich geleisteten Arbeitszeit von fast 1 000 Arbeitskräften entspricht. In der Statistik sind für 1981 für den Bereich der Industrieministerien Warte- und Stillstandszeiten in einem Umfang ausgewiesen, die annähernd 3 300 VbE entsprechen. Von 134 erfaßten Kombinaten weisen 71 eine Zunahme der Warte- und Stillstandszeiten aus.

Diese wenigen Zahlen zeigen die Niveauunterschiede und Möglichkeiten zu deren Abbau. Gelingt es uns, das Niveaugefälle bei den beeinflußbaren Ausfallzeiten und der Fluktuationsrate zu verringern, so könnten allein beim Heranführen der über dem mittleren Niveau liegenden Kombinate an den Durchschnitt 16,8 Millionen Stunden gewonnen werden. Das entspricht einem Arbeitsvermögen von etwa 7 600 Beschäftigten. Diese analytisch begründeten Berechnungen machen sichtbar, daß noch längst nicht alle Reserven erschlossen sind. Wir dürfen keine dieser Fragen außer acht lassen, weil es um jedes zehntel Prozent der Produktivitätssteigerung geht.

Hierfür bietet sich für die Anwendung des methodischen Instrumentariums der WAO

[1] Aus dem Schlußwort des Mitglieds des Politbüros und Sekretärs des Zentralkomitees der SED, Genossen Günter Mittag, in: Kombinate vergrößern ihren Beitrag zur Erfüllung der Beschlüsse des X. Parteitages, Berlin 1982, S. 74.

ein breites Betätigungsfeld. Es ist besonders dazu geeignet, mit relativ geringem Aufwand Zeitverluste und deren Ursachen aufzudecken. In weit stärkerem Maße geht es eigentlich um die verdeckten, in der Statistik nicht ausgewiesenen Zeitverluste. Untersuchungen der Sektion Arbeitswissenschaften der Technischen Universität Dresden an NC-Maschinen und Leistungsvergleiche zwischen NC-Zentren verschiedener Betriebe weisen nach, daß potentielle Reserven von 10 und mehr Prozent bestehen, die allein durch arbeitsorganisatorische Regelungen erschlossen werden können und eine bessere Auslastung der hochproduktiven Maschinen gewährleisten. Ähnliche Auslastungssituationen zeigen sich heute beim Robotereinsatz. Die durchschnittliche Nutzungszeit des Bestandes per 28. 02. 82 beträgt 12,2 Stunden pro Kalendertag.

Wenn wir heute entsprechend den Erfordernissen der intensiv erweiterten Reproduktion den Anteil der Rationalisierungsinvestitionen wesentlich verstärken, durch technische Verbesserungen die vorhandenen Produktionsausrüstungen modernisieren, durch komplexe Rationalisierung ganze Fertigungsabschnitte und Betriebsteile rekonstruieren, so ist die Verwirklichung arbeitswissenschaftlicher Erfordernisse immer eingeschlossen. Die Aufgaben der WAO reichen hier von der Verbesserung der Arbeitsabläufe bis zur Gestaltung anspruchsvoller Arbeitsaufgaben, um durch gezielte Maßnahmen die zeitliche Auslastung der Produktionsfonds zu erhöhen und die technologischen Parameter der Ausstattung voll zu nutzen. Jede Aktivität, die unternommen wird, um die Grundfonds durch höhere Schichtauslastung oder technische Veränderungen wirksamer zu machen, ist effektiver als eine Ausweitung der Grundfonds durch Investitionen. Im Seminar des ZK der SED in Leipzig wurde in diesem Zusammenhang betont: Wir haben guten Grund, Schluß zu machen mit Überresten einer Ideologie, die davon ausgeht, daß jeder Produktivitätsfortschritt neue Investitionen und zugleich Aussonderung sogenannter alter Grundmittel erfordert.

Den hierbei bestehenden zwingenden Zusammenhang zur Verbesserung der Arbeitsbedingungen unterstrich Genosse Erich Honecker auf dem 3. Plenum wie folgt: „Wo immer bei uns Technologie und Arbeitsorganisation verändert werden, gehört die Verbesserung der Arbeits- und Lebensbedingungen der Werktätigen zu den erstrangigen Anliegen. Bessere Bedingungen – das heißt vor allem weniger schwere körperliche Arbeit, weniger gesundheitliche Beeinträchtigung, weniger monotone und mehr Raum für befriedigende qualifizierte schöpferische Tätigkeit.“[2]

Untersuchungen über Fluktuationsursachen zeigen, daß die Fluktuationsrate bei Facharbeitern unter 25 Jahren doppelt so hoch ist, wie bei älteren Jahrgängen. An erster Stelle der Ursachen stehen Arbeitsaufgaben, die das Facharbeiterniveau nicht abfordern, und ungünstige Arbeitsbedingungen.

Günstig gestaltete Arbeitsbedingungen haben eine leistungsstimulierende Wirkung auf den Nutzungsgrad der lebendigen und vergegenständlichten Arbeit und sind bedeutsam für die Persönlichkeitsentwicklung. Das hat sich bei den im Zeitraum 1976 bis 1981 nach WAO-Grundsätzen um- bzw. neugestalteten Arbeitsplätzen – es waren insgesamt 1 300 000 – erwiesen. Für 212 000 Werktätige wurden Arbeitserschwernisse reduziert oder gänzlich beseitigt.

Das Tempo im Abbau von Arbeitserschwernissen hat sich verlangsamt. Gegenüber 1980 ist ein Rückgang um 30 % eingetreten. Dafür gibt es eine Reihe objektiver Gründe: durch den Erkenntnisstand für die den technologischen Lösungen gesetzten Grenzen, Zunahme der finanziellen und materiellen Aufwendungen, das Auftreten neuer Exposi-

[2] Bericht des Politbüros an die 3. Tagung des ZK der SED, Berichterstatter: Genosse Erich Honecker, Berlin 1981, S. 33.

tionen und auch verbesserte Bewertungs- und Meßmethoden bei den arbeitshygienischen Bedingungen. Oft wird bei der sozialistischen Rationalisierung den arbeitswissenschaftlichen Anforderungen weniger Bedeutung beigemessen als der Erfüllung technischer Parameter und ökonomischer Kriterien. Das zeigt sich beispielsweise bei Einsatzkonzeptionen für Industrieroboter und einer ganzen Reihe analysierter Einsatzfälle.

Es muß wiederholt erklärt werden: Grundsätze der WAO, arbeitswissenschaftliche Erfordernisse müssen mit zielbestimmend für die technische Entwicklung sein und sind rechtzeitig und zwingend in die Aufgabenstellungen einzubeziehen. Es ist notwendig, durch Maßnahmen der sozialistischen Rationalisierung vor allem jene Arbeitsplätze umzugestalten, an denen hohe Überschreitungen der arbeitshygienischen Grenzwerte vorliegen oder gleichzeitig mehrere Gesundheitsgefährdungen auftreten. Dabei ist der prozentuale Anteil der einzelnen Schadfaktoren an der Gesamtzahl der Expositionen zu berücksichtigen (er beträgt bei Lärm 40 % der Arbeitsplätze, bei chemischen Schadstoffen 17 %, mechanischen Ganzkörperschwingungen 14 %, fibrogenen Stäuben 8,5 %). Schneller müssen Erfahrungen jener Kombinate verallgemeinert werden, die auf der Grundlage ihrer langfristigen Rationalisierungsstrategie Zielstellungen und abrechenbare Vorgaben zur Arbeitsproduktivitätsentwicklung, Einschränkung der Expositionen und zur Umgestaltung von Arbeitsprozessen festlegen und in enger Verbindung mit dem sozialistischen Wettbewerb, gestützt auf die WAO-Kollektive, durch Maßnahmen konkretisieren und realisieren. Durch Anwendung der WAO, durch die analytische Arbeit, das wissenschaftliche Durchdringen der Arbeitsprozesse müssen immer wieder neue Möglichkeiten aufgedeckt und erschlossen werden. Das ist und wird eine ständige Aufgabe bleiben.

2. Zur höheren Wirksamkeit des gesellschaftlichen Arbeitsvermögens

Der weitere Leistungsanstieg in unserer Volkswirtschaft hängt entscheidend davon ab, wie groß das Arbeitsvermögen ist und wie es genutzt wird. Dabei liegt die Konzentration auf der Nutzung seiner qualitativen Faktoren in Zusammenhang mit der Entwicklung der materiell-technischen Basis der Kombinate.

Eine wichtige Aufgabe besteht in der Vervollkommnung der Arbeitsorganisation jener Arbeitsprozesse, in denen überwiegend manuelle Tätigkeiten ausgeführt werden. Das ist begründet im Mechanisierungs- und Automatisierungsgrad und in der prozeßbezogenen Struktur des Arbeitsvermögens in den Kombinaten und Betrieben. Infolge des geringeren Mechanisierungsgrades in Bereichen der Montage (35,3 %) und in den Hilfsprozessen (42,6 %) ist hier ein erheblicher Teil lebendiger Arbeit gebunden. In der Industrie sind rund 44 % des Produktionspersonals in diesen Prozessen beschäftigt.

Die Rationalisierung manueller Arbeit hat insgesamt ein großes Gewicht für die höhere Effektivität des gesellschaftlichen Arbeitsvermögens. Deshalb muß die Anwendung der WAO in Verbindung mit dem planmäßigen Einsatz der Mikroelektronik und Robotertechnik verstärkt dort erfolgen, wo in Größenordnungen lebendige Arbeit gebunden ist.

Wesentlicher qualitativer Wachstumsfaktor sind die Fähigkeiten der Menschen. Anstrengungen müssen darauf gerichtet sein, die umfangreichen Bildungs- und Qualifikationspotenzen unseres Landes wirksam zu nutzen. Bestehende Einschränkungen, beispielsweise durch berufsfremden Einsatz der Arbeitskräfte und niedrige Arbeitsanforderungen, sind sowohl durch Rationalisierungsmaßnahmen als auch gezielte Arbeitskräftelenkung abzubauen.

Mit dem wissenschaftlich-technischen Fortschritt wachsen generell die Arbeitsanforderungen. Das vollzieht sich jedoch nicht ohne Widersprüche, wie die bestehende Differenziertheit bei den konkreten Arbeitstätigkeiten zeigt. Wir haben es mit einem Entwicklungswiderspruch zu tun, weil die Entwicklung der materiell-technischen Basis und des Bildungsniveaus vielfach in unterschiedlichen Zeiträumen liegen. Zielgerichtete Veränderungen in der Produktions- und Arbeitsorganisation, insbesondere der Arbeitsteilung, sind erforderlich, um durch neugestaltete Arbeitsstrukturen den Arbeitsinhalt zu erhöhen.

Analysen zeigen, daß die Überwindung einfacher, anspruchsloser Tätigkeiten zu langsam vorangeht. Es muß eingeschätzt werden, daß bei Rationalisierungsaufgaben die Gestaltung progressiver Arbeitsinhalte noch nicht immer mit der erforderlichen Zielstrebigkeit verfolgt wird, sich sogar bei der Robotertechnik mitunter Dequalifikationserscheinungen beim Bedienungspersonal zeigen. Es ist dringend notwendig, vorhandene Erfahrungen bei der Schaffung leistungs- und persönlichkeitsfördernder Arbeitsinhalte zu verallgemeinern und vor allem die ingenieurtechnischen Kader stärker mit bewährten Wegen und Gestaltungslösungen auf diesem Gebiet vertraut zu machen.

Um in modernen Maschinensystemen mit verringerter Vielfalt der Arbeitsverrichtungen dem Sinken des Anforderungsniveaus entgegenzuwirken, gelten noch heute die im Jahre 1974 auf der gemeinsamen Tagung der Räte „Politische Ökonomie des Sozialismus" und „Ökonomie und Organisation der Arbeit" im VEB Mikromat Dresden herausgearbeiteten grundsätzlichen Richtungen zur Erhöhung des Arbeitsinhalts. Sie bestehen in Maßnahmen zur Veränderung der Funktionsteilung Mensch – Maschine, der Formen der innerbetrieblichen Arbeitsteilung und dem Zusammenführen von vorbereitenden und ausführenden Tätigkeiten sowie Aufgaben der Wartung und Instandhaltung.

Einige Bemerkungen zur Schwedter Initiative

Das 3. Plenum des ZK der SED hat die Schwedter Initiative „Weniger produzieren mehr" als den für alle Kombinate und Betriebe gangbaren Weg gekennzeichnet, um Arbeitsplätze einzusparen und Arbeitskräfte für die Übernahme anderer Aufgaben zu gewinnen. Es ist ein Weg, der durch komplexe Anwendung der WAO in engster Verbindung mit der schöpferischen Masseninitiative der Werktätigen gekennzeichnet ist.

Folgende Probleme sind beachtenswert:

1. Was die Freisetzung von Arbeitskräften anbelangt, so hat sich seit 1978 eine positive Entwicklung vollzogen. 1978 wurden 24 000 Arbeitskräfte freigesetzt, 1981 waren es 67 000. Das Verhältnis zwischen der Einsparung und Neuschaffung von Arbeitsplätzen wurde verbessert. Das Tempo bei der Verbreitung der Schwedter Initiative in der ganzen Volkswirtschaft ist weiter zu erhöhen.

Die Bezirksleitung der SED Frankfurt/Oder orientiert darauf, eine durchschnittliche jährliche Einsparung von mindestens 3 % der vorhandenen Arbeitskräfte zu erreichen. Daran gemessen sind erhebliche Anstrengungen in allen Wirtschaftsbereichen notwendig. Getragen von der Initiative der Werktätigen und gestützt auf breite analytische WAO-Arbeit und prozeßorientierte Rationalisierungsmaßnahmen, halten wir eine solche Zielstellung für 1983 für erreichbar. Das beweisen solche Wettbewerbsziele, wie sie sich beispielsweise einige Kollektive im Eisenhüttenkombinat Ost gestellt haben. Ihr Ziel ist es, fast 20 % ihrer Arbeitskräfte für das neue Stahlwerk zu gewinnen.

2. Für die Mehrheit der Kombinate und Betriebe ist charakteristisch, daß die im Ergebnis der Rationalisierung gewonnenen Arbeitskräfte fast ausschließlich im eigenen Betrieb, insbesondere für die Besetzung der planmäßig neu geschaffenen Arbeitsplätze eingesetzt werden. Weitere typische Gebiete des Wiedereinsatzes sind die mehrschichtige

Auslastung der Produktionsmittel und der Rationalisierungsmittelbau. Nur in geringem Maße erfolgt ein Wiedereinsatz in anderen Betrieben des Kombinates und noch weniger in anderen Bereichen. Wenn in der Stadt Leipzig von den freigesetzten Arbeitskräften nahezu 20 % neue Aufgaben in anderen Betrieben (Exportbetriebe, Baureparatur, Nahverkehr, Dienstleistungsbereiche) übernommen haben, so ist das noch nicht typisch. Selbst für einen gezielten Betriebswechsel innerhalb eines Kombinates gibt es Probleme dadurch, wenn die Betriebe, in denen Einsparungen erzielt wurden, und jene Betriebe, in denen der Wiedereinsatz notwendig wäre, örtlich weit auseinanderliegen.

3. Die entscheidende Aufgabe besteht darin, ganz gezielt Arbeitsplätze einzusparen, um weitestgehend bedarfsgerecht Arbeitskräfte für die Übernahme anderer Aufgaben zu gewinnen.

Das setzt exakte Kenntnis des Bedarfes voraus, verlangt langfristige und mit dem Territorium abgestimmte konzeptionelle Arbeit zur Entwicklung der Arbeitskräftestruktur. Nur auf einer solchen Grundlage können die vorhandenen Reserven effektiv genutzt, kann Einfluß auf die Lenkung des Berufsnachwuchses genommen, können die Werktätigen durch entsprechende Qualifizierungsmaßnahmen rechtzeitig auf die Übernahme anderer Aufgaben vorbereitet und ihre mit dem Arbeitsplatz- bzw. Betriebswechsel verbundenen persönlichen Probleme sinnvoll gelöst werden. Dieser Prozeß muß politisch geführt werden. Den Werktätigen ist auf die sie bewegenden Fragen eine Antwort zu geben.

4. Die Schwedter Initiative verkörpert im Prinzip einen sich objektiv vollziehenden mit dem wissenschaftlich-technischen Fortschritt verbundenen Prozeß, der unter Ausnutzung der ökonomischen Gesetze des Sozialismus zur Erfüllung unserer wirtschaftspolitischen Zielstellungen noch besser beherrscht werden muß. Die von der Entwicklung der Produktivkräfte begleiteten Veränderungen von Arbeitsaufgaben (Marx spricht hier vom Wechsel der Arbeit), sich daraus ergebende Veränderungen in den Arbeitsanforderungen und notwendige Konsequenzen für das Qualifikationsprofil der Werktätigen kennzeichnet Marx als objektive Gesetzmäßigkeit. „Die moderne Industrie betrachtet und behandelt die vorhandne Form eines Produktionsprozesses nie als definitiv. ... Durch Maschinerie, chemische Prozesse und andre Methoden wälzt sie beständig mit der technischen Grundlage der Produktion die Funktionen der Arbeiter und die gesellschaftlichen Kombinationen des Arbeitsprozesses um. ... Die Natur der großen Industrie bedingt daher Wechsel der Arbeit, Fluß der Funktion, allseitige Beweglichkeit des Arbeiters." Auf die große Industrie bezogen, schlußfolgert dann Marx, „den Wechsel der Arbeiten und daher möglichste Vielseitigkeit der Arbeiter ... als allgemeines gesellschaftliches Produktionsgesetz anzuerkennen ..."[3]

So verstanden ist also die Schwedter Initiative mehr als nur Einsparung von Arbeitsplätzen und Gewinnung von Arbeitskräften für die Übernahme anderer Aufgaben, um unseren Reproduktionsbedingungen des Arbeitsvermögens zu entsprechen. Die Schwedter Initiative als ständigen Prozeß zu verwirklichen bedeutet, der Umwälzung der materiell-technischen Produktivkräfte durch die Mikroelektronik und dem damit verbundenen „Wechsel der Arbeit", den Forderungen nach „Vielseitigkeit des Arbeiters" und „absoluter Disponibilität des Menschen für wechselnde Arbeitserfordernisse" voll Rechnung zu tragen. Ablösung menschlicher Arbeit durch die Technik, Verschwinden traditioneller Berufe, das Entstehen völlig neuartiger Arbeitsaufgaben, rechtzeitige Einflußnahme auf inhaltliche Gestaltung der Tätigkeitsstruktur, ständiges Erhöhen der Vielseitigkeit und Disponibilität der Menschen rücken immer mehr in den Mittelpunkt der

[3] K. Marx, Das Kapital, Erster Band, in: MEW, Bd. 23, Berlin 1963, S. 510–512.

WAO. Aus der Beherrschung des sich gegenwärtig vollziehenden Prozesses, auch durch den Wandel der Produktionsstruktur hervorgerufen, sind zugleich Lehren zu ziehen für künftig vor uns stehende Umwälzungen, wie sie auch durch eine breite Anwendung der Lasertechnik und die technische Mikrobiologie zu erwarten sind.

Es ist notwendig, die analytisch-prognostische Arbeit zur Wirkung des wissenschaftlich-technischen Fortschritts auf das Arbeitsvermögen zu vertiefen. Was wir zielstrebig verwirklichen müssen, ist eine langfristige und abgestimmte Planung zwischen der Reproduktion des gesellschaftlichen Arbeitsvermögens und den betrieblichen Reproduktionsprozessen. Das schließt ein ständiges Abstimmen der langfristigen Rationalisierungsstrategien der Kombinate mit den Arbeitskräftekonzeptionen im Territorium ein.

3. Wissenschaftlich-technischer Fortschritt und WAO

Der wissenschaftlich-technische Fortschritt verändert grundlegend die materiell-technischen und organisatorischen Bedingungen der Produktion und damit die Arbeit des Menschen, seine Wirksamkeit im Arbeitsprozeß. Die Rolle des subjektiven Faktors in der Produktion, die Möglichkeiten seiner freien, produktiven Entfaltung wachsen unter gefestigten sozialistischen Produktionsverhältnissen. Dieser Entwicklungsprozeß ist bestimmend für die Herausarbeitung arbeitswissenschaftlicher Aufgaben und die Festlegung der Schwerpunkte zur weiteren Durchsetzung der wissenschaftlichen Arbeitsorganisation. Zielstellungen dazu sind mit der generellen Forderung verbunden, die Ergebnisse der Arbeitswissenschaften und die Prinzipien der wissenschaftlichen Arbeitsorganisation gezielt für eine hohe ökonomische und soziale Wirksamkeit des wissenschaftlich-technischen Fortschritts zu nutzen.

Im Sinne dieser Zielstellung sind wissenschaftlicher Vorlauf zu sichern, die Anwendungsinstrumentarien weiterzuentwickeln – das heißt, unter anderem ihre normative Basis erweitern und ihre Kompatibilität zu technisch-technologischen Arbeitsunterlagen erhöhen. Es ist ständig für eine schnelle Überführung von Ergebnissen der Forschung und methodischer Grundlagenarbeit in die Praxis mit hohen ökonomischen und sozialen Effekten zu sorgen.

Der rechtzeitigen und konsequenten Anwendung arbeitswissenschaftlicher Erfordernisse bereits im Stadium der Produktionsvorbereitung muß größerer Nachdruck verliehen werden. Unsere Ergebnisse und Erfahrungen belegen immer wieder die Richtigkeit dieser Forderung. Dabei liegen die Schwerpunkte weiterhin bei der Erzeugnis- und Verfahrensentwicklung sowie bei der Investitionsvorbereitung.

Wir können nicht oft genug wiederholen: Am Reißbrett eingesparte Fertigungszeit muß nicht erst durch nachträgliche Rationalisierung erwirtschaftet werden. Auf dem Reißbrett konstruierte optimale Arbeitsbedingungen brauchen nicht durch nachträgliche Sanierungsmaßnahmen in Ordnung gebracht zu werden.

In erster Linie ist es eine Frage der Leitung und Planung wissenschaftlich-technischer Arbeiten, um arbeitswissenschaftliche Anforderungen mit größerer Konsequenz und hoher Wirksamkeit in den verschiedenen Stadien der Produktionsvorbereitung zu verwirklichen.

Zugleich ist es auch eine Einstellungsfrage und politisch-ideologische Aufgabe, nicht zuzulassen, daß infolge Priorität technisch-ökonomischer Vorgaben Abstriche bei der Erfüllung arbeitswissenschaftlicher Erfordernisse gemacht oder diese nur als „Anhängsel“ betrachtet werden. Unsere Aufgabe muß darin bestehen, darauf – gewissermaßen ideologiebildend – bei den ingenieurtechnischen Kadern Einfluß zu nehmen; denn die

Vernachlässigung arbeitswissenschaftlicher Anforderungen bedeutet, Leistungen zu verschenken.

Weiterhin kommt es darauf an, praktikables Handwerkszeug zur Verfügung zu stellen und die ökonomischen und sozialen Vorteile arbeitswissenschaftlich begründeter Lösungen besser herauszuarbeiten. Ein Mittel hierzu ist unter anderem die arbeitswissenschaftliche Bewertung von Erzeugnissen, die sich bewährt, gegenwärtig in anderen sozialistischen Ländern erprobt wird und im Rahmen der wissenschaftlich-technischen Zusammenarbeit der RGW-Mitgliedsländer über eine vereinheitlichte Methode zur Standardreife geführt werden soll.

Anwendungserfahrungen – beispielsweise bei der Bewertung des automatischen Drahtbonders-Thermokompression (ADB-NC) – zeigen, daß bereits in der Arbeitsstufe „Erarbeitung des Konstruktionsprinzips" Schlußfolgerungen für die konstruktive und technologische Feinkonstruktion gezogen werden konnten und durch den ständigen Vergleich zwischen Zielvorgabe und erreichter Gestaltungslösung in den einzelnen Etappen des konstruktiven Entwicklungsprozesses ein hohes Gestaltungsniveau erreicht wurde. Das arbeitswissenschaftliche Gestaltungsniveau war mit ausschlaggebend bei der Zuerkennung des Gütezeichens „Q" und des Prädikates „Gutes Design". Die für das Bedienungspersonal wichtigen Kriterien wie optimale Arbeits- und Umweltbedingungen, anspruchsvolle Arbeitsaufgaben bei rationeller Arbeitsmethode liegen in ihrer Wertigkeit zwischen 0,97 und 0,99 im Vergleich zu einer maximal erreichbaren Kennziffer von 1,0.

Bei der Einflußnahme auf technische Entwicklungen geht es nicht nur um die Verbesserung der arbeitshygienischen Bedingungen und Gewährleistung der Schutzgüte oder das rechtzeitige Abfangen neuer Expositionen und Belastungswirkungen. Eine vorrangige Aufgabe besteht darin, vom Projekt her zur Minimierung des Aufwandes an lebendiger Arbeit beizutragen und eine effektive Nutzung des Arbeitsvermögens zu gewährleisten. So steht bei der Erzeugnisentwicklung, insbesondere von Produktionsausrüstungen für den Hauptprozeß, die weitere Senkung des spezifischen Bedienaufwandes zur Erzeugung einer Einheit selbständiger Maschinenlaufzeit im Vordergrund. Die Durchschnittswerte dieses spezifischen Aufwandes sind auch bei teilautomatisierten Ausrüstungen noch relativ hoch; sie belaufen sich (nach Querschnittsuntersuchungen) zum Beispiel bei NC-Drehmaschinen im Mittel auf 0,68 min/min Laufzeit und bei NC-Fräsmaschinen im Mittel auf 0,93 min/min Laufzeit.

Die weitere Einschränkung dieses Aufwandes ist eine grundlegende Voraussetzung für die bedienungsarme Fertigung. Deshalb werden arbeitswissenschaftliche Erkenntnisse verstärkt eingesetzt, um noch bestehende Eingriffserfordernisse in Serie mit Maschinenfunktionen zu minimieren. Damit ist die Notwendigkeit verbunden, die theoretischen Grundlagen für die Bewertung der Funktionsteilung Mensch – Arbeitsmittel zu vervollkommnen.

Bei der Verfahrensentwicklung und Fertigungsprozeßgestaltung kommt der Minimierung der gegenwärtig noch hohen arbeitsteilig und prozeßbedingten Wartezeit besondere Bedeutung zu. Es handelt sich hierbei um Zeitanteile, die im wesentlichen den Grad der durch den Einsatz teilautomatisierter Arbeitsmittel freigesetzten Arbeitszeit pro Zyklus oder pro gefertigtes Stück ausdrücken. Hier wurde eine ökonomisch wirksame Neudisposition noch nicht erreicht, besonders dann nicht, wenn noch vereinzelte Eingriffserfordernisse in Serie mit Maschinenfunktionen weiterbestehen. Als Weg für die schrittweise Erschließung solcher Zeitreserven, die sich nach Untersuchungen an NC-Werkzeugmaschinen auf Anteile bis zu 15 %, an technologischen Einheiten mit Industrierobotern bis zu 60 % der Schichtzeit belaufen, kommt die Anwendung vervollkommneter Modelle der Mehrmaschinenbedienung in Betracht.

Die sich gegenwärtig vollziehende massenhafte Anwendung der Robotertechnik ist eine Herausforderung zur beschleunigten Anhebung des technologischen und arbeitsorganisatorischen Niveaus der Produktion. Die Freisetzung von Arbeitskräften und Einschränkung monotoner, gesundheitsgefährdender und körperlich schwerer Arbeit sind dabei miteinander verbundene Hauptziele. Auf dem Leipziger Seminar forderte Günter Mittag „die Robotertechnik als Kern einer Umgestaltung der technologischen Prozesse zu nutzen, damit davon tiefgreifende Wirkungen auf die Ökonomie ausgehen. Sie müssen sowohl die Steigerung der Arbeitsproduktivität betreffen als auch die effektivere Nutzung der Grundmittel. Die Anwendung der Robotertechnik muß als Instrument der Modernisierung der vorhandenen Technik in Richtung auf die Automatisierung der Produktionsprozesse genutzt werden, und dabei sind gleichzeitig die Arbeits- und Lebensbedingungen zu verbessern."[4]

Die Mitverantwortung der Arbeitswissenschaftler und ihre Einflußnahme beginnen auch hier bei der Einsatzvorbereitung, um mit Hilfe des Analyse- und Gestaltungsinstrumentariums der WAO eine hohe Effektivität zu gewährleisten. Die vom X. Parteitag gestellte Forderung, im Durchschnitt pro Industrieroboter 2,5 Arbeitskräfte freizusetzen, bezeichnete Günter Mittag als Mindestziel und verwies zugleich auf wesentlich darüberliegende internationale Erfahrungswerte.

Es gibt durchaus achtbare Beispiele. Im Edelstahlwerk Freital wurden mit dem Einsatz des ZIM 60 zur Beschickung einer Bohr- und Fräsmaschine in der Fäustelherstellung drei Arbeitskräfte je Schicht freigesetzt und damit von körperlich schwerer Arbeit befreit. In der Zinnhütte Freiberg sind beim Abschöpfen des Zinkoxids aus der Schmelze, als dem letzten Glied einer Automatisierungskette, fünf Arbeitskräfte eingespart worden. Dem gegenüber zeigt die Analyse von 31 Einsatzfällen, daß im Durchschnitt pro Industrieroboter zur Zeit nur eine Einsparung von 1,45 Arbeitskräften erzielt wird. Bei der im Zeitraum Januar/Februar 1982 installierten Robotertechnik beträgt die durchschnittliche Freisetzung je Einsatzfall 1,2 Personen und liegt lediglich bei der wesentlich geringeren Zahl von prozeßflexiblen Robotern etwas darüber (1,9 Personen). Die zeitliche Auslastung (tatsächliche Nutzungszeit) des gesamten Industrieroboter-Bestandes wird für die Industrie mit einem Durchschnitt von 12,2 Stunden pro Kalendertag ausgewiesen, ohne wesentliche Unterschiede zwischen prozeßflexibler und prozeßspezifischer Robotertechnik. Wesentliche Ursachen dafür liegen vor allem in meist nur punktuell erfolgtem und zu wenig mit technologischen Prozeßveränderungen verknüpftem Einsatz und zum weiteren in der noch zu geringen Zuverlässigkeit der Robotertechnik, also ihrer instabilen Funktion, die einer möglichen Lösung (Lockerung) der räumlich-zeitlichen Bindung des Werktätigen an die Technik Grenzen setzt.

Die Einsatzfälle prozeßflexibler Industrierobotertechnik sind überwiegend dadurch gekennzeichnet, daß während der Schicht noch in unterschiedlichem Umfang Bedienungs- bzw. Betreuungstätigkeiten anfallen. Sie mindern die erreichbare Freisetzung von Arbeitskräften gegenwärtig noch spürbar. Von einer Identität „IRT-Einsatzplatz – eingesparter Arbeitsplatz" in absolutem Sinne kann noch nicht gesprochen werden.

Die hier vorliegenden, im Vergleich zu NC-Werkzeugmaschinen anders strukturierten arbeitsteilig und prozeßbedingten Wartezeiten (im allgemeinen längere freie Zeitintervalle mit größerer Häufigkeit während der Schicht) haben überwiegend den Charakter von passiver Anwesenheitszeit auf Grund stochastischer Eingriffserfordernisse. Nach

[4] Aus dem Schlußwort des Mitglieds des Politbüros und Sekretärs des Zentralkomitees der SED, Genossen Günter Mittag, in: Kombinate vergrößern ihren Beitrag zur Erfüllung der Beschlüsse des X. Parteitages, a. a. O., S. 77.

Stabilisierung der Zuverlässigkeit wird der größere Teil der arbeitsteilig und prozeßbedingten Wartezeit erschließbar. Noch verbleibende Aufwände, zum Beispiel für das Beschicken der Werkstückspeicher, werden zu langfristig voraussehbaren Handlungserfordernissen und rechtfertigen allein das Verbleiben der Arbeitskraft nicht.

Aus der Untersuchung stabiler Einsatzfälle geht hervor, daß unter den gewählten Varianten der innerbetrieblichen Arbeitsteilung die kollektive Betreuung von Fertigungskomplexen die günstigste Voraussetzung für eine hohe Auslastung der Technik und eine mindestens befriedigende Tätigkeits- bzw. Anforderungsstruktur bietet und unter diesen Bedingungen auch ein deutlich höherer Freisetzungseffekt erreichbar ist.

Worauf sollte sich unsere Arbeit insbesondere aus der Sicht der Produktivitäts- und Persönlichkeitsentwicklung konzentrieren?

– Bei der Einsatzvorbereitung sind stärker als bisher arbeitswissenschaftliche Aufgaben zu lösen. Der Robotereinatz muß die generelle Freisetzung von drei Arbeitskräften je Roboter sichern und dabei monotone, schwere und gesundheitsgefährdende Arbeit beseitigen.

– Der Robotereinsatz muß die Entwicklung geschlossener technologischer Linien und automatisierter Produktionsabschnitte fördern und mit Hilfe der Analysen- und Gestaltungsmethoden der WAO vorbereitet werden.

– Immer ist darauf zu achten, daß für den Werktätigen anspruchsvolle Arbeitsaufgaben entstehen und eine entsprechende Peripherie entwickelt wird, damit für den freigesetzten Werktätigen nicht anspruchslose, monotone Arbeit übrig bleibt und der bedienerarme und bedienerlose Schichtwechsel gesichert wird.

– Der Robotereinsatz muß in den Betrieben auf der Grundlage langfristiger Konzeptionen politisch-ideologisch vorbereitet, durch eine straffe Leitung geführt und immer gemeinsam mit den Werktätigen in jeder Etappe der Arbeit durchgeführt werden.

In der metallverarbeitenden Industrie werden insbesondere zur rationellen Fertigung kleiner und mittlerer Serien unter den Bedingungen eines häufig wechselnden Produktionssortiments integrierte Fertigungsabschnitte vorbereitet. In einem bereits realisierten integrierten Fertigungsabschnitt wird zum Beispiel mit 20 % weniger Werkzeugmaschinen und 15 % weniger Arbeitskräften ein Produktionszuwachs von 30 % erreicht. Wie die Erfahrungen zeigen, wird der Einsatz neuer Technik oft erst durch eine nach wissenschaftlichen Prinzipien gestaltete Arbeitsorganisation effektiv. Probleme der Arbeitsteilung und -kooperation, die Erweiterung und Gestaltung der Bedienzonen, das Zusammenwirken von Haupt- und Hilfsprozessen, die Entwicklung und Zusammensetzung der Arbeitskollektive und ihre Leistungs- und Entlohnungsbedingungen stellen neue Anforderungen an die WAO. Für die Vorbereitung von Lösungen der automatisierten bedienarmen Produktion können folgende Grundsätze abgeleitet werden:

1. Mit zunehmendem Grad der Automatisierung muß als Voraussetzung für die rationelle Nutzung des noch gebundenen Arbeitsvermögens eine höhere Komplexität der Arbeitsaufgaben erreicht werden. Veränderungen in der traditionellen Arbeitsteilung zwischen Produktionsgrund- und -hilfsarbeitern werden unumgänglich.

2. Die Lösung der oft stochastisch anfallenden Arbeitsaufgaben ist effektiv nur durch kollektive Formen der Arbeitsorganisation zu sichern.

3. Bei der Gestaltung der Ausführungsbedingungen muß beachtet werden, daß Produktions- und Informationstechnik immer mehr gekoppelt werden und aus dieser Sicht das Problem der beanspruchungsoptimalen Gestaltung neue Dimensionen erhält.

4. Mit den veränderten materiell-technischen Bedingungen der Produktion entstehen neue Anforderungen an die Leistungsbewertung der Arbeitskollektive und die Stimulierung ihrer Endergebnisse. Das wirft auch Fragen der künftigen Niveaubestimmung

der Arbeitsproduktivität in diesen Abschnitten und der Einbeziehung weiterer Leistungskennzahlen auf. Sie dürfen nicht nur Menge und Zeit erfassen, sondern müssen vor allem solche Faktoren beinhalten, die die Effektivität der gesamten Produktionsabschnitte wiederspiegeln.

Möglichkeiten zur stärkeren (vollständigen) Herauslösung des Menschen aus dem unmittelbaren Produktionsprozeß werden jedoch erst mit dem Übergang von automatisch arbeitenden technologischen Einheiten zum bedienungsarmen bzw. bedienungslosen Fertigungsabschnitt erreicht. Bedeutsame Vorstufe dazu sind autonome Fertigungszellen, wie sie uns durch Beispiele vom VEB Werkzeugmaschinenfabrik „Hermann Matern" Magdeburg und aus der Werkzeugmaschinenfabrik Auerbach bekannt sind. In beiden Fällen sprechen wir von einem 3/2-Schichtbetrieb, das heißt, daß die Nachtschicht bedienungslos gefahren wird.

Der 3. Internationale Kongreß Metallbearbeitung in Leipzig vermittelte Informationen über den Betrieb der Zukunft, über Wege zur bedienungsarmen und bedienungslosen Fertigung. Sowjetische Wissenschaftler berichten über einen Betrieb, in dem 80 % des Arbeitsaufwandes von Maschinensystemen übernommen wird. Teile für Schmiedepressen, Wellen und Antriebe werden auf verschiedenste Weise mechanisch bearbeitet (Bohren, Fräsen, Drehen, Schleifen), ohne daß ein Arbeiter die Maschine beschicken oder die Rohlinge bzw. Fertigteile transportieren muß.

Dieses und andere Beispiele verdeutlichen nicht nur Freisetzungsmöglichkeiten von Arbeitskräften und Wege des beschleunigten Produktivitätswachstums der nahen Zukunft, sondern vor allem auch die sich abzeichnenden wesentlichen Veränderungen in Richtung einer außerordentlich hohen Disponibilität und des erforderlichen Vertrautseins des Werktätigen mit dem gesamten ablaufenden Prozeß und seiner rechnergestützten Steuerung. Das muß vorausschauend erkannt werden; denn auch hier werden nach Lösung der technischen Grundprobleme die ökonomischen und arbeitswissenschaftlichen Fragen rasch in den Vordergrund treten.

Konsequenzen aus der Automatisierung, insbesondere der Entwicklung zur automatisierten Informationsverarbeitung, ergeben sich auch für das Instrumentarium der WAO. Hier geht es besonders um die handhabungsgerechte Aufbereitung für Konstrukteure und Projektanten. Ausgehend von ihrem spezifischen Informationsbedarf bei der Lösung arbeitswissenschaftlicher Probleme, wurden Grundlagen der WAO (Vorgehensweisen, Daten, Prinziplösungen) in Richtlinienform aufbereitet und im Katalog arbeitswissenschaftlicher Richtlinien (KAR) zusammengefaßt. Dieser problemorientierte arbeitswissenschaftliche Speicher verkürzt die Zugriffszeiten und erleichtert die Arbeit der ingenieurtechnischen Kader. Die Ergänzung und Aktualisierung des KAR wird systematisch fortgesetzt. Zugleich ist es notwendig, normative Grundlagen der WAO und die in den Richtlinien bereits formalisierten Arbeitsschritte für eine rechnergestützte Abarbeitung aufzubereiten. Ohne diese Paßfähigkeit zum Rechner- und Bildschirmdialog würde erneut die Lage verschärft, daß arbeitswissenschaftliche Kriterien nicht oder nur unvollständig bei technischen Entwicklungen berücksichtigt werden.

4. Zu einigen Problemen der Entwicklung der Masseninitiative der Werktätigen

Was der sozialistische Wettbewerb bewirkt, beweist, wie der Generalsekretär der SED, Genosse Erich Honecker, auf dem 10. FDGB-Kongreß formulierte, die Geschichte des sozialistischen Wettbewerbes.

Er half:

1. die ökonomischen Aufgaben des sozialistischen Aufbaues durch die Initiative der Massen zu lösen;
2. der Arbeiterklasse immer neue Erfahrungen bei der Leitung und Planung der Produktion zu gewinnen;
3. hohe Ergebnisse für die Gesellschaft aus der engen Verbindung der ökonomischen Politik der SED mit der Aktivität der Werktätigen zu erreichen.[5]

Aufgaben der Rationalisierung, zur ständigen Erhöhung des Niveaus der Arbeitsorganisation gehören unabdingbar zum sozialistischen Wettbewerb, denn er ist – wie Genosse Harry Tisch, Vorsitzender des Bundesvorstandes des FDGB, auf dem 10. FDGB-Kongreß formulierte – vor allem auf die Ausnutzung der qualitativen Faktoren des Wirtschaftswachstums gerichtet, orientiert darauf, „die Intensivierung der Produktion auf dem Wege des wissenschaftlich-technischen Fortschritts und der sozialistischen Rationalisierung weiter voranzubringen, die Arbeitsproduktivität beträchtlich zu steigern, mit geringerem Aufwand mehr zu produzieren und bei alledem auch die Arbeits- und Lebensbedingungen zu verbessern“[6]. Diese generelle Zielstellung schließt zwangsläufig die WAO in die Führung des sozialistischen Wettbewerbes ein.

Es ist ein unumstößlicher Grundsatz, die Werktätigen in die Anwendung der WAO einzubeziehen und ihre schöpferischen Kräfte für die Erhöhung ihrer Leistungsvoraussetzungen bei gleichzeitiger Verbesserung der Arbeitsbedingungen zu nutzen. Unsere Partei hat wiederholt erklärt, daß alle Aufgaben der WAO, vom Arbeitsstudium über die Ausarbeitung und Anwendung von Leistungskennzahlen bis zur Einführung von Produktivlöhnen, gemeinsam mit den Werktätigen durchzuführen sind. Schritt um Schritt wird über diesen Weg die leistungsorientierte Lohnpolitik verwirklicht und die Wirksamkeit des sozialistischen Leistungsprinzips erhöht.

Es wurde schon darauf hingewiesen, daß der wissenschaftlich-technische Fortschritt, die Rationalisierung geschlossener Reproduktionsprozesse im PCK Schwedt und auch im Mansfeld Kombinat von einer neuen Qualität der politischen Führung und einer auf breitester Basis entwickelten Masseninitiative getragen wird. Dabei wird das Ziel verfolgt, alle Werktätigen für aktive Mitarbeit an den Rationalisierungsaufgaben zu gewinnen. In Schwedt waren es 55 WAO-Kollektive mit etwa $^2/_3$ der Belegschaft des Stammbetriebes.

Aktive Mitwirkung der Werktätigen erfordert politische Führung, setzt Informiertheit, Kenntnis der Aufgaben und der zu lösenden Probleme voraus. Deshalb muß jedem Arbeitskollektiv die Zielstellung für die sozialistische Rationalisierung bekannt sein, müssen konkrete Informationen darüber bis an jeden Arbeitsplatz gelangen, damit Einstellungen, Motivationen und Verhaltensweisen sich entsprechend entwickeln. So gehört auch die Qualifizierung für den künftigen Arbeitsplatz zum sozialistischen Wettbewerb.

Keine Form der schöpferischen Masseninitiative darf bei der sozialistischen Rationalisierung außer acht gelassen werden. Ob es sich dabei um Notizen zum Plan und andere Arten von analytischen Aufschreibungen der Arbeiter handelt oder um Aufgabenstellungen für Neuererkollektive und die MMM-Bewegung, letztlich ist die ganze Vielfalt der Möglichkeiten zu nutzen, um Vorschläge, Ideen und Hinweise der Werktätigen zur

[5] Vgl. Zu aktuellen Fragen der Innen- und Außenpolitik der DDR, Rede von Erich Honecker auf dem 10. Kongreß des FDGB, in: Neues Deutschland vom 23. April 1982, S. 3.

[6] Wachsende Rolle der Gewerkschaften bei der Gestaltung der entwickelten sozialistischen Gesellschaft in der DDR, Aus dem Bericht des Bundesvorstandes des FDGB an den 10. FDGB-Kongreß, Berichterstatter: Harry Tisch, Vorsitzender des FDGB-Bundesvorstandes, Mitglied des Politbüros des ZK der SED, in: Neues Deutschland vom 22. April 1982, S. 3.

Erhöhung von Qualität und Effektivität der Arbeit zu erhalten. Sie sind – wie auf dem 10. FDGB-Kongreß hervorgehoben wurde – schon bei der Projektierung von Rationalisierungslösungen genau zu prüfen und zu berücksichtigen.

Eine nicht zu unterschätzende Basis sind die ehrenamtlichen WAO-Kollektive. Sie bilden in vielen Kombinaten den entscheidenden Kern einer auf breiten Schultern getragenen Rationalisierungsarbeit. Das zeigt sich nicht nur im Mansfeld Kombinat, in dem etwa 280 solcher Kollektive bestehen, in denen sich nahezu 2 000 Werktätige für die Verwirklichung der ökonomischen Strategie engagieren. Die WAO-Kollektive haben sich als eine unschätzbare Kraft bei der Realisierung von WAO-Maßnahmen erwiesen. Deshalb halten wir auch den im Ministerium Erzbergbau/Metallurgie/Kali seit Jahren geführten Leistungsvergleich der WAO-Kollektive für ein nachahmenswertes Beispiel.

Die aktive Einbeziehung der Werktätigen in die sozialistische Rationalisierung stellt hohe Ansprüche an die Leitungstätigkeit, um – wie auf dem Leipziger Seminar hervorgehoben wurde – „die vorhandenen geistig-schöpferischen Kräfte und die hohe Qualifikation der Arbeiterinnen und Arbeiter, der Technologen, Ingenieure, Konstrukteure und Forscher voll auszuschöpfen“[7].

Thesenhaft lassen sich einige Grundsätze zur Leitungstätigkeit wie folgt zusammenfassen:

1. Die zielstrebige Anwendung der WAO muß fester Bestandteil der Leitungstätigkeit sein. Das verlangt die volle Wahrnehmung der politischen Verantwortung der staatlichen Leiter auf allen Ebenen und ihre enge Zusammenarbeit mit den gesellschaftlichen Organisationen.

2. Es hat sich bewährt, auf der Ebene der Kombinate mit Konzeptionen zur Anwendung der WAO für den Zeitraum eines Fünfjahrplanes zu arbeiten. Solche Konzeptionen beinhalten Ziele und abrechenbare Aufgaben, beispielsweise in Form von Kennziffern zur Senkung des Arbeitszeitaufwandes, zur Einsparung von Arbeitsplätzen, zum Abbau von Arbeitserschwernissen usw..

3. Wir halten es für wichtig, die Aufgaben zur Anwendung der WAO aus langfristigen Rationalisierungsstrategien (Rationalisierungskonzeptionen, Intensivierungsprogrammen) abzuleiten und in diese einzuordnen. Damit wird gesichert, daß die Anwendung der WAO auf die entscheidenden Schwerpunkte entsprechend den Erfordernissen der ökonomischen Strategie konzentriert und auf die maßgeblichen Entwicklungslinien von Wissenschaft und Technik abgestimmt ist.

4. Es ist erforderlich, die konzeptionelle Linie auf dem Gebiet der WAO engstens mit der Ausarbeitung und Verwirklichung langfristiger Konzeptionen zur Erhöhung der Effektivität des gesellschaftlichen Arbeitsvermögens zu verbinden. Beide Richtungen unserer Arbeit sind – wie die bisherigen Darlegungen bewiesen haben – nicht voneinander zu trennen. Es geht niemals darum, eine WAO-Konzeption „an sich“ zu erarbeiten. Sie muß in andere Führungsdokumente eingeordnet sein.

Die Werktätigen bei ihrem Ringen um hohes Leistungswachstum wirkungsvoll zu unterstützen liegt in der politischen Verantwortung der Arbeitswissenschaftler gegenüber der Arbeiterklasse. Mit den Erkenntnissen der arbeitswissenschaftlichen Forschung und ihrer praktischen Nutzung wird dazu beigetragen, den weiteren gesellschaftlichen Fortschritt in unserem Lande unter komplizierter gewordenen Bedingungen, aber auch unter viel besseren Voraussetzungen, wie wir sie durch unsere Kombinate geschaffen haben, dauerhaft zu gewährleisten.

[7] Aus dem Schlußwort des Mitglieds des Politbüros und Sekretärs des Zentralkomitees der SED, Genossen Günter Mittag, in: Kombinate vergrößern ihren Beitrag zur Erfüllung der Beschlüsse des X. Parteitages, a. a. O., S. 65.

3. Diskussion

K.-H. Jentsch

Erfahrungen und Effekte bei der komplexen WAO-Arbeit im VEB Mansfeld Kombinat „Wilhelm Pieck“

Das Leipziger Seminar des ZK der SED mit den Generaldirektoren und Parteiorganisatoren hat uns erneut gezeigt, welche außerordentliche Bedeutung gerade in der gegenwärtigen Phase unserer Entwicklung der allseitigen Planerfüllung und einem hohen volkswirtschaftlichen Leistungsanstieg zukommt. Davon ausgehend haben auch die 48 000 Werktätigen des VEB Mansfeld Kombinat die Verpflichtung übernommen, in diesem Jahr mindestens zwei Tagesproduktionen über den Plan zu produzieren.

Eine wesentliche Quelle, aus der wir immer wieder Reserven für neue Aufgaben schöpfen, ist das gesellschaftliche Arbeitsvermögen. Nachdem wir 1974 begannen, die rationelle Nutzung des gesellschaftlichen Arbeitsvermögens jährlich über den Plan Wissenschaft und Technik und auch langfristig zu planen, konnten wir durch WAO-Maßnahmen bis 1980 ca. 3 500 Arbeitskräfte einsparen und für die Lösung anderer wichtiger Aufgaben einsetzen. Diese Arbeitskräfte waren die Grundlage für die kontinuierliche Entwicklung und Steigerung der Produktion, für die Inbetriebnahme neuer Anlagen der Veredlungsmetallurgie und für den weiteren Ausbau des Rationalisierungsmittelbaues.

Ausgehend von diesen Ergebnissen und Erfahrungen, haben wir im vergangenen Jahr die „Grundrichtung zur rationellen Nutzung des gesellschaftlichen Arbeitsvermögens“ für den Zeitraum 1981 bis 1985 als Rationalisierungsstrategie des Kombinates erarbeitet.

Zur Durchsetzung der Forderung „Mit weniger Aufwand mehr produzieren“ sind darin folgende Hauptzielstellungen festgelegt:

1. Freisetzung von 4 774 Arbeitskräften (AK) aus den Gesamtbeschäftigten zum Wiedereinsatz für andere volkswirtschaftliche Aufgaben,
2. absolute Einsparung von 1 120 VbE in Leitung und Verwaltung,
3. Vergrößerung des Anteils des Produktionspersonals an der Belegschaft von 64,6 auf 66,3 %,
4. Einsparung von 27 Mio h Arbeitszeit,
5. Senkung der beeinflußbaren Ausfallzeiten des Produktionspersonals um 9,5 %,
6. Um- und Neugestaltung von mindestens 13 000 Arbeitsplätzen.

Abgeleitet aus diesem Führungsdokument sind die Aufgaben

- zur Rationalisierung der Arbeitsprozesse und Arbeitsplätze,
- zur Verbesserung der Arbeitsbedingungen auf Basis des Arbeitsplatzkataloges,
- zur Rationalisierung von Transport-, Umschlag- und Lagerprozessen,
- zur Rationalisierung von Leitung und Verwaltung,
- zur Anwendung effektiver Leistungs-Lohn-Beziehungen

in entsprechenden Maßnahmeplänen fixiert worden. Den Schwerpunkt dabei bildet die ständige Qualifizierung der WAO-Arbeit, denn im allgemeinen realisieren wir ca. 70 % unserer AK-Einsparungen im Rahmen des Planes Wissenschaft und Technik über Maßnahmen der WAO. Rund 1 000 WAO-Aufgaben werden jährlich zur Einsparung von Arbeitskräften und Arbeitszeit sowie zur Neugestaltung von Arbeitsplätzen realisiert.

Die Rationalisierung der lebendigen Arbeit erfordert neben einer klaren Strategie eine straffe Organisation und die breite Einbeziehung der Werktätigen. Deshalb haben wir in allen Betrieben WAO-Kollektive gebildet und beziehen ständig rd. 2 000 Werktätige unmittelbar in die WAO-Arbeit ein. Darüber hinaus arbeitet im Mansfeld Kombinat das Ingenieurbüro für Rationalisierung an der Realisierung dieser strategischen Aufgaben. Als einem Führungsorgan des Generaldirektors obliegt diesem Büro neben der Planung, Koordinierung und Durchsetzung der Rationalisierungsarbeit auf den Gebieten der Wirtschafts-, Leitungs-, Arbeits-, Produktions- und EDV-Organisation die Aufgabe, komplexe Studien zum Erschließen von Rationalisierungsmöglichkeiten an Schwerpunkten des Kombinates eigenständig durchzuführen oder an ihrer Ausführung mitzuwirken. Die Entwicklung und Durchsetzung von komplexen Rationalisierungslösungen setzt ideologische Klarheit in allen Kollektiven voraus. Darum erfolgt eine umfassende Vorbereitung der Studien mit den Partei- und Gewerkschaftsleitungen. Über soziologische Analysen und umfassende Problemberatungen sowie Selbstaufschreibungen zum Arbeitsprozeß werden die Werktätigen aktiv in die Studiendurchführung einbezogen. Die Realisierung von organisatorischen Maßnahmen im Rahmen der planmäßigen Neuererarbeit und im sozialistischen Wettbewerb bietet ein wirksames Stimulans für die gemeinsame Arbeit von Werktätigen und Fachkadern im Rahmen ehrenamtlicher WAO-Kollektive.

Mit der Durchführung komplexer WAO-Untersuchungen zur umfassenden Analyse und Rationalisierung des Reproduktionsprozesses haben wir gute Erfahrungen gesammelt. Die Durchführung einer WAO-Komplexstudie beginnt mit einer soziologischen Analyse, die in Form von Expertengesprächen, schriftlichen oder mündlichen Befragungen, Gruppendiskussionen und Tiefeninterviews durchgeführt wird.

Vergleiche zwischen den Aussagen einzelner sozialer Gruppen geben wertvolle Hinweise auf Untersuchungsschwerpunkte. Parallel dazu erfolgt ein komplexer Leistungsvergleich und eine kritische Analyse der betriebswirtschaftlichen Kennziffern. Auf Basis dieser Analysen, der Struktur des Betriebes sowie der Zielstellung für die Komplexstudie erfolgt die Bildung von Arbeitsgruppen und die Planung ihrer Arbeit. Im allgemeinen werden Arbeitsgruppen gebildet für

- Fertigungsbereiche der Hauptproduktion,
- Instandhaltung und Werkzeugbau,
- TUL-Prozesse,
- Arbeitsbedingungen einschließlich Gesundheits-, Arbeits- und Brandschutz,
- Organisation der Produktionslenkung,
- Rationalisierung in Leitung und Verwaltung.

Grundlage aller Analysen sind umfassende Arbeitsstudien. Darüber hinaus dienen Prozeßanalysen der Durchsetzung von Besttechnologien. Weiterhin werden Gebrauchswert-Kosten-Analysen, Lösungen für Optimierungsrechnungen und EDV-Projekte erarbeitet.

Den Abschluß der Arbeiten bilden der Ausweis der Produktionskapazität und des AK-Bedarfs sowie der Leistungsentwicklung, ein Effektivitätsnachweis und ein Plan der lang-, mittel- und kurzfristigen Rationalisierungsmaßnahmen. Leistungsstimulierende Lohnformen werden entwickelt, sozialökonomische Programme für die Regulierung aller Probleme bei der Umsetzung von Werktätigen erarbeitet. Koordinierungsberatungen der Arbeitsgruppenleiter während der Studie bieten die Gewähr, daß alle wesentlichen Probleme berücksichtigt werden.

Die zielgerichtete Verbesserung der arbeitshygienischen Bedingungen ist in unserem Kombinat eine vordringliche Aufgabe und ein wichtiger Bestandteil der WAO-Maßnahmen zur umfassenden Durchsetzung der sozialistischen Rationalisierung. Die Strategie zur langfristigen Absicherung der Aufgaben für die schrittweise Verbesserung der Arbeits- und Umweltbedingungen wurde in der „Grundrichtung zur Entwicklung der arbeitshygienischen Bedingungen im VEB Mansfeld Kombinat Wilhelm Pieck bis 1985" durch den Generaldirektor festgelegt.

In der erforderlichen Analysentätigkeit zum Stand und zur Dokumentation der arbeitshygienischen Bedingungen wurde in unserem Kombinat eine neue Qualität durch die Erarbeitung eines Arbeitsplatzkataloges erreicht. Dieser Katalog wird nach einheitlichen Gesichtspunkten für die 16 000 Arbeitsplätze des Produktionspersonals EDV-mäßig ausgewertet. Für die Leitung des Kombinates wird quartalsweise eine verdichtete Führungsinformation zum aktuellen Stand der arbeitshygienischen Bedingungen zur Verfügung gestellt.

Ich möchte unsere Arbeit an einigen Beispielen erläutern. Neben arbeitswissenschaftlichen Projektstudien führen wir in neuerrichteten Anlagen WAO-Untersuchungen bereits im Stadium der Inbetriebnahme durch. Diese Studien haben das Ziel, bei minimalem AK-Einsatz die projektierten Parameter schnellstmöglich zu erreichen und zu überbieten.

So erfolgten beim Aufbau des VEB Leichtmetallwerk Nachterstedt WAO-Untersuchungen parallel zur Inbetriebnahme der einzelnen Hauptaggregate. Gleichzeitig mit der Inbetriebnahme der letzten Anlagen wurde eine WAO-Komplexstudie im Gesamtbetrieb durchgeführt.

Das Ziel bestand in der

- Ermittlung des AK-Bedarfs auf Basis der Einhaltung technologischer Bestwerte,
- Minimierung von Verlustzeiten durch optimale Produktionsorganisation hinsichtlich Losgröße und Losfolge und
- rationellen Gestaltung der Hilfs- und Nebenprozesse sowie der Arbeit in Leitung und Verwaltung.

Im Ergebnis der Untersuchung konnten gegenüber der Grundsatzentscheidung 271 VbE, das entspricht 15,9 %, eingespart werden. Mit der Inbetriebnahme des Leichtmetallwerkes und der Errichtung neuer Anlagen für Aluminiumfolie zur Erhöhung des Veredlungsgrades in Merseburg ergaben sich bei der Gestaltung der Produktion von Blechen, Bändern und Folien aus Aluminium neue Möglichkeiten. Deshalb wurde in einer Komplexstudie die ganze Erzeugnislinie vom Rohstoff bis zum hochveredelten Endprodukt hinsichtlich Technologie, Qualität, Transport und Organisation untersucht. In der Erzeugnislinie, die durch Produktionsstätten in vier Betrieben des Kombinates und durch mehr als 3 000 Werktätige charakterisiert ist, ermittelten wir über die betrieblichen Effekte hinaus durch eine sinnvolle Gestaltung der Kooperation bei Anpassung der betrieblichen Produktionsprogramme an die technologischen Möglichkeiten zusätzliche Kombinateffekte, die eine Steigerung der Produktion um 9,6 % und eine Reduzierung des Transportaufwandes um 23,6 % ermöglichen.

In der gleichen Weise wurde im Stammbetrieb des Kombinates der Anlauf der Kupfer-Draht-Gieß-Walz-Anlage untersucht. Hier wurden auf Grund der WAO-Studie Rationalisierungslösungen erarbeitet, um gegenüber der Grundsatzentscheidung 20 % der Arbeitskräfte einzusparen. Die Einführung dieses neuen technologischen Verfahrens ermöglicht darüber hinaus wesentliche Rationalisierungseffekte bei den nachfolgenden Prozeßstufen in den Kombinatsbetrieben, wie Einsparung der Stufe „Drahtwalzen" und Kapazitätserhöhungen durch größere Bundgewichte.

Im Rahmen der effektiven Nutzung des gesellschaftlichen Arbeitsvermögens (gAV) hat die Rationalisierung in Leitung und Verwaltung im Mansfeld Kombinat große Bedeutung erlangt. Dabei gehen wir davon aus, daß eine rationell organisierte Verwaltung die Voraussetzung für ein rasches Reagieren der Leitung auf wirtschaftliche Erfordernisse ist. Deshalb orientierten wir uns voll auf die Realisierung des Ministerratsbeschlusses vom November 1979 und wollen bis 1985 in Leitung und Verwaltung 13,5 % der AK einsparen.

Wir stellten uns dieser Aufgabe, obwohl im Kombinat der Anteil an Leitungs- und Verwaltungspersonal mit 17,9 % ohnehin relativ niedrig war. Beratungen unserer Industriekreisleitung mit den staatlichen Leitern schufen hier die ideologische Plattform. Obwohl der Stammbetrieb mit 17,2 % der Beschäftigten in Leitung und Verwaltung die beste Kennziffer im Kombinat ausweisen konnte, veranlaßte der Generaldirektor hier die Schaffung eines Demonstrationsbeispieles durch eine komplexe WAO-Studie. Dabei übertrugen wir die Erfahrungen aus unseren Untersuchungen von Produktionsprozessen voll auf die Verwaltung.

Eine soziologische Befragung von über 2 000 Mitarbeitern in Leitung und Verwaltung ergab wertvolle Hinweise
- zu Leistungsreserven,
- zur Auslastung der Arbeitszeit,
- zur Vermeidung von Doppelarbeit,
- zur Nutzung vorhandener Bürotechnik sowie der EDV u. a.

Für die einzelnen Fachdirektionen und die Verwaltungen der Produktionsbereiche wurden unter Leitung der 1. Stellvertreter der jeweiligen Direktoren Arbeitsgruppen aus Mitarbeitern des Bereiches und des Ingenieurbüros gebildet. Über den Einsatz von 56 WAO-Kollektiven wurden rd. 450 Werktätige in die Arbeit einbezogen. Die Untersuchungskollektive konzentrierten sich dabei auf solche Schwerpunkte wie
- die sinnvolle Abstimmung der zentralen und dezentralen Wahrnehmung von Leitungs- und Verwaltungsfunktionen,
- Beseitigung von Zwischenleitungsebenen bei Durchsetzung des Normativs Leitung und Lenkung,
- Durchsetzung von Funktionsverdichtungen, Reduzierung von Stäben und Vereinfachung von Verwaltungsabläufen bei Durchsetzung und Unterbietung erarbeiteter Besetzungsnormative,
- Reduzierung des Berichtswesens und Rationalisierung von Belegdurchläufen auf der Basis von Informations- und Funktionsanalysen.

Eine spezielle Arbeitsgruppe untersuchte die Möglichkeiten zur weiteren EDV-Anwendung. Hier wurden mittels Funktionsanalysen manuelle Routineprozesse der Verwaltungsarbeit überprüft, inwieweit sie durch EDV ganz oder teilweise abgelöst werden können und Informationsbedürfnisse aus vorhandenen EDV-Projekten unmittelbar oder durch Erweiterung realisiert werden können. Die Abstimmung zwischen den Arbeitsgruppen und der Erfahrungsaustausch, der insbesondere der Weiterentwicklung der Arbeitsmethoden auf diesem neuen Anwendungsgebiet der komplexen Studien diente, erfolgte regelmäßig in Koordinierungsberatungen.

Im Ergebnis der Studie konnten Einsparungsmöglichkeiten für 390 VbE in Leitung und Verwaltung des Stammbetriebes ermittelt werden, darunter 85 durch EDV-Anwendung. Die Maßnahmen zur Freisetzung und die einzusparenden Arbeitsstellen wurden festgelegt.

Ausgehend von dieser Beispielstudie im Stammbetrieb, wurde die WAO-Arbeit in Leitung und Verwaltung in allen Kombinatsbetrieben organisiert.

Auch hier wurde die politisch-ideologische Basis unter Führung der Kreisparteiorganisation über den Rat der Parteisekretäre geschaffen. Im Ergebnis dieser Breitenarbeit sind wir in der Lage, 1 120 VbE in Leitung und Verwaltung des Kombinates bis 1985 einzusparen. Per 31. 3. 1982 konnten wir gegenüber dem Plan 1980 eine Einsparung von 583 VbE abrechnen. Damit haben wir unter Berücksichtigung der Einstellung von Absolventen und Auslernern im Herbst das notwendige Tempo erreicht, um 50 % der Einsparungen bis zum Ende des Jahres 1982 zu erzielen. Aus der Einsparung der 1 120 VbE realisieren wir wesentliche Zielstellungen bei der Entwicklung der Beschäftigtenstruktur, und zwar

- die absolute Reduzierung der Belegschaft um 300 VbE,
- die Erhöhung des Produktionspersonals um 470 VbE,
- die Erweiterung des produktionsvorbereitenden Personals um 350 VbE.

Die Umstrukturierung erfolgt über effektiven Wiedereinsatz der Werktätigen, Steuerung der AK bei Neueinstellungen und die Ausnutzung der Fluktuation. Damit lassen sich durch die Rationalisierung bedingte Probleme für die Werktätigen weitestgehend vermeiden. Das gewonnene Arbeitsvermögen dient vorrangig

- der Inbetriebnahme von Anlagen der Veredlungsmetallurgie,
- der Erweiterung unserer Kapazität im Rationalisierungsmittelbau, insbesondere auf den Gebieten Robotertechnik und Mikroelektronik sowie
- der Erweiterung der Produktion hochwertiger Konsumgüter.

Im folgenden sei eine Komplexstudie dargestellt, die gegenwärtig ihren Abschluß findet. Mit Wirkung vom 1. 7. 1981 wurde der aus 14 territorial selbständigen Betriebsstätten bestehende VEB Blechpackungen Meißen dem VEB Mansfeld Kombinat angegliedert. Bereits während der Vorbereitung des Anschlusses begann in den dazu gebildeten Arbeitsgruppen aus Mitarbeitern des Kombinates und des Betriebes die Vorbereitung komplexer Untersuchungen. Noch im Juli 1981 wurde die Durchführung einer WAO-Komplexstudie eingeleitet. Neben der Verbesserung der Arbeitsorganisation an den hochproduktiven Fließlinien wurde vor allem untersucht, wie durch Spezialisierung, Kooperation und Konzentration der Produktion in Abstimmung zwischen den Betriebsstätten eine bessere Nutzung des gesellschaftlichen Arbeitsvermögens möglich wird.

Bereits nach zwei Monaten konnte die Schließung einer Betriebsstätte für Ende 1982 vom Generaldirektor angewiesen werden. Die Produktion wird von anderen Betriebsstätten im Rahmen ihrer Leistungsreserven mit übernommen. Dabei erfolgt für die zu verlagernde Produktion eine Steigerung der Arbeitsproduktivität auf 240 %. Mit der Umsetzung der AK in andere Betriebe des Territoriums wurde begonnen. Alle daraus resultierenden Ansprüche der Werktätigen werden über ein sozialpolitisches Programm abgesichert.

Bei verstärkter Nutzung der hochproduktiven Technik und Überwindung der zum Teil recht beträchtlichen Niveauunterschiede zwischen den Betriebsstätten wird nunmehr in einer 2. Phase der Realisierung die Verlagerung der Produktion von drei weiteren Betriebsstätten bei voller Übernahme des Sortimentes im Kombinat vorbereitet. Dem Territorium werden diese Betriebe mit allen Fonds und AK zur Nutzung zur Verfügung gestellt.

Insgesamt wird es dem Betrieb möglich sein, die Steigerung der Arbeitsproduktivität auf 131 % im Fünfjahrplanzeitraum mit 6 % absolut weniger AK zu realisieren. Im volkswirtschaftlichen Rahmen werden dabei Transportleistungen von 1,4 Mio tkm durch Optimierung eingespart.

Durch Realisierung der Rationalisierungslösungen und Nutzung der Leistungsreserven reduziert sich der vorgesehene Investaufwand um 80 Mio M. Weiterhin wurden für die 2. Phase der Reorganisation und Spezialisierung Lösungswege entwickelt, um eine weitere Konzentration der Produktion von leichten Packungen in anderen Betrieben des

Kombinates bei rationellerem Einsatz des dort vorhandenen Arbeitskräftepotentials ohne zusätzliche Investitionen vorzunehmen.

Im Rahmen unserer WAO-Arbeit haben wir uns in letzter Zeit verstärkt Aufgaben zugewandt, die auch zur Einsparung von Transportleistungen führen. Durch den Berufsverkehr im Raum Eisleben – Sangerhausen – Hettstedt müssen täglich mehr als 20 000 Werktätige aus rund 400 Ortschaften mit Omnibussen befördert werden. Im Ergebnis einer Untersuchung werden durch Optimierung der Verkehrsströme, durch Kopplung des Berufsverkehrs mit dem Linienverkehr sowie Umsetzung von Werktätigen in andere Schichten oder andere Betriebe zukünftig beim Kraftverkehr 13 AK und 180 000 l Dieselkraftstoff eingespart. Daraus resultiert für das Kombinat eine Kostensenkung um 1,2 Mio M.

Ich möchte es bei diesen Beispielen bewenden lassen und noch einige Schlußfolgerungen ziehen:

1. Die rationelle Nutzung des gesellschaftlichen Arbeitsvermögens entsprechend den neuen Maßstäben unserer Wirtschaftsstrategie erfordert eine klare ideologische Haltung als Grundlage der Überzeugungsarbeit bei der Durchsetzung neuer Organisationslösungen.

2. Die WAO ist voll in die Leitung und Planung einzubeziehen. Das muß beginnen bei der langfristigen Konzeption zur Nutzung des gesellschaftlichen Arbeitsvermögens und muß sich fortsetzen in der Kontrolle der WAO-Maßnahmen über den Plan Wissenschaft und Technik, den AK- und den Stellenplan.

3. Für die Kombinatsbetriebe ist eine ständige fachliche Anleitung zu sichern. Im VEB Mansfeld Kombinat erfolgt das im Rahmen von Komplexstudien durch die dabei gegebene unmittelbare Zusammenarbeit der Kader des Betriebes mit denen des Ingenieurbüros für Rationalisierung, durch Erfahrungsaustausch in den Arbeitskreisen auf Basis von Jahresarbeitsplänen sowie durch Weiterbildungsveranstaltungen.

4. Für die Durchführung von komplexen WAO-Untersuchungen hat sich bewährt, daß
- dem VEB Mansfeld Kombinat im Ingenieurbüro für Rationalisierung ein zentralisiertes Potential zur Verfügung steht, das die Durchführung von komplexen Untersuchungen an Schwerpunkten absichert,
- die Direktoren der Betriebe für die Durchführung von Komplexuntersuchungen und ihre Realisierung voll verantwortlich sind,
- Rationalisierungseffekte in die Pläne eingearbeitet werden,
- breite Kreise der Werktätigen über die WAO-Kollektive in die Arbeit einbezogen und im Rahmen des Neuererwesens sowie durch Entwicklung leistungsfördernder Lohnformen stimuliert werden und
- die Arbeitsbedingungen auf Basis des Arbeitsplatzkataloges planmäßig verbessert werden.

5. Die Effektivität unserer Maßnahmen erwächst zum einen aus dem jeweils gewählten Umfang des Untersuchungsfeldes, wodurch eine Aufdeckung von Reserven bis hin zu volkswirtschaftlichen Effekten möglich wird, zum anderen aus der komplexen Betrachtung der Haupt-, Hilfs- und Nebenprozesse sowie der Analyse von Leitung und Verwaltung unter betriebswirtschaftlichen, soziologischen, technisch-technologischen und organisatorischen Aspekten. Ferner wächst die Effektivität aus der straffen operativen Koordinierung der oft 100 Mitarbeiter umfassenden Arbeitsgruppen auf Basis des Arbeitsprogramms und der kameradschaftlichen interdisziplinären Zusammenarbeit.

Der X. Parteitag fordert von uns allen mehr Energie, Engagement, Ideen, Begeisterung für eine gute Lösung und mehr Liebe für das Detail bei der Produktion von Konsumgütern.

Dabei orientieren wir uns von vornherein auf die

- Fertigung attraktiver Konsumgüter, auch außerhalb unseres traditionellen Produktionsprofils,
- Errichtung effektiver, hochgradig automatisierter Fertigungsstätten in enger Zusammenarbeit mit den für die Erzeugnisse bilanzverantwortlichen Kombinaten,
- kooperative Nutzung personeller und materieller Reserven im Kombinat.

Ausgehend von dieser Strategie, wurde bei uns mit Unterstützung des VEB Werkzeugkombinat Schmalkalden die Produktion von Handbohrmaschinen aufgenommen. Die hohe Arbeitsproduktivität wird unter anderem durch intensive WAO-Arbeit beim Aufbau dieser Fertigungslinie und den Einsatz von 11 Industrierobotern erreicht. Als kompliziert erwies es sich, aus dem Arbeitskräftepotential eines Bergbau- und Hüttenkombinates in 18 Monaten Spezialisten für die Fertigung dieser Maschinen zu entwikkeln. Jugendlicher Elan und gereiftes Bewußtsein halfen uns, fehlende Erfahrung schnell zu überwinden.

Gegenwärtig bereiten wir im Walzwerk Hettstedt in Zusammenarbeit mit dem IFA-Kombinat für Zweiradfahrzeuge als weitere Veredlung des bei uns hergestellten Profilbandes die Fertigung von Fahrradfelgen vor.

Der Aufbau dieser Fertigung als Jugendobjekt mit vorerst 21 Industrierobotern sichert uns eine hohe Ökonomie. Unser Ziel ist hier die „Null-Mann-Produktion". Selbstverständlich erfolgt der Aufbau dieser Fertigungslinien, die Gestaltung der Arbeitsbedingungen und der Fertigungsorganisation unter umfassendem Einsatz unserer WAO-Spezialisten.

Ich wollte darlegen, wie wir die wissenschaftliche Arbeitsorganisation im Rahmen unseres Kombinates als Produktivkraft nutzen, um ständig unserer Devise „Zum Wohle des Volkes mit weniger Aufwand mehr produzieren" Rechnung zu tragen.

H. Risse

Zu einigen Erfahrungen der Organisation der fehlerfreien Arbeit im VEB Reifenwerk Riesa

Die Zuspitzung der internationalen Lage durch den Imperialismus und die sich ständig verschärfenden außenwirtschaftlichen Bedingungen verlangen völlig neue Maßstäbe an unsere Wirtschaftstätigkeit. Das lehren uns die Dokumente der Plenen des ZK der SED, das wurde uns durch das Seminar mit den Generaldirektoren und Parteiorganisatoren des ZK der SED in Leipzig verdeutlicht.

Die Senkung des Aufwandes bei steigendem Nutzen, der hierfür notwendige Einsatz von Wissenschaft und Technik und die Durchsetzung hoher außenwirtschaftlicher Ziele bei gesicherter Versorgung des Binnenmarktes verlangen, ständig schöpferisch und dynamisch auf diesen Prozeß mit den richtigen Leitungsentscheidungen einzuwirken. Das fordert größtes Engagement, hohe Risikobereitschaft und Qualifiziertheit der staatlichen Leitung. Die besten Organisationsformen dafür sind ständige Kontrolle und Analyse. Bei allen Maßnahmen der Forschung und Entwicklung, der Rationalisierung und der wissenschaftlichen Arbeitsorganisation haben die Ökonomie und der Zeitgewinn das Primat.

Die Nutzung des hohen Qualifizierungsstandes und der Willensbereitschaft der Werktätigen für die aktive Mitwirkung bei der Gestaltung und Durchsetzung der Maßnahmen im Rahmen des sozialistischen Wettbewerbes ist für den Erfolg ausschlaggebend. Der 10. FDGB-Kongreß gab hierfür Anleitung zum Handeln.

Voraussetzung für das völlig neue Herangehen und das Verlassen eines für ein Mittelmaß vorhandenen Routinekurses ist die Durchsetzung eines für das Kombinat und den Betrieb kommunistischen Standpunktes der Leiter und aller Werktätigen unter der Führung der Parteiorganisation. Das Ringen um diesen Standpunkt führte im VEB Reifenkombinat Fürstenwalde zu einem positiven Entwicklungsprozeß. Die gewonnenen Erfahrungen und erreichten Ergebnisse im VEB Reifenwerk Riesa, einem Betrieb dieses Kombinates, weisen nach, auf welche Schwerpunkte sich die politisch-ideologische Arbeit verstärkt beziehen muß.

Trotz der gegenwärtigen komplizierten Bedingungen ist die erweiterte Reproduktion zu sichern. Dies geschieht durch die Intensivierung, damit der wirtschaftliche Leistungsanstieg im geforderten Umfang erreicht wird. Es ist jetzt sehr wichtig, auf diesem Gebiet geübt zu sein und übernommene und selbst gewonnene Erfahrungen zu nutzen. Daß es sich dabei nicht um Notlösungen, sondern um qualifizierte Wirtschaftsformen handelt, läßt sich an den über Jahre hinweg erzielten Ergebnissen nachweisen.

Von 1970 bis 1980 führte die intensiv erweiterte Reproduktion durch den verstärkten Einsatz von Wissenschaft und Technik, Rationalisierungsmaßnahmen, breite ehrenamtliche WAO-Arbeit und gezielte Wettbewerbsmethoden zu durchschnittlichen jährlichen Steigerungsraten in Menge, IWP und Produktivität um ca. 8 %, beim NSW-Export um ca. 10 %.

Der Anteil Gütezeichen „Q“ wurde auf 48 % gesteigert. Die Radialreifenproduktion konnte auf gleicher Produktionsfläche durch Modernisierung verdoppelt werden. Bedeutend ist dabei die Entwicklung der Grundfondsquote auf 83 %. Die Reifenversorgung konnte verbessert werden. Die Service-Stationen, betreut vom VEB Reifenwerk Berlin, spielen dabei eine positive Rolle. Alle Pkw-Karkassen (Ausdruck für abgefahrene Reifen) werden für die Runderneuerung erfaßt.

Durch längere Einflußnahme auf die Entwicklung systemvoll wirkender Wettbewerbsmethoden zur Gestaltung einer täglichen kontinuierlichen effektiven und qualitätsgerechten Produktion gewinnt die Leitung Zeit für spezielle Schwerpunktprobleme, wie die größer werdende Bedeutung des NSW-Exportes und die unterschiedliche Verarbeitbarkeit des Materials.

Bereits bei der termin- und leistungsgerechten Durchsetzung des Radialreifenprogramms Anfang der 70er Jahre bei laufender Produktion wurde die politisch-ideologische Arbeit unter der Führung der Parteiorganisation auf die hohe Verantwortung jedes einzelnen und auf das Verständnis für neue Leitungs- und Wettbewerbsmethoden bei der Entwicklung der Planung und Leitung ausgerichtet. Es wird in der Parteileitung, der Betriebsgewerkschaftsleitung und beim Betriebsdirektor die einheitliche Auffassung vertreten, daß diese Methoden einer kontinuierlichen, systemvollen, organisatorischen und leitungsseitigen Sicherung bedürfen. Die gewonnenen Erfahrungen festigen diesen Standpunkt. Er ist notwendig für ein vertrauensvolles Verhältnis zwischen Leitung und Werktätigen.

Mit kontinuierlicher Kollektivität steigt die Aktivität bei der schöpferischen Mitwirkung der Werktätigen. Sporadische Methoden, bloß damit irgendwo „abgehakt“ werden kann, wirken auf keinen Fall bewußtseinsbildend. Diese Wahrheit muß jeder Leiter lernen; wer sie nicht beachtet, verzichtet auf dauerhaften Erfolg. Höchste Aktivität und Vorbildwirkung der Leiter und Funktionäre ist hierfür die Voraussetzung. Das erforderte im VEB Reifenwerk Riesa einen Prozeß der ständigen Auseinandersetzung.

Sicherung der Qualitätsarbeit

Qualitätsarbeit in der Reifenindustrie ist die Voraussetzung für Sicherheit, Leben und Gesundheit der Menschen und für eine hohe Materialökonomie bei Pkw-Reifen, die auch die Runderneuerungsfähigkeit einschließt.

Im Riesaer System der fehlerfreien Arbeit eine Auszeichnungsstufe zu erreichen kostet Mühe, Beharrlichkeit, Qualifizierung und Hilfe des Kollektivs für den einzelnen. Für jede Stufe der fehlerfreien Arbeit benötigen auch die besten Reifenmacher zwei bis drei Jahre. Bei diesen Stufen handelt es sich um 3 Monate, 6 Monate, 9 Monate bzw. 12 Monate fehlerfreier Arbeit.

Bei 12 Monaten wird der Titel „Selbstkontrolleur“ verliehen. Wenn einem Selbstkontrolleur ein Fehler unterläuft, muß er ihn selbst anzeigen, tut er es nicht, wird der Titel genauso öffentlich aberkannt wie bei der Verleihung. Stichprobenkontrollen der TKO sichern dieses Verfahren.

Das für jede Stufe überreichte besondere Emblem wird auf der Arbeitskleidung mit Stolz, sichtbar für alle, getragen. Im Betrieb arbeiten 45 % Frauen. Es muß nicht mehr bewiesen werden, daß eine hübsche, saubere Arbeitskleidung zu einer guten Stimmung, zum Stolz, zum Kollektiv zu gehören, beiträgt und zur korrekten Arbeit anregt. Verbunden mit der bewußten Haltung

– Ich leiste Qualitätsarbeit, sie wird materiell und moralisch gewürdigt, ich kontrolliere mich selbst, meine Ehrlichkeit hat Bedeutung –

ist erstrebenswerter Inhalt des Arbeitens in diesem Betrieb der sozialistischen Arbeit.

Es lohnt sich selbstverständlich, Qualitätsarbeit zu leisten, denn die Qualitätsarbeit ist lohnwirksam. Eine Reifenmacherin mit einer Normerfüllung von 135 % und 0 Fehler im Monat verdient als Selbstkontrolleur bis zu 45 % mehr als eine Kollegin mit 90 % Normerfüllung bei 10 Fehlern.

Zur Unterstützung der fehlerfreien Arbeit liegt an jedem Arbeitsplatz eine vom Bereich Haupttechnologie erarbeitete Kontrolltechnologie vor.

Jeder Meister hat ein Qualitätsnotizbuch, das er regelmäßig dem Leiter der TKO und bei Tiefenprüfungen dem ASMW vorlegen muß. Mit diesem Buch ist nachzuweisen, welche Beauflagungen er vorgenommen hat und welche Aufträge an die Technologie, an die Forschung/Entwicklung und an die Hauptmechanik erteilt wurden, um Unregelmäßigkeiten in der Technik und in der Technologie zu beseitigen.

Forschungs- und Konstruktionsunterlagen sind nach Prüfung im Kollektiv unter der Leitung des Gruppenleiters mit dem Stempel „Fehlerfrei" zu versehen. Für die planmäßig vorbeugende Instandhaltung ist Garantie zu gewähren. Im täglichen Rapport des Betriebsdirektors werden nach einem Soll-Ist-Vergleich der mustergetreuen Fertigung und der Prüfstandsergebnisse Festlegungen zur Analyse, Korrektur und Nachkontrolle getroffen.

Mitwirkung bei der Gestaltung eines kontinuierlichen Produktionsflusses

Für die Pkw-Reifenfertigung, die zu einem Teil manuell erfolgt und viel Dynamik der menschlichen Arbeit verlangt, ist die breite Mitwirkung der Werktätigen zur Gestaltung eines störungsfreien Betriebsprozesses ausschlaggebend.

Zur ständigen Steigerung der Reifenproduktion nach den Maßstäben der intensiv erweiterten Reproduktion wurde das WAO-Projekt „Kontinuierlicher Produktionsfluß" entwickelt. Das komplexe Einwirken auf alle Abschnitte der Produktion erwies sich als sehr nützlich:

- Senkung von Stillstandszeiten,
- höhere Nutzung der Produktionsmittel,
- Modernisierung von Maschinen,
- Sicherung der Verarbeitbarkeit des Materials,
- Durchsetzung der Maßgenauigkeit der Halbzeuge,
- Senkung der Wartungs- und Reparaturzeiten,
- Nutzung der Pausen- und Schichtwechselzeiten,
- Verminderung von Nacharbeit und Ausschuß,
- Wissenschaftlich-technische Lösungen und Aufgabenstellungen für Neuerertätigkeit zur Überwindung von Kapazitätsengpässen und zur Einsparung von Arbeitsplätzen,
- Erhöhung der Disponibilität der Werktätigen durch Qualifizierung.

Über eine AG beim Betriebsdirektor wird diese breite WAO-Arbeit geleitet. Die ehrenamtlichen WAO-Kollektive sind zum größten Teil mit den Arbeitskollektiven identisch. Gegenwärtig beziehen sich die zu erreichenden ökonomischen Ziele auf die radikale Kostensenkung.

Trotz der mit diesem Projekt erreichten ca. 25 %igen Steigerung der Arbeitsproduktivität und Senkung der Selbstkosten um 5 % wird richtig erkannt, daß in der ehrenamtlichen betriebsbreiten WAO-Arbeit eine noch größere Reserve für die intensiv erweiterte Reproduktion liegt.

Für ein erfolgreich arbeitendes WAO-Kollektiv ist in erster Linie der Kollektivleiter maßgebend. Für die noch zu unterschiedlichen Ergebnisse im Reifenwerk liegt die Ursache im unterschiedlichen Niveau der Leitungsmethoden der Meister. Durch gezielte Meisterschulung soll verstärkt hierauf Einfluß genommen werden. Schwerpunkte der Schulung sind dabei methodische Fragen der Leitung und die Entwicklung von Persönlichkeitswerten.

Auch hierbei spielt die Überzeugungsarbeit eine wichtige Rolle. Mit der Organisation der täglichen Arbeit ist der Meister stark beansprucht. Jede weitere Aufgabe ist für ihn eine Belastung. Anteilige Aufgaben für morgen und übermorgen in den Abteilungsplan einzubeziehen entspricht aber auch seinem Funktionsplan. Er benötigt die Hilfe, zu lernen und zu verstehen, wie dies bewältigt werden kann und wie er sich hierdurch künftig die eigene Arbeit erleichtert.

Richtiges Leiterverhalten im Betrieb ist ausschlaggebend für die Entwicklung unserer sozialistischen Produktion. Beim direkt über die ganze Arbeitszeit mit dem Arbeitskollektiv verbundenen Leiter ist dies am wirkungsvollsten. Methodische Kenntnisse für die Studienarbeit und Grundkenntnisse der Pädagogik und Psychologie müssen das bei der Meisterausbildung gewonnene politische und fachliche Wissen ergänzen. Das ist eine Aufgabe, die sicher nicht allein vom Betrieb bewältigt werden kann. Über Jahre gewährt das Zentrale Forschungsinstitut für Arbeit dem Betrieb aktive und beratende Unterstützung.

Mitwirkung bei der Gestaltung eines disziplinierten und arbeitssicheren Produktionsverlaufs

Die Ausweis- und Tafelmethode haben sich nun schon über Jahre als nützlich bewährt. Die Werktätigen nutzen diese Methoden verantwortungsbewußt zur Sicherung des Gesamterfolges im sozialistischen Wettbewerb.

Mit Schichtbeginn wird der Ausweis in ein Fach eines verschließbaren Kastens gesteckt und bei Schichtschluß in Empfang genommen. Verläßt ein Werktätiger in Ausnahmefällen den Betrieb oder hat er vorübergehend einen Einsatz in einem anderen Bereich, wird der Ausweis mitgenommen bzw. beim anderen Meister hinterlegt. Es wurden damit gleichzeitig Schlußfolgerungen aus Havarien in anderen Betrieben gezogen, wo es Schwierigkeiten gab, nachzuweisen, wer alles am Unfallort tätig war. Die Werktätigen beteiligen sich aber gleichzeitig damit an der Selbstkontrolle zur Einhaltung der Arbeitszeit. Grundlage dieser Regelung, die in die Arbeitsordnung aufgenommen wurde, ist das Eigentumsrecht des Betriebes am Betriebsausweis.

Mit der Tafelmethode wird öffentlich auf Ordnung und Sicherheit eingewirkt. Auf der Tafel sind die Grenzen des Verantwortungsbereiches aufgezeigt. Mit Kreide wird nach regelmäßigen Kontrollgängen des Bereichsleiters eingetragen, was bis zu welcher Zeit zu verändern ist. Einmal in der Woche erfolgt ein Kontrollgang durch den Fachdirektor, um festzustellen, ob die Tafelmethode wirksam gestaltet wird. Jeden Montag rechnet der Leiter der Inspektion Arbeits- und Produktionssicherheit im Beisein der Fachdirektoren vor dem Betriebsdirektor ab.

Verbunden mit diesen Methoden gestalten die Arbeitskollektive den Wettbewerb zum unfallfreien Arbeiten, worüber ständig abzurechnen ist. Die moralische und materielle Anerkennung für jährliches unfallfreies Arbeiten führte zu beispielhaften Ergebnissen. Die Unfallquote wurde von 1970 bis 1981 von 26,00 % auf 13,66 % gesenkt. Der ständige Kontakt mit dem Zentralen Institut für Arbeitsschutz übt darauf positiven Einfluß aus. Die durch die aktive Mitwirkung der Werktätigen konkret gemessene Arbeitssicherheit ist in Verbindung mit der positiven Entwicklung der qualitativen ökonomischen Kennziffern Ausdruck für sozialistisches Arbeiten im Betrieb. Dieser Zusammenhang müßte m. E. bei der Bewertung der Betriebe im sozialistischen Staat eine noch größere Rolle spielen.

Tägliches öffentliches Abrechnen der Wettbewerbsverpflichtungen

Persönliche und kollektive Planangebote werden seit 1972 im VEB Reifenwerk Riesa entsprechend Leninscher Prinzipien in den Arbeitskollektiven vergleichbar und wiederholbar gestaltet und täglich öffentlich abgerechnet. Diese, auf die Belange des Betriebes ausgerichtete Methode wurde ebenfalls ständig weiter entwickelt. Die Erfordernisse der Gegenwart veranlaßten die junge Reifenmacherin Genossin Monika Max zu ihrem Wettbewerb nach der 3. Tagung des ZK der SED und in Vorbereitung des 10. FDGB-Kongresses. Ihr politisch motivierter, von hoher Verantwortung getragener Aufruf ist eine Herausforderung an die Leitungstätigkeit im Betrieb:

„Die Erhaltung des Friedens und die von uns allen begrüßte Weiterführung der Sozialpolitik verlangen unter den gegenwärtigen schwierigen außenwirtschaftlichen Bedingungen und der friedensbedrohenden Politik der USA-Regierung, den vom X. Parteitag geforderten Leistungszuwachs mit allen Mitteln zu erfüllen.

Das bin ich als junge Genossin meinem Staat und meiner Familie schuldig. Deshalb verpflichte ich mich, an meinem Arbeitsplatz 9 % Kordabfall zusätzlich einzusparen, die Qualitätsparameter um 0,06 % zu verbessern und dabei 5,3 % mehr Reifenrohlinge zu produzieren.

Mit diesem Aufruf wende ich mich an alle Reifenwerker, die Kosten um zusätzlich 2,85 % zu senken und somit Voraussetzungen zu schaffen, die zur Verfügung stehenden materiellen Fonds effektiver zu nutzen und somit mehr verteilbares Endprodukt der Volkswirtschaft zur Verfügung zu stellen.

Von der staatlichen Leitung erwarten wir, daß sie die Bedingungen schafft, um unsere Zielstellungen erfüllen zu können."

W. Rogge

Stand und Probleme der Anwendung der Schwedter Initiative

Sowohl in dem vorliegenden Beratungsmaterial als auch in dem Referat des Genossen Prof. Hanspach wurde die Tragweite der sozialistischen Rationalisierung für den ökonomischen Leistungsanstieg unserer Volkswirtschaft hervorgehoben.

So wie der X. Parteitag haben auch die 3. Tagung des ZK und die Beratung mit den Generaldirektoren der Kombinate in Leipzig sehr deutlich gemacht, daß das notwendige Wachstum der Arbeitsproduktivität von allen Kombinaten und Betrieben erfordert, ein höheres Tempo, größere Breite und eine höhere Effektivität der sozialistischen Rationalisierung zu erreichen.

Das PCK Schwedt ist dafür ein richtungweisendes Beispiel. Das ist deshalb so, weil hier nunmehr schon seit Jahren unter breitester Mitwirkung eine Rationalisierungsstrategie verwirklicht wird, die den grundlegenden Erfordernissen unserer Zeit in allen wesentlichen ökonomischen Fragen entspricht. Es handelt sich hier um eine langfristige Rationalisierungsstrategie, in der die Ergebnisse von Wissenschaft und Technik mit den besten Arbeitserfahrungen und dem Ideenreichtum der Werktätigen und Kollektive verbunden werden.

Der 10. FDGB-Kongreß hat diese Initiative hoch gewürdigt, indem Genosse Tisch sagte:

„Wie eine langfristige Rationalisierungsstrategie mit der Kraft und Initiative eines ganzen Betriebskollektivs zielstrebig und mit guten Resultaten zu verwirklichen ist, das haben die Werktätigen des Stammbetriebes des PCK Schwedt bewiesen.“[1]

Der 10. FDGB-Kongreß konnte einschätzen:

„Unter dem Motto ‚Weniger produzieren mehr‘ entwickelten die Schwedter eine Initiative, die für alle Kombinate und Betriebe unseres Landes ein gutes Beispiel dafür ist, wie man auf diesem für die Wirtschaftsergebnisse so wichtigen Gebiet vorankommt und das vorhandene Arbeitsvermögen besser nutzt.“[2]

Im weiteren möchte ich einige Ausführungen zum Stand, zu den Erfahrungen und den Problemen der Anwendung und Verallgemeinerung der Schwedter Erfahrungen machen.

Zweifellos sind in der chemischen Industrie die größten Fortschritte bei der Verallgemeinerung der Schwedter Erfahrungen erreicht worden. Hier sind bereits 44 Betriebe und damit 74 % der Beschäftigten der chemischen Industrie in die neue Rationalisierungsinitiative einbezogen. Dabei wurden 6 878 Arbeitskräfte im Jahre 1980 und 5 281 Arbeitskräfte im 1. Halbjahr 1981 gewonnen.

Nunmehr sind die Minister in Abstimmung mit den Vorständen der zuständigen In-

[1] Wachsende Rolle der Gewerkschaften bei der Gestaltung der entwickelten sozialistischen Gesellschaft in der DDR, Aus dem Bericht des Bundesvorstandes des FDGB an den 10. FDGB-Kongreß, Berichterstatter: Harry Tisch, Vorsitzender des FDGB-Bundesvorstandes, Mitglied des Politbüros des ZK der SED, in: Neues Deutschland vom 22. April 1982, S. 4.

[2] Ebenda.

dustriegewerkschaften verpflichtet, in ausgewählten Betrieben bis 1985 auf dei Grundlage langfristiger Rationalisierungskonzeptionen, die Schwedter Erfahrungen gemeinsam mit den Werktätigen anzuwenden.

Dazu wurde eine Arbeitsrichtlinie für die Ausarbeitung und Bestätigung der Konzeption zur Verallgemeinerung der Erfahrungen des PCK Schwedt in ausgewählten Betrieben beschlossen, um ein einheitliches Vorgehen zu gewährleisten und die mit dieser Initiative verbundenen Leistungsanforderungen deutlich zu machen. Darüber hinaus hat die 3. Tagung des Zentralkomitees der SED die Forderung erhoben, die Schwedter Initiative im Rahmen der ganzen Volkswirtschaft anzuwenden. Wir verstehen, daß ihr Anwendungsfeld nicht nur auf wichtige zentralgeleitete Kombinate und Betriebe begrenzt ist, sondern für jeden Betrieb gilt. Ja, sie gilt unserer Meinung nach nicht nur für die Industriebetriebe, für das zentralgeleitete und örtliche Bauwesen, für die Land-, Forst- und Nahrungsgüterwirtschaft, sondern zum Beispiel auch für die geldwirtschaftlichen Prozesse, wie in Banken, Sparkassen und Versicherungen, wo in den nächsten Jahren durch die Rationalisierung und Einführung neuer Technologien ebenfalls in Größenordnungen Arbeitskräfte einzusparen sind.

Eine Analyse der 15 Bezirksdelegiertenkonferenzen des FDGB und von 9 Zentraldelegiertenkonferenzen der IG läßt folgende Einschätzung über den derzeitigen Stand der Verallgemeinerung der Schwedter Erfahrungen zu:

1. Läßt man die chemische Industrie – wo wir offensichtlich am weitesten sind – außer Betracht, so kann man sagen, daß es in jedem anderen Industriezweig auch in jedem Bezirk unserer Republik zumindest zwei bis sechs konkrete Beispiele dafür gibt, daß die Schwedter Initiative in annähernd den Dimensionen zur Anwendung kommt, wie sie Schwedt als ein gutes und nachahmenswertes Beispiel vorgegeben hat.

2. Aus allen Informationen und Berichterstattungen der Delegiertenkonferenzen geht hervor, daß mit den Beschlüssen des X. Parteitages die Weiterführung des sozialistischen Wettbewerbs ein höheres Niveau erreicht hat, das nicht zuletzt durch eine größere Hinwendung zur Rationalisierung gekennzeichnet ist.

Neben den grundlegenden Fragen der Meisterung des wissenschaftlich-technischen Fortschritts haben die neuen Anforderungen an die sozialistische Rationalisierung, die mit der Einführung neuer Technologien einhergehen, einen zentralen Platz in den Wettbewerbsbeschlüssen eingenommen, und das ist auch so bei der Fortführung des Wettbewerbs in diesem Jahr.

3. Bei allen Fortschritten, die bisher auch durch die gewerkschaftliche Einflußnahme auf die Verallgemeinerung der Schwedter Erfahrungen erreicht wurden, übersehen wir nicht die Differenziertheit und die großen Niveauunterschiede, die es heute noch gibt und die genau genommen verschenkte Produktivität sind.

Wir haben die Ursachen analysiert, die diese Differenziertheit charakterisieren. Dabei zeigte sich, daß sie überwiegend ideologischer Natur sind und mit Einstellungen und Verhaltensweisen zu den neuen Leistungsanforderungen im Zusammenhang stehen.

Bisher finden wir noch nicht immer eine solche Einstellung vor, daß wir in unserer Wirtschaft eigentlich nicht zu wenig Arbeitskräfte, sondern zu viel Arbeitsplätze haben. Es gibt immer noch Betriebe, die nach Arbeitskräften von außen suchen und zu wenig die eigenen Rationalisierungsmöglichkeiten für die Deckung des Arbeitskräftebedarfs nutzen. Manchmal wird die Schwedter Initiative noch so verstanden, als ginge es bei ihrer Anwendung nur um die Einsparung von Arbeitsplätzen und Arbeitskräften. Wie der Generaldirektor, Dr. Gerhard Frohn, in einem kürzlichen ND-Interview bekräftigt hat, ging es den Chemiewerkern in Schwedt von Anfang an um die Verwirklichung einer langfristigen Rationalisierungsstrategie, die auf eine hohe Effektivität des Gesamtprozesses abzielt. Dabei nahm die rationelle Nutzung des Arbeitsvermögens einen wichtigen Platz ein. Es ging dem PCK darum, die Arbeitsproduktivität schneller zu steigern als die Warenproduktion. Es ging ihnen darum, mehr Arbeitsplätze einzusparen, als neue zu schaffen, obwohl sie in großem Umfange Neuinvestitionen zu realisieren hatten.

Die Schwedter Initiative wird manchmal noch so verstanden, als sei sie ausschließlich eine WAO-Initiative. Natürlich hat die WAO von Anbeginn eine wichtige Rolle gespielt. Aber sie hatte immer einen festen Platz im Rahmen der Gesamtstrategie der Rationalisierung. Wie Dr. G. Frohn erklärte, geht es ihnen in Fortführung der bewährten Erfahrungen um die komplexe Nutzung aller Intensivierungsschwerpunkte, angefangen bei der Veredlung, der Material- und Energieökonomie bis zum Einsatz von Robotern und der Anwendung der Mikroelektronik. Deshalb wurde auch der WAO-Rat in einen Rat für Intensivierung umbenannt. Die Analyse der Anwendung der Schwedter Erfahrungen in der chemischen Industrie zeigt, daß 1980 3 026 AK = 44 % allein durch wissenschaftlich-technische Maßnahmen freigesetzt worden sind. 1981 waren es sogar 53 %.

Die Durchsetzung der Schwedter Initiative ist ein hoher Anspruch an die Masseninitiative der Werktätigen. Wir vertreten den Standpunkt, daß es alle Formen und Methoden des sozialistischen Wettbewerbs und der darin integrierten Neuererbewegung und Gemeinschaftsarbeit zu nutzen gilt, um diese Initiative zu hoher ökonomischer Wirksamkeit zu führen. Natürlich spielen dabei die WAO-Kollektive eine ganz entscheidende Rolle.

Besonders die Gewerkschaften dürfen nicht zulassen, daß andere Initiativen bei diesem wichtigen Vorhaben aus dem Auge verlorengehen. Werktätige und Arbeitskollektive, die Notizen zum Plan schreiben, die persönliche Planangebote machen, die sich eine reibungslose Schichtübergabe zum Ziel setzen – sie tragen doch alle mit dazu bei, Reserven im Ergebnis der Analyse aufzudecken, das Arbeitsvermögen besser zu nutzen und das Grundanliegen der Schwedter Initiative zu erfüllen.

Ich möchte jetzt noch einige Bemerkungen zu Problemen der materiellen Stimulierung der Schwedter Initiative machen. Hier haben wir es im Grunde genommen mit zwei Vorgehensweisen zu tun. Die eine besteht darin, daß auf der Grundlage der Planungsordnung alle Betriebe die Schwedter Erfahrungen anwenden sollen, wobei für die Mehrheit der Betriebe die Regelung gilt, daß die über die neue Kennziffer „freigesetzte Arbeitskräfte" hinausgehende Freisetzung im Rahmen des planmäßigen Lohnfonds stimuliert wird. Gleiches gilt für die Unterbietung dieser Kennziffer. Für ausgewählte Kombinate, die ihre Konzeptionen vor dem Minister zu verteidigen haben, gilt folgende Regelung:

Wenn in Ausnahmefällen die Mittel zur Stimulierung zusätzlicher Initiativen der Werktätigen nicht oder nur zum Teil im Rahmen der staatlichen Aufgabe Lohnfonds des Ministeriums bereitgestellt werden können, ist die entsprechende Konzeption für das Kombinat bzw. den Betrieb vom Ministerium der Staatlichen Plankommission, dem Ministerium der Finanzen und dem Staatssekretariat für Arbeit und Löhne zur Bestätigung vorzulegen. Stimulierungsmittel werden also nur für die durch zusätzliche Initiativen der Werktätigen für andere Aufgaben tatsächlich freigesetzte Arbeitskräfte gewährt. Die Erfahrungen besagen, daß bisher noch nicht eindeutig genug geklärt ist, was unter zusätzlichen Initiativen zu verstehen ist. Es wird notwendig sein, hierzu eindeutige Aussagen zu treffen.

Mit den Konzeptionen zur Verallgemeinerung der Schwedter Erfahrungen ist m. E. auch eine Vereinbarung über die materielle Stimulierung zwischen dem Minister und dem zuständigen Zentralvorstand der IG abzuschließen, die vom Staatssekretariat für Arbeit und Löhne registriert wird.

Bisher wurden solche Vereinbarungen für jeden einzelnen Betrieb abgeschlossen. Wir unterstützen schon aus rationellen Gründen das Bemühen der Ministerien der Metallindustrie, für jeden Bereich eine grundsätzliche Vereinbarung auszuarbeiten, die dann für den ausgewählten Betrieb oder das Kombinat in Kraft tritt, wenn die Bestätigung für die Anwendung der Schwedter Erfahrungen vorliegt. Solche Vereinbarungen liegen jetzt für die Elektrotechnik/Elektronik und für den Allgemeinen-, Landmaschinen- und Fahrzeugbau vor.

Untersuchungen in Betrieben, die die Schwedter Erfahrungen bereits mit Erfolg anwenden, zeigen, daß alle gebotenen Stimulierungsformen für die Leistungsstimulierung genutzt werden. Das trifft sowohl für die Gewährung einmaliger Lohnprämien als auch für die mögliche Erhöhung der Lohnprämien und die Höhergruppierung der Arbeitsaufgaben infolge angereicherter Arbeitsinhalte zu. Jedoch zeigt sich, daß bei Anwendung der Schwedter Erfahrungen die Arbeitsaufgaben nicht immer so erweitert werden können, daß auf der Grundlage der Arbeitsklassifizierung eine höhere Lohn- bzw. Gehaltsgruppe herauskommt.

Rechtlich ist geregelt, daß bei den Produktionsarbeitern in solchen Fällen die Lohnprämie erhöht werden kann. Unsere Erfahrungen besagen, daß dieser Weg der Stimulierung dann anwendbar ist, wenn sich die Arbeitsaufgaben aller Mitglieder eines Arbeitskollektivs anreichern lassen. Problematischer ist es aber, wenn nur einzelne Aufgaben inhaltlich erweitert werden. Würde auch in diesem Falle die Lohnprämie erhöht, würde das zu unterschiedlich hohen Lohnprämien in einem Arbeitskollektiv führen. Deshalb erscheint es zweckmäßiger, in diesem Falle auch eine einmalige Lohnprämie zu zahlen.

Auf dieser Ratssitzung ist schon von verschiedenen Diskussionsrednern sehr zu Recht darauf hingewiesen worden, daß die Durchsetzung der Schwedter Initiative mit vielfältigen sozialen Problemen, mit der weiteren Verbesserung der Arbeits- und Lebensbedingungen der Werktätigen verbunden ist. Die Lage ist manchmal noch so, daß die konzeptionellen Vorstellungen und Lösungen für den Wiedereinsatz der Werktätigen noch nicht den gleichen Stellenwert besitzen wie die konzeptionellen Vorstellungen und Lösungen für die gezielte Freisetzung der Arbeitskräfte. Deshalb hat der 10. FDGB-Kongreß es für erforderlich gehalten, daß im Zusammenhang mit den betrieblichen Konzeptionen für die Freisetzung und den Wiedereinsatz von Arbeitskräften in Verantwortung der Ämter für Arbeit territoriale Einsatzkonzeptionen geschaffen werden.

Eine wichtige Aufgabe besteht jetzt darin, die Schwedter Erfahrungen noch rascher zu verallgemeinern, damit auch auf diesem Wege ein hohes Wachstumstempo in der Arbeitsproduktivität bei verbesserten Arbeitsbedingungen für die Werktätigen erreicht wird. Wichtigstes gewerkschaftliches Anliegen wird es dabei sein, im Ergebnis der politisch-ideologischen Arbeit die umfassende Mitwirkung der Werktätigen zu organisieren.

L. Hummel

Anforderungen an die wissenschaftliche Arbeitsorganisation in Weiterführung der Schwedter Initiative

In den Thesen, im Referat und in der Diskussion wurde der Gewinnung von Arbeitskräften für neue, produktivere Aufgaben großes Augenmerk geschenkt.

Die bisherigen Ergebnisse im Stammbetrieb des PCK Schwedt selbst, aber auch im Mansfeld Kombinat und anderen Betrieben sind durchaus beachtlich.

Der Bezirk Frankfurt/Oder wird im laufenden Fünfjahrplan 17 000 Arbeitskräfte für andere Aufgaben freisetzen. Von 1978 bis 1981 wurden bereits 7 600 Arbeitskräfte gewonnen, davon

45 % für Produktionserweiterung,
30 % für höhere Schichtauslastung,
11 % für den Bau von Rationalisierungsmitteln.

In den Betrieben der Glas- und keramischen Industrie ist 1981 bis 1985 vorgesehen, 10 800 Werktätige für die Übernahme neuer Aufgaben zu gewinnen.

Das alles belegt die Feststellungen, daß wir in den letzten Jahren auf diesem Gebiet der Nutzung des gesellschaftlichen Arbeitsvermögens konzeptionell wie praktisch vorangekommen sind. Neben einer weiteren Verbreitung der guten Erfahrungen erwachsen speziell den Arbeitswissenschaftlern in Lehre und Forschung jedoch auch neue Aufgaben.

Ich sehe sie in folgender Richtung:

Erstens: Mit der Verbreitung der Schwedter Initiative wächst ihr Variantenreichtum, sind neue Bedingungen und neue Formen ihrer Wirksamkeit zu analysieren und zu verallgemeinern.

Zweitens: Es wächst die Notwendigkeit, den bisher erreichten Stand kritischer zu werten, das Erreichte mit dem Machbaren zu vergleichen, Mängel aufzudecken, den Prozeß selbst voranzutreiben und seine Qualität zu sichern, das heißt, seiner Wirksamkeit neue Bereiche zu erschließen.

Das ist um so dringender, als auch bestimmte Tendenzen nicht übersehen werden dürfen, wonach mit der wachsenden Zahl der Anwenderbetriebe und mit einem zunehmenden Druck auf die Kombinate und Betriebe zwar einerseits neue Bedingungen erschlossen werden, aber andererseits auch Tendenzen der Verwässerung, der statistischen Manipulierung, der Verkennung des Wesens und der Zielgrößen der Arbeitskräftefreisetzung auftreten, denen wir begegnen müssen.

Im folgenden möchte ich, davon ausgehend, auf einige Aufgaben und Probleme aufmerksam machen, die wir stärker ins Auge fassen sollten:

1. Es ist die *konzeptionelle Arbeit in den Betrieben und Kombinaten* zur Erhöhung des Wirkungsgrades der lebendigen Arbeit zu verstärken.

Untersuchungen durch Genossen des Zentralinstituts für sozialistische Wirtschaftsführung zeigen, daß neben der Unkenntnis künftiger demographischer Entwicklungen, die zur Rationalisierung zwingen, die Schwedter Initiative vor allem dadurch gehemmt wird, daß es in Kombinaten und Betrieben mitunter keine klaren Vorstellungen darüber gibt, wozu, zu welchem Zweck, Arbeitskräfte freigesetzt werden sollen.

Natürlich wollen wir auch einen gegebenen Prozeß rationalisieren, indem Arbeitsplätze und Arbeitskräfte eingespart werden. Selbstverständlich wollen wir auch die Proportionalität zwischen Arbeitsplätzen und Arbeitskräften herstellen. Aber die bewußte Freisetzung von Arbeitskräften dient vor allem der Lösung neuer Aufgaben in den Betrieben und in den Zweigen der Volkswirtschaft. Es geht um Erhöhung des Struktureffektes des gesellschaftlichen Arbeitsvermögens.

Bei unserer Untersuchung stellte sich heraus, daß fehlende konzeptionelle Vorstellungen dieser Art zu 35 % als Grund für ideologische Zurückhaltung bei der Übernahme der Schwedter Initiative auftreten. Offensichtlich wurde, daß zwar viele ausgewählte Betriebe bis zu 3 % Freisetzungen in ihre Wettbewerbe aufnehmen, aber sie haben z. T. noch keine klaren Vorstellungen über deren Wiedereinsatz. Manche Betriebe gehen gar davon aus, daß sich vieles durch Fluktuation und Einstellungssperre von allein regulieren wird.

Wenn zur Zeit der Untersuchung die Tatsache vorherrschte, daß erst der Beschluß über die Freisetzung gefaßt wird und danach erst die Frage gestellt wird, wie die freigesetzten Arbeitskräfte sinnvoll neu eingesetzt werden können, dann entspricht dieses Vorgehen nicht dem Wesen der Schwedter Initiative, nämlich erst Vorstellungen über einen effektiveren Einsatz des Arbeitsvermögens zu entwickeln und danach die Wege der zielgerichteten Gewinnung dieser Arbeitskräfte durch sozialistische Rationalisierung zu bestimmen. Natürlich bringt uns auch der andere Weg in der Sache voran, aber er birgt Unsicherheiten und Disproportionen in sich.

Klare Vorstellungen über den neuen effektiveren Einsatz sind darüber hinaus auch eine wesentliche Voraussetzung dafür, die zielgerichtete Freisetzung nicht nur zahlenmäßig, sondern auch vom Standpunkt der Qualifikation, der Erfahrung, der Disponibilität und von der Schichttauglichkeit her sorgfältig zu planen und zu realisieren.

Wir müssen die Sichtweise einer Arbeitskräftefreisetzung von den technologischen und arbeitsorganisatorischen *Möglichkeiten* her ergänzen durch die Freisetzung nach der *Notwendigkeit* eines wirkungsvolleren Neueinsatzes.

Das alles wirft die Frage nach dem künftig prinzipiell höheren Gewicht der Disponibilität und Mobilität des gesamten Arbeitsvermögens im Zusammenhang mit den Erfordernissen der Flexibilität der Volkswirtschaft zur Lösung der strategischen Aufgaben der 80er Jahre auf.

Wir sind beachtlich vorangekommen in der Freisetzung von Arbeitskräften für neue Anlagen, für den Rationalisierungsmittelbau, für die Aufnahme neuer Erzeugnisse in die Produktion. Diese Entwicklung muß jetzt konsequenter ergänzt werden durch die höhere Wirksamkeit der lebendigen Arbeit auch bei der Bewältigung gegebener Arbeitsprozesse, durch eine höhere Leistungssteigerung mit Hilfe einer besseren Nutzung des Leistungsvermögens im Zuge der Neuorganisation der innerbetrieblichen Arbeitsteilung.

In eine nicht ausreichende konzeptionelle Arbeit möchte ich auch die Tatsache einordnen, daß ein Großteil der Betriebe sich gegenwärtig auf die Freisetzung von Arbeitskräften aus den Hauptprozessen konzentriert, weil deren Wiedereinsatz in der Regel am unkompliziertesten ist und hier die besten Erfahrungen vorliegen. Ungenügend sind dagegen Vorstellungen ausgeprägt, systematisch Arbeitskräfte aus den Hilfs- und Nebenprozessen zu gewinnen, obwohl der reale Freisetzungsaufwand dort erheblich niedriger liegt. Hier muß stärker mit zweiglichen und territorialen Freisetzungskonzeptionen und mit einer Konzentration der Fertigung spezieller Rationalisierungsmittel zweiglich wie territorial an die Erschließung dieser Reserven herangegangen werden.

Meines Erachtens reichen auch die Anstrengungen in vielen Kreisen nicht aus, die

Ergebnisse der Schwedter Initiative für die Lösung territorialer Aufgaben, die Beseitigung von Disproportionen in der Arbeitskräftestruktur und für die Arbeitskräftesenkung zu nutzen. Einerseits wird durch die Bezirks- und Kreisplankommissionen einmütig bestätigt, daß im Ergebnis der Schwedter Initiative und der Orientierung der Betriebe auf das Ziel, neue Aufgaben mit den vorhandenen Arbeitskräften zu lösen, der Druck auf die Territorialorgane nachgelassen hat.

Das Verhältnis von Arbeitsplätzen zu Arbeitskräften gleicht sich weiter an. Das wird auch durch die Arbeitskräfteplanerfüllung von etwa 99 % in der zentralgeleiteten Industrie im Jahre 1981 bestätigt.

Andererseits gibt es nur in wenigen Bezirken bzw. Kreisen befriedigende Konzeptionen zur Nutzung dieser geschaffenen größeren Bewegungsfreiheit. Ich meine damit nicht nur zur Lösung der Aufgaben der Infrastruktur, sondern auch die gezielte Zuführung von Arbeitskräften zur Erweiterung der Exportproduktion, die Rückgewinnung von Arbeitskräften für die Landwirtschaft, die systematische Verbesserung der Altersstruktur in Betrieben mit überalterter Belegschaft, die Erhöhung der Leistungskraft bezirksgeleiteter Kombinate für die Konsumgüterproduktion usw. In einigen Kreisen beginnt man erst jetzt unter diesem Aspekt mit der Ausarbeitung von Analysen der Nutzung des gesamten Arbeitsvermögens im Territorium.

Das gilt auch für eine überbetriebliche Lenkung von solchen Arbeitskräften, deren Qualifikationsstruktur nicht mit der neuen erforderlichen Struktur eines rationalisierten Betriebes übereinstimmt und sich auch nicht über Qualifizierung oder mehrstufige Arbeitskräfte-Lenkung innerhalb des Betriebes regeln läßt.

2. *Die sozialistische Rationalisierung mit dem Ziel, Werktätige für neue Aufgaben zu gewinnen, muß direkt in die Intensivierungsprogramme der Betriebe eingeordnet werden.*

Zur Zeit wird die Schwedter Initiative vielfach nur als eine zeitlich begrenzte, objektbezogene Rationalisierungsaufgabe betrachtet. Größere Flexibilität durch größere Disponibilität ist aber nur erreichbar, wenn Freisetzung menschlicher Arbeitskraft als eine ständige Aufgabe, als immanenter Bestandteil der Intensivierung erkannt wird.

Das wiederum erfordert, Wissenschaft und Technik noch konsequenter auf die Einsparung vergegenständlichter und lebendiger Arbeit zu richten, und zwar so, daß nicht nur Stunden, sondern Arbeitskräfte absolut eingespart werden.

Dazu ist auch erforderlich, sich mit der verbreitet anzutreffenden Meinung auseinanderzusetzen, wonach die Schwedter Initiative in erster Linie für Anlagenprozesse zuträfe. Häufig wird die Schwedter Initiative fälschlicherweise ausschließlich mit der Erweiterung von Bedienzonen gleichgesetzt.

Wir haben festgestellt, daß diese Haltung die Betriebe hemmt, intensiv nach eigenen Wegen der Rationalisierung zum Zwecke der Gewinnung von Arbeitskräften zu forschen. Zu diesen differenzierten Bedingungen gehören zum Beispiel Technologie und Verfahren, Automatisierungs- und Mechanisierungsmöglichkeiten, Organisation der Arbeit am Arbeitsplatz, Betriebsorganisation, Arbeitsteilung und Kooperation, nutzbares Qualifikationsniveau, Inhalt der Arbeit und Erzeugnisgestaltung.

Nur ein solches eigenständiges Herangehen gewährleistet auch, betriebskonkret die möglichen Größenordnungen der Freisetzungsdaten und -zeiträume zu bestimmen, die dann in die Kampfprogramme und Wettbewerbe aufgenommen werden. Eine globale Orientierung auf 3 % pro Jahr hat sich zwar als Faustregel praktisch durchgesetzt, ist aber letztlich doch nur ein zur Zielgröße gewordener Durchschnittswert.

In dem Zusammenhang ist es m. E. außerordentlich wichtig, auch eine gewisse Enge in der Propagierung der Schwedter Methode zu überwinden. Es wird vorwiegend die Leitungsmethode, die Arbeit mit Ist-Analysen, Sollprojekten, WAO-Räten, Ständigen Arbeitsgruppen, die politische Führung, die Verwirklichung der Einheit von ökonomischen und sozialen Zielen usw. studiert.

Damit hält die Propagierung von arbeitsorganisatorischen, technologischen und konstruktiven Lösungen, d. h. der eigentliche Weg zur Einsparung lebendiger Arbeit nicht Schritt. Welche Notwendigkeiten und Möglichkeiten hierfür bestehen, soll nur ein Vergleich verdeutlichen:

Während im Durchschnitt in den Bezirken der DDR der Anteil überbetrieblich genutzter Neuerervorschläge bei 5,2 % liegt, wurde im Bezirk Frankfurt/Oder ein Anteil von 14,0 % erreicht. Er lag 1980 also im zweiten Jahr der Schwedter Initiative bei 7,7 %. (Im Bezirk Gera, mit einer Freisetzungsrate von 2,5 % liegt die Nachnutzung von Neuerervorschlägen bei 9,8 %). Der Zusammenhang von wachsender überbetrieblicher Nutzung von Neuerervorschlägen mit der territorialen Ausbreitung der Schwedter Initiative gerade im Bezirk Frankfurt/Oder liegt auf der Hand.

Die feste Einbindung der Schwedter Initiative in die Intensivierungskonzeptionen der Kombinate und Betriebe muß schließlich auch dazu beitragen, vorhandene Differenzierungen und bestehende Vorbehalte durch die Gewinnung eigener Erfahrungen abzubauen. Leider ist es noch eine Tatsache, daß gute Erfahrungen von Betrieben aus dem einen Bezirk von Betrieben des gleichen Kombinates in anderen Bezirken (sofern es nicht gerade zutrifft, daß der initiativauslösende Betrieb auch der Stammbetrieb ist) mitunter ungenügend ausgewertet oder gar ignoriert werden.

Die Verstärkung der eigenständigen Arbeit ist aber auch zur Entwicklung wirksamer Leitungsmethoden erforderlich. Diese müssen die konkreten Bedingungen und eigenen Erfahrungen berücksichtigen. Es wäre z. B. unangebracht, wollten die Genossen des Mansfeld Kombinates, die mit ihrem Ingenieurbüro gute langjährige Erfahrungen gesammelt haben, zur Arbeit mit WAO-Räten übergehen. Aber für Schwedt wie für Mansfeld ist das hohe persönliche Engagement der Generaldirektoren typisch!

3. Eine weitere wichtige Aufgabe sehe ich darin, die Frei- und Umsetzung von Arbeitskräften nicht nur zahlenmäßig und strukturell abzurechnen, sondern auch dem *Nachweis der ökonomischen Wirkung des Arbeitsvermögens durch Neueinsatz* größeres Augenmerk zu schenken.

Sicher sind soziologische Analysen wertvoll, die uns Aussagen über Arbeitszufriedenheit am neuen Arbeitsplatz, Eingewöhnung ins Arbeitskollektiv, Überwindung von sozialen Problemen usw. liefern. Zugleich aber müssen wir mehr Beziehungen herstellen zu ökonomischen Kennziffern wie dem Verhältnis von Arbeitsproduktivität und IWP, dem Niveau der Fondsauslastung, den Leistungen des Rationalisierungsmittelbaus, dem Niveau und den Terminverkürzungen bei Neuerungsprozessen, der Arbeitszeitauslastung, der Fluktuation u. a. m.

Das ist zugleich von Bedeutung für Aufwand-Nutzenrechnungen auch auf dem Gebiet der Arbeitskräftefreisetzung. Gespräche mit einer Vielzahl betrieblicher Leiter haben ergeben, daß sich auch die Unkenntnis von Methoden und Regeln der Nachweisführung über den eingetretenen Nutzeffekt einer Arbeitskräftefrei- und Umsetzung sehr nachteilig auf das Engagement der Leiter auswirken.

Zugleich wird damit dem Formalismus in der einfachen Umrechnung von eingesparten Stunden in Arbeitskräfte oder der Methode entgegengewirkt, auch schon bisher übliche innerbetriebliche Umsetzungen oder die Fluktuation von Werktätigen jetzt als „Schwedter Initiative“ abzurechnen.

4. Man muß die Anstrengungen gerade auf dem Gebiet der WAO verstärken, *durch Rationalisierung* nicht nur Arbeitsplätze einzusparen, sondern *auch Arbeitsplätze neu zu*

schaffen, und zwar inhaltsreiche Arbeitsplätze, die zugleich vorwiegend als Frauenarbeitsplätze nutzbar sind.

Diesem Beispiel des Stammbetriebes vom PCK Schwedt wird noch zu wenig Beachtung geschenkt. Diese Forderung ergibt sich nicht nur aus der Tatsache, daß wir einen hohen Frauenbeschäftigtengrad und jetzt auch einen Anteil von über 50 % der Beschäftigten an Frauen haben.

Wir müssen künftig auch den absoluten Rückgang von männlichen Arbeitskräften an den bisher von ihnen ausgefüllten und nichteinsparbaren Arbeitsplätzen mehr und mehr durch Frauen ersetzen. Die Praxis zeigt jedoch immer wieder, daß Frauen zwar für solche Tätigkeiten ausgebildet wurden und theoretische Kenntnisse nachweisen können, aber häufig doch vor der praktischen Ausübung besonders technischer Berufe zurückschrecken. Die hierbei also durchaus vorhandene psychische Barriere muß systematischer durch die Arbeitsbedingungen selbst und geeignete Methoden des Trainings überwunden werden.

In der komplexen Herangehensweise an die sozialistische Rationalisierung muß man konzeptionell berücksichtigen, daß Frauen häufig gerade an den Arbeitsplätzen tätig sind, die am ehesten zu mechanisieren bzw. zu automatisieren sind.

Ferner verlangt die Inbetriebnahme neuer, hochproduktiver Maschinen und Anlagen deren verstärkte Ausnutzung durch Schichtarbeit. Das wiederum verlangt die Lösung einer Reihe sozialer Probleme, um auch hierfür verstärkt Frauen zu gewinnen.

Es soll abschließend noch einmal hervorgehoben werden: Diese Gedanken zur Weiterführung der Schwedter Initiative stellen in keiner Weise die bisherigen hervorragenden Beispiele in Frage. Es ist aber unsere Aufgabe, darauf aufbauend unter Beachtung neuer Anforderungen und angesichts der größeren Zahl der beteiligten Betriebe auch weitere Möglichkeiten ihrer Anwendung und Nutzung zu beraten.

J. Schilling/M. Hellmund

Erfahrungen des Amtes für Arbeit beim Rat der Stadt Leipzig bei der Anwendung der „Schwedter Initiative“ zur gezielten Einsparung von Arbeitsplätzen und Gewinnung von Arbeitskräften für volkswirtschaftlich wichtige Aufgaben

Die Bezirks- und Messestadt Leipzig, mit ihren rund 565 000 Einwohnern und 320 000 Berufstätigen, ist der Kern eines bedeutenden industriellen Ballungsgebietes. Sie ist mit über 4 % an der industriellen Warenproduktion der DDR und mit ca. 40 % am Ergebnis des Bezirkes Leipzig beteiligt.

Insgesamt befinden sich in unserem Territorium, das in sieben Stadtbezirke gegliedert ist, über 800 Kombinate, Betriebe und Einrichtungen, vor allem der chemischen Industrie, der Elektrotechnik/Elektronik, des Maschinenbaus und der Leichtindustrie. Darunter sind solche bedeutenden Kombinate wie VEB Chemieanlagenbaukombinat Leipzig-Grimma, Elektroenergieanlagenbau, Nachrichtenelektronik, Polygraph, TAKRAF und ORSTA-Hydraulik.

Die Stadtverordnetenversammlung und der Rat der Stadt messen, ausgehend von den ökonomischen Erfordernissen und den Beschlüssen unserer Partei und Regierung, dem effektiven Einsatz und der rationellen Nutzung des Arbeitsvermögens im Rahmen der territorialen Rationalisierung entscheidende Bedeutung bei.

Grundlage dafür ist die Wahrnehmung der Verantwortung als Bilanzorgan für das territoriale Arbeitsvermögen. Dazu gilt es, die lebendige Arbeit als wichtiges Effektivitätskriterium ständig unter Kontrolle zu halten.

Von seiten der Industrie bestand und besteht ein hohes Interesse am Ausbau und der Erweiterung der Kapazitäten in unserem Territorium, was in den 70er Jahren zu hohen Differenzen zwischen den Bedarfsanforderungen und dem Aufkommen an Arbeitskräften geführt hat. Geplante Ansiedlungen von Arbeitskräften konnten nicht in entsprechendem Umfang realisiert werden.

Im Ergebnis dessen galt es, Mittel und Wege zu finden, die Bedarfsanforderungen zu minimieren, um Auswirkungen zuungunsten der territorialen und sozialen Infrastruktur zu vermindern. Ferner war zu diesem Zeitpunkt aus der Prognose schon erkennbar, daß der quantitative Zuwachs am Arbeitsvermögen über längere Sicht nur unerheblich sein wird.

Daraus resultierend, verfolgten wir aufmerksam die Erfahrungen und Ergebnisse des PCK Schwedt und seiner Initiative „Weniger produzieren mehr“ und diskutierten in unseren Kollektiven unter Führung der SED-Stadtleitung bereits 1979 über Maßnahmen zu ihrer Anwendung im Territorium der Stadt Leipzig, die 1980 im Volkswirtschaftsplan zum Beschluß erhoben wurden.

Zunächst galt es in unserem Territorium Beispiele zu schaffen. Unter diesem Gesichtspunkt wurden im Jahre 1980 zehn Betriebe, die dem Querschnitt der Wirtschaftsstruktur der Stadt Leipzig entsprechen, durch den Rat der Stadt in engem Zusammenwirken mit dem FDGB Stadtvorstand und den Räten der Stadtbezirke ausgewählt, mit dem Ziel, verallgemeinerungswürdige Ergebnisse und Initiativen zur rationellen Nutzung des Arbeitsvermögens durch die Freisetzung von Arbeitskräften und Einsparung von Arbeitsplätzen in Größenordnungen zu entwickeln.

Dieser Prozeß verlief natürlich nicht konflikt- und problemlos. Sowohl innerhalb des Kollektivs des Amtes für Arbeit als auch in den Betrieben waren zahlreiche politisch-ideologische und fachliche Aussprachen und Beratungen zu führen.

Dabei waren solche Argumente zu überwinden wie,

- daß Beispiele aus der chemischen Industrie nur bedingt auf andere Industriezweige übertragbar sind oder
- daß manche Kombinats- und Betriebsdirektoren oder verantwortliche Leiter der Meinung waren, daß es in ihrem Betrieb keine solchen Reserven gäbe, die zu einer Einsparung von Arbeitsplätzen in den erforderlichen Größenordnungen führen könne, da schon mit der Einführung der Produktivlöhne alle Reserven erschlossen wären.

Um diese Vorbehalte abzubauen, war eine Vielzahl von Einzelgesprächen sowohl mit Leitern als auch mit Werktätigen an ihren Arbeitsplätzen erforderlich. Das waren oft lebhafte und sehr schwierige Diskussionen, in denen nur schrittweise eine Klärung des „Warum und wie?“ herbeigeführt werden konnte. Den wissenschaftlich begründeten Nachweis zur Aufdeckung und Erschließung vorhandener Reserven erbrachten erst konkrete Untersuchungen, die das Amt für Arbeit gemeinsam mit den Werktätigen der Betriebe sowie mit Wissenschaftlern und Studenten der Fachrichtung Arbeitsökonomie der Karl-Marx-Universität vornahmen. So zeigte sich z. B. in der Abteilung Materialzerkleinerung des VEB VTA „Paul Fröhlich“, daß durch den Übergang zur Mehrmaschinenbedienung die Möglichkeit zur Einsparung von 50 % der Arbeitskräfte bestand oder die Schichtauslastung und damit die Kapazität dieser Abteilung bedeutend erhöht werden konnte.

Im Ergebnis der Auswertung solcher Untersuchungen verpflichteten sich die Betriebe auf der Grundlage eigenverantwortlich erarbeiteter Maßnahmepläne, im Jahre 1980 insgesamt 704 Arbeitskräfte freizusetzen und 527 Arbeitsplätze einzusparen. Diese Zielstellungen wurden am Jahresende überboten. Die besten Erfahrungen sammelten dabei die Betriebe, in denen der Prozeß durch die Betriebsdirektoren auf der Grundlage technisch und technologisch begründeter Führungskonzeptionen unter Mitwirkung ehrenamtlicher WAO-Kollektive geleitet wurde.

Der Rat der Stadt legt den Schwerpunkt seiner Tätigkeit auf die breite Verallgemeinerung der Erfahrungen der besten Betriebe bei der Durchsetzung der Schwedter Initiative und die Kontrolle der Erfüllung der Zielstellungen im Rahmen der Auflagentätigkeit.

Ausgangspunkt dafür ist, daß wir die „Schwedter Initiative“ nicht als eine zeitlich begrenzte Erscheinung oder Kampagne betrachten, sondern als Ausdruck eines sich objektiv vollziehenden Prozesses, der sich ständig vollzieht und den wir im Interesse der Ökonomie der Zeit bewußt lenken und leiten müssen.

In diesem Zusammenhang gilt es, den Prozeß der Einsparung von Arbeitsplätzen und den damit verbundenen Wiedereinsatz der freigesetzten Arbeitskräfte im Komplex mit der qualitativen Struktur des Arbeitsvermögens und den ökonomischen Entwicklungskennziffern zu planen und zu leiten sowie Schlußfolgerungen für die Bilanzierung und Lenkung der Arbeitskräfte, aber auch für die Maßnahmen der territorialen Rationalisierung zu ziehen.

Davon ausgehend befaßt sich der Rat der Stadt in regelmäßigen Abständen mit den Ergebnissen und der Wirksamkeit der „Schwedter Initiative“ in unserem Territorium. Zur Realisierung dieser Aufgabenstellung wurde eine ehrenamtliche Arbeitsgruppe „Gesellschaftliches Arbeitsvermögen“ gegründet, die der Stadtrat und Direktor des Amtes für Arbeit leitet. In ihr wirken der Stadtvorstand des FDGB, Volksvertreter, die Direktoren der Ämter für Arbeit bei den Räten der Stadtbezirke, erfahrene Leitungskader aus den Betrieben und Wissenschaftler des Bereiches Arbeitswissenschaften der Karl-Marx-Universität mit.

Vor der Arbeitsgruppe, die monatlich tagt, erstatten die Leiter ausgewählter Betriebe Bericht über Fortschritte bei der Rationalisierung. Weiterhin verallgemeinert das Gremium gute betriebliche Erfahrungen wie

- die Einsparung von Arbeitsaufgaben und -funktionen durch die Gestaltung effektiver Leitungs- und Verwaltungsstrukturen,
- die Zusammenlegung bisheriger Arbeitsplätze in der Produktion durch die Erweiterung von Bedienzonen bzw. durch den Übergang zur Mehrmaschinenbedienung in Verbindung mit neuen technologischen und arbeitsorganisatorischen Lösungen oder
- die langfristige Vorbereitung und Einbeziehung der Werktätigen in Rationalisierungsmaßnahmen einschließlich der Qualifizierung zur Übernahme neuer Arbeitsaufgaben in eigenen bzw. in anderen territorialen Schwerpunktbetrieben.

Eine besonders wirksame Arbeit leistete die Ständige Kommission der Stadtverordnetenversammlung „Gesellschaftliches Arbeitsvermögen", die in enger Zusammenarbeit mit der Arbeitsgruppe ihre Beratungen oft direkt in die Betriebe verlagert.

Wertvolle Anregungen erhält unsere Arbeitsgruppe auch von Produktionsarbeitern, die in unserem gesellschaftlichen Gremium ein wichtiges Wort mitreden und konstruktive Vorschläge zur Verbesserung der Arbeitsorganisation in ihren Betrieben, zur Gestaltung der Arbeitszeit und des Pausenregimes sowie zur Verbesserung der Lebensbedingungen im Territorium unterbreiten.

Im Ergebnis dieser Arbeitsweise und ausgehend von den Erfahrungen des Jahres 1980 konnten mit dem Volkswirtschaftsplan 1981 alle Leipziger Betriebe in die Aufgabenstellung zur Einsparung von Arbeitsplätzen und Freisetzung von Arbeitskräften einbezogen werden.

Durch die kontinuierliche Weiterführung des Prozesses auf breiter Basis konnten im Jahre 1981 2 417 Arbeitsplätze eingespart werden und im Ergebnis der Verringerung der Arbeitsplätze 2 846 Arbeitskräfte für neue Aufgaben in ihren Betrieben und 561 Werktätige für die Tätigkeit in einem territorialen Schwerpunktbetrieb gewonnen werden.

Bei diesem Schritt wurden die Werktätigen und die Betriebe durch die Ämter für Arbeit besonders bei der Gewährleistung eines effektiven, qualifikationsgerechten und den Anforderungen und Wünschen der Werktätigen entsprechenden Wiedereinsatzes unterstützt.

Zu diesen Betrieben, deren Arbeitskräftesituation durch die Maßnahmen zielgerichteter Gewinnung von Arbeitskräften stabilisiert wurde, zählen neben Betrieben mit hoher Leistungssteigerung und einem hohen Exportanteil vor allem solche wie der VEB Sekundärrohstofferfassung, Baureparaturbetriebe sowie Dienstleistungs- und Versorgungsbetriebe.

Im Ergebnis dieser Maßnahmen konnten 1981 in der Stadt Leipzig erstmals mehr Arbeitsplätze eingespart als neugeschaffen werden. Der Anteil des Produktionspersonals an den Arbeitern und Angestellten konnte durch Reduzierung des Leitungs- und Verwaltungspersonals um 539 Personen erhöht sowie der Anteil des mehrschichtig arbeitenden Produktionspersonals um 355 VbE gesteigert werden.

Um diesen Weg konsequent weiter zu beschreiten und dem Bedürfnis der Betriebe, bewährte Methoden zu verallgemeinern, nachzukommen, wurden bei den Räten der Stadtbezirke analoge Arbeitsgruppen zur Durchsetzung der Schwedter Initiative gebildet.

Die Richtigkeit dieses Schrittes beweisen die Ergebnisse per 31. 3. 1982, wo in den Hauptkennziffern der Einsparung von 1 592 Arbeitsplätzen und 2 438 Arbeitskräften eine anteilmäßige Erfüllung bzw. Überbietung erreicht werden konnte.

Die Hauptzielstellung für das Jahr 1982 ist, weitere qualitative Fortschritte bei der Führung und Durchdringung des Prozesses der rationellen Nutzung des territorialen Arbeitsvermögens zu erreichen. Dazu wurden gemeinsam mit der Stadtplankommission und in Zusammenarbeit mit den Betrieben Analysen und Untersuchungen zur wissenschaftlichen Begründung und Untersetzung des Arbeitskräftebedarfs und der Arbeitskräftefreisetzung durchgeführt. Darauf aufbauend, wurde unter Berücksichtigung des Arbeitskräfteaufkommens eine Konzeption zur Arbeitskräftefreisetzung und zum effektiven Wiedereinsatz der freigesetzten Arbeitskräfte erarbeitet, die in einem Programm zur Sicherung der Bilanzentscheide ihren Niederschlag fand.

Auf der Grundlage dieser Materialien erfolgte im Februar 1982 eine Beratung mit den Ämtern für Arbeit der Räte der Stadtbezirke und den Betriebsdirektoren, in deren Ergebnis konkrete Orientierungskennziffern zur Gewinnung von Arbeitskräften für Arbeitsaufgaben in Schwerpunktbetrieben übergeben wurden.

Mit dieser Vorgehensweise strebt das Amt für Arbeit beim Rat der Stadt an, daß die Freisetzung von Arbeitskräften für andere Betriebe durch die Einsparung von Arbeitsplätzen entsprechend dem volkswirtschaftlichen Bedarf des Territoriums erfolgt und dabei die Qualifikation und die Interessen der Werktätigen weitestgehend berücksichtigt werden.

Weitere Aktivitäten dienen der Schaffung des Erkenntnisvorlaufes für die kommenden Planjahre zur zielgerechten Aufdeckung und Erschließung neuer und tiefer liegender Reserven.

Dazu zählen:

1. Gemeinsame Analysen und Untersuchungen mit der Kooperationsgemeinschaft „Bank der Reserven produktiver Fonds“ zur Arbeitszeitfondsplanung und -inanspruchnahme in mechanischen Fertigungsbereichen mit dem Ziel der Erhöhung der Kapazitätsauslastung durch mögliche Arbeitskräfte- und Grundfondsumverteilungen;

2. die Zusammenarbeit mit der Kooperationsgemeinschaft „Robotertechnik“, Arbeitswissenschaftlern und Betriebswirtschaftlern zur Erarbeitung von differenzierten Richtwerten beim Einsatz von Industrierobotern;

3. gemeinsame Analysen und Prognosen der strukturellen Entwicklung des Arbeitskräftebedarfs in den kommenden Planjahren mit der Stadtplankommission und der Abteilung Berufsbildung, um stärkeren Einfluß auf die bedarfsgerechte Ausbildung des Berufsnachwuchses zu nehmen und in diesem Zusammenhang für künftige Zeiträume die Bildungsaufwendungen sowie die Umverteilung von Arbeitskräften auf das volkswirtschaftlich notwendige Maß zu begrenzen sowie

4. die Kooperation mit dem Wissenschaftsbereich Arbeitswissenschaften an der Karl-Marx-Universität bei Untersuchungen sozialer Aspekte und Schlußfolgerungen aus der Freisetzung von Arbeitskräften insbesondere für andere Betriebe.

Die Ergebnisse dieser Untersuchungen fließen gemeinsam mit den vorliegenden Materialien und prognostischen Kennziffern in eine langfristige Konzeption zur rationellen Nutzung des gesellschaftlichen Arbeitsvermögens im Territorium der Stadt Leipzig bis 1990 ein, die als Führungsdokument für den Rat der Stadt erarbeitet wird. Dazu gibt es bereits erste Vorstellungen, die auch in Zusammenarbeit mit anderen Territorien von einer Arbeitsgruppe des Staatssekretariats für Arbeit und Löhne koordiniert werden.

Abschließend möchte ich darüber informieren, daß das Bezirksneuererzentrum Leipzig auf Initiative des VEB Gießereimaschinen- und Anlagenbau Leipzig in Zusammenarbeit mit dem Amt für Arbeit und dem Zentralen Forschungsinstitut für Arbeit, Dresden, einen Erfahrungsaustausch zur Nachnutzungsbörse von technisch-technologischen und arbeitsorganisatorischen Lösungen zur Einsparung von Arbeitsplätzen vorbereitet.

A. Donda

Rationalisierung der Verwaltungsarbeit durch Anwendung der EDV – ein Beitrag zur Erhöhung der Effektivität des gesellschaftlichen Arbeitsvermögens

Die vorliegenden Ausführungen beschränken sich auf ein begrenztes Gebiet der Erhöhung der Effektivität der gesellschaftlichen Arbeit, jedoch auf ein durchaus wichtiges Gebiet. Gegenwärtig ist etwa jeder fünfte Arbeiter und Angestellte in der Volkswirtschaft der DDR ganz oder überwiegend mit Verwaltungsaufgaben betraut – eine Größenordnung, die die Bedeutsamkeit der weiteren Steigerung der Effektivität der Verwaltungsarbeit und der rationellen Nutzung des hierfür eingesetzten gesellschaftlichen Arbeitsvermögens unterstreicht.

Die wachsenden Anforderungen der kommenden Jahre erzwingen eine höhere Stufe der Rationalisierung der Verwaltungsarbeit[1] in den zentralen und örtlichen Staatsorganen, Kombinaten, Betrieben und örtlichen Einrichtungen.

Die wachsenden Dimensionen in der Volkswirtschaft, die zunehmende Verflechtung der ökonomischen Erscheinungen und Prozesse und das hohe Entwicklungstempo der Produktivkräfte, insbesondere auch der wissenschaftlich-technische Fortschritt, bewirken eine Tendenz der Erhöhung der Verwaltungsarbeit. Auch die immer bessere Befriedigung der materiellen und kulturellen Bedürfnisse der Bevölkerung führt zu einem steigenden Aufwand an Verwaltungsarbeit. Der Anteil des für Verwaltungsarbeiten eingesetzten Arbeitsvermögens kann jedoch im volkswirtschaftlichen Interesse nicht vergrößert werden, denn das würde die Möglichkeiten zur Schaffung des gesellschaftlichen Reichtums und zur Befriedigung der vielfältigen gesellschaftlichen Bedürfnisse mindern. Deshalb sind die weitere Erhöhung der Effektivität der Verwaltungsarbeit und die rationellere Nutzung des hierfür eingesetzten gesellschaftlichen Arbeitsvermögens ein unbedingtes gesellschaftliches Erfordernis.

Erstens kommt es darauf an, die Verwaltungsarbeit in höherer Qualität durchzuführen.

Zweitens gilt es entsprechend dem wachsenden Ausmaß und der Kompliziertheit des Reproduktionsprozesses, den Verwaltungsaufwand nicht nur relativ, sondern absolut zu senken. Es ist auf allen Ebenen eine durchgängige Rationalisierung der Verwaltungsarbeit zu sichern.

Drittens besteht ein vorrangiges Ziel der Verwaltungsrationalisierung darin, die Arbeitskräfte von monotoner manueller und überflüssiger Routinearbeit, wie z. B. Schreibarbeiten, Kartei- und Sucharbeiten, zu entlasten. Im Bereich der staatlichen Verwaltungen hat das Verwaltungspersonal durch die Entlastung von Routinearbeiten mehr Zeit, sich insbesondere mit den Anliegen der Bürger zu beschäftigen. Die Verwaltungsarbeit wird damit effektiver und gleichzeitig werden die Arbeitsbedingungen verbessert.

[1] Es wird keine exakte Abgrenzung des Begriffs Verwaltungsarbeit vorgenommen, da es fließende Übergänge zu einer Reihe anderer Tätigkeiten, die bis in die Produktion reichen, gibt. Der Begriff Verwaltung wird im weitesten Sinne verwandt.

In den meisten Fällen werden Zielstellungen der Rationalisierung der Verwaltungsarbeit kombiniert erreicht, d. h., mit der Einsparung von Routinearbeit wird der Verwaltungsaufwand bei steigender Qualität der Verwaltungsarbeit gesenkt.

Rationalisierung der Verwaltungsarbeit durch Anwendung der elektronischen Datenverarbeitung

Die Anwendung der elektronischen Datenverarbeitung ist die wesentlichste Möglichkeit zur Rationalisierung und Qualifizierung der Verwaltungsarbeit. Natürlich kann und darf es nicht darum gehen, den nicht unbedingt erforderlichen Verwaltungsaufwand mittels EDV zu rationalisieren, sondern er muß eingespart werden. Es bleibt noch ein großes Volumen an Verwaltungsarbeit als unumgänglich übrig.

Zielstellungen für die Anwendung der elektronischen Datenverarbeitung in der Verwaltungsarbeit

Die elektronische Datenverarbeitung kann dort eingesetzt werden, wo Arbeiten massenhaft anfallen, die nach einem bestimmten Reglement abzuarbeiten sind.
Dabei gibt es
- einfache Arbeiten, die keine hohe Qualifikation verlangen, wie beispielsweise die Lohn- und Materialrechnungen der Betriebe und Kombinate. Mit dem wachsenden Qualifikationsniveau unserer Bevölkerung ergibt sich das Problem, daß immer weniger Bereitschaft zur manuellen Ausübung derartiger Tätigkeiten vorhanden sein wird. Ein Problem, vor dem wir jetzt und auch noch in den kommenden Jahren stehen werden;
- komplizierte Arbeiten, die einen hohen Qualifikationsgrad verlangen.

Ferner kann die elektronische Datenverarbeitung dort verwendet werden, wo durch sie eine *wesentlich schnellere Erarbeitung von Informations-, Berechnungs- und Entscheidungsgrundlagen* ermöglicht wird, ein Zeitgewinn als wichtiges ökonomisches Ergebnis entsteht. Beispielsweise ist es nur mittels elektronischer Datenverarbeitung möglich, in einer Schnelligkeit, die im Stundenbereich liegt, einen aktuellen Überblick über die Warenbewegung und den Warenbestand in einem Großhandelslager, im Maßstab eines Bezirkes oder sogar der gesamten Republik zu gewährleisten.

Die Datenverarbeitung kann genutzt werden, wenn bestimmte Arbeiten überhaupt erst durch sie ermöglicht werden oder eine relative Kompliziertheit der massenhaft anfallenden Berechnungen vorliegt. Das gilt beispielsweise für die Berechnungen zur Optimierung der Transportwege im Handel. Durch die Datenverarbeitungszentren des VE Kombinats Datenverarbeitung werden täglich die Tourenpläne für die Belieferung der Verkaufsstellen erarbeitet.

Ergebnisse bei der Rationalisierung der Verwaltungsarbeit

In den letzten Jahren sind wir bei der weiteren Rationalisierung der Verwaltungsarbeit, insbesondere durch die Anwendung der elektronischen Datenverarbeitung, ein sichtbares Stück vorangekommen. Die Freisetzung von Verwaltungspersonal führte zur besseren Nutzung des gesellschaftlichen Arbeitsvermögens und hat zum Prozeß der Erhöhung der Zahl der unmittelbar in der Produktion Tätigen beigetragen. So konnte das Verwaltungspersonal im Bereich der Industrieministerien, das im Zeitraum 1976 bis 1980 um insgesamt rd. 3 000 VbE verringert wurde, 1981 weiter reduziert werden. Mit einer Senkung um 10 600 VbE gelang es, im Jahr 1981 die größte Reduzierung der letzten Jahre zu erreichen. Um auf diesem Wege weiterhin voranzukommen, gilt es auch auf dem Gebiet der EDV-Anwendung neuartige Lösungen zu finden und gleichzeitig die vorhandene Rechentechnik effektiver einzusetzen. Das verlangt die Anwendung rationeller Formen und Methoden der Wirtschaftsorganisation bei der Errichtung von Datenverarbeitungsstationen und -betrieben.

Effektivere Nutzung der EDV durch rationelle Organisation der Datenverarbeitung

In einem wachsenden Maße wird von Betrieben und Kombinaten ein großes Spektrum der Verwaltungsarbeit mittels EDV durchgeführt. Dabei gibt es gute und weniger gute Beispiele für die Anwendung der Datenverarbeitung. Aber nicht jeder Betrieb braucht eine eigene Datenverarbeitungsanlage, oft reichen z. B. Kleinrechner oder Buchungsautomaten, um die Verwaltungsarbeit zu rationalisieren. Dem „klein, aber mein" muß auch auf dem Gebiet der Anwendung der Datenverarbeitungsanlagen und des Einsatzes von elektronischer Datenverarbeitung ein entschiedener Kampf angesagt werden. Im volkswirtschaftlichen Maßstab gesehen, ist EDV-Kapazität noch in Größenordnungen zur Nutzung vorhanden. Es gilt, diese durch bestmögliche Organisation effektiver als bisher einzusetzen.

Das Ausnutzungsniveau bei den modernen, leistungsfähigen EDVA ist noch stark differenziert. Eine leistungsfähige EDVA wie beispielsweise die ES 1040 hat ein Nutzungsnormativ von 20 Stunden je Kalendertag. Dieser Wert wird in vielen Betrieben und Kombinaten erreicht und teilweise überboten, dazu gehören die Betriebe des VE Kombinats Datenverarbeitung. Es gibt aber noch eine Reihe von EDV-Anlagen, die nicht voll genutzt werden. So haben etwa 12 % dieser EDVA nur eine Laufzeit von unter 15 Stunden je Kalendertag. Umfassend durch Tatsachen bewiesen ist, daß große Rechenstationen und Betriebe, die die nur begrenzt verfügbare EDV-Technik am höchsten auslasten, auch die größte Sicherheit für die Erbringung der EDV-Leistungen bieten. Dazu ein konkretes Beispiel: Die EDV-Arbeiten für den Konsumgüterbinnenhandel der DDR werden in den bezirklichen Datenverarbeitungszentren des volkseigenen Kombinats Datenverarbeitung durchgeführt.

Die DVZ haben den Charakter von dienstleistenden Rechenbetrieben und sind für viele Bereiche der Volkswirtschaft tätig, wie die Industrie, das Bauwesen, die Land-, Forst- und Nahrungsgüterwirtschaft, den Binnenhandel. Für den Binnenhandel erarbeiten sie alle erforderlichen Informationen, insbesondere auch die für die Organisation und Steuerung des gesamten Warenumschlags.

Sie verarbeiten damit die Bestellungen des Einzelhandels an den Großhandel und erarbeiten die entsprechende Auftragserteilung für die Absortierungen an das Großhandelslager, sie nehmen die Zusammenstellung der Tourenpläne für die Belieferung der Verkaufsstellen vor, drucken die Rechnungen und Lieferscheine aus und gewährleisten die Fortschreibung des Warenbestandes im Großhandel ebenso, wie sie den Wareneingang und die Vertragsrealisierung kontrollieren. Mit ihrer Hilfe wird also eine weitgehend mechanisierte und teilweise automatisierte Arbeit im Zusammenhang mit der Organisation und Steuerung des Warenumschlages vorgenommen. Dadurch konnten in den letzten Jahren ca. 10 000 Beschäftigte – ohne Berücksichtigung des gestiegenen Volumens von Warenbereitstellung und Warenumsatz – einer anderen qualifizierteren Tätigkeit zugeführt werden.

Rolle der Datenbanken und Datenbankensysteme bei der Rationalisierung der Verwaltungsarbeit

Mit dem Einsatz von Datenbanken und Datenbankensystemen auf der Basis moderner, leistungsfähiger EDV-Anlagen wird eine neue, wesentlich höhere Qualität in der Anwendung der EDV erreicht. In dieser Form ermöglicht die Anwendung der EDV überhaupt erst die Lösung vieler Aufgaben. Das gilt auch für das Gebiet der Verwaltungsarbeit. Der Rationalisierungseffekt der Datenbanken zeigt sich vor allem in der schnellen Abrufmöglichkeit und Verfügung über spezielle Informationen über ökonomische Erscheinungen und Prozesse, die sonst auf Grund der Größe und des Umfangs des Zahlenmaterials gar nicht gewonnen werden könnten, bzw. in der beträchtlichen Einsparung von Arbeitskräften und Papier für diese Informationserarbeitung. Der hauptsächliche und typische Nutzen der Datenbanken erweist sich aber insbesondere darin, daß mit der Anwendung der Datenbanken schrittweise eine gewisse Automatisierung der analytischen Durchdringung des Zahlenmaterials bis zur Entscheidungsfindung, einschließlich der Optimierung, erfolgen kann und in der Praxis auch Schritt für Schritt erfolgt. Dadurch wird das gewaltige Zahlenmaterial, über das wir verfügen, im Grunde genommen erst beherrschbar und für fundierte Entscheidungsfindungen erschlossen.

Gegenwärtig gibt es Datenbanklösungen, die unmittelbar mit der Technologie des jeweiligen Produktionsprozesses im Sinne der Prozeßsteuerung verbunden sind. Des weiteren gibt es andere Datenbanken, die sich auf einen Komplex von Aufgaben und einige, die sich auf ein eng begrenztes Sachgebiet beschränken. Das Datenbankensystem der Staatlichen Zentralverwaltung für Statistik besteht aus einer zentralen Datenbank und den zum Teil im Aufbau befindlichen Bezirksdatenbanken. Neben dem bestehenden Datenbankensystem der Staatlichen Zentralverwaltung für Statistik existieren noch eine Reihe weiterer Datenbankensysteme, an deren Aufbau die Staatliche Zentralverwaltung für Statistik beteiligt ist.

Der Einwohnerdatenspeicher der örtlichen Staatsorgane

Auf der Grundlage von Beschlüssen der Partei- und Staatsführung der DDR werden gegenwärtig Einwohnerdatenspeicher der örtlichen Staatsorgane aufgebaut. Seit etwa zwei Jahren gibt es funktionsfähige Einwohnerdatenspeicher in 16 Kreisen. Der weitere Aufbau derartiger Datenbanken erfolgt für alle Kreise und Bezirke unserer Republik. Materiell werden die Einwohnerdatenspeicher in den Betrieben des Kombinats Datenverarbeitung errichtet.

Der Einwohnerdatenspeicher enthält alle Angaben, die aus dem Personalausweis des Bürgers hervorgehen, wie Geschlecht, Alter, Familienstand, Staatsangehörigkeit und Wohnsitz. Der EDS enthält also aktuell die Angaben über die Wohnbevölkerung des Territoriums in der Untergliederung nach Gemeinden und noch kleineren Einheiten, wobei nicht nur Geschlecht und Alter, sondern auch die Zusammensetzung der Familienhaushalte erkennbar ist. Damit sind praktisch jederzeit die demographischen Veränderungen, die sich im Territorium vollziehen, sichtbar zu machen, selbstverständlich unter Wahrung der Vertraulichkeit der Angaben. Diese Daten werden anhand von Meldungen zu Geburten, Eheschließungen, -scheidungen, Umzügen sowie Sterbefällen aktuell gehalten.

Die Einwohnerdatenspeicher bewähren sich in der Praxis immer stärker als wichtiges Rationalisierungsinstrument für die Arbeit der örtlichen Staatsorgane. Durch die Nutzung des Einwohnerdatenspeichers werden die Mitarbeiter der örtlichen Staatsorgane von Routinearbeit entlastet, sie haben mehr Zeit, um sich mit den Anliegen der Bürger zu beschäftigen, und viele Arbeiten können schneller, exakter und vollständiger durchgeführt werden. So konnten bei vergleichbarer Verwaltungsarbeit im Durchschnitt 75 bis 80 % der bisherigen Arbeitszeit durch Einsatz des EDS eingespart werden. Am Beispiel eines Kreises, der die längste Erfahrung mit einem EDS hat, läßt sich der Rationalisierungseffekt mit der Einsparung von Arbeitszeit für Schreib-, Sortierarbeit und Karteiführung von 21 060 Stunden pro Jahr nachweisen.

Die örtlichen Staatsorgane nutzen die EDS insbesondere zur Qualifizierung der Betreuung der Bevölkerung. Der EDS hat sich u. a. bei folgenden Arbeiten bewährt:

- bei dem automatisierten Heraussuchen und Schreiben von Benachrichtigungskarten für die Schulanfänger einschließlich Angabe der betreffenden Schule, die besucht werden soll,
- bei dem automatisierten Heraussuchen der auf Grund von Alter und Geschlecht vordringlich anzusprechenden Bürger und dem automatisierten Schreiben von entsprechenden Benachrichtigungskarten für bestimmte freiwillige medizinische Untersuchungen,
- bei dem automatisierten Anfertigen der Listen für die Wahlen zu den Volksvertretungen, die in einem Bruchteil der sonst erforderlichen Arbeitszeit hergestellt wurden, und dem automatischen Ausdrucken der Wahlbenachrichtigungskarten.

Neben der erheblichen Einsparung von Arbeitszeit erfolgte auch eine vollständigere Benachrichtigung und Information des entsprechenden Personenkreises. Also sind zwei Effekte erreicht worden – der der Rationalisierung und der der gleichzeitigen Qualifizierung der Verwaltungsarbeit.

Auf der Basis der Einwohnerdatenspeicher können darüber hinaus auch Informationen oder Analysen über das demographische Verhalten der Bevölkerung erarbeitet werden, die sonst nur durch eine so umfassende und aufwendige Erhebung wie die Volkszählung gewonnen werden. Mit Hilfe des EDS sind praktisch zu jedem Zeitpunkt exakte Aussagen über Haushaltsgröße und -struktur möglich, die bisher nur alle zehn Jahre mit einer Volkszählung zur Verfügung stehen und laufend fortgeschrieben werden müssen. Der weitere und vollständige Ausbau dieses Datenbankensystems macht eine künftige Rationalisierung der gesamten traditionellen Bevölkerungsstatistik möglich.

Wohnungs- und Wohngebäudedatenspeicher der Räte der Groß- und Mittelstädte

Nach jahrelanger Erprobung von Prototypen dieser Datenspeicher in zwei Städten der DDR (Dresden und Bautzen) erfolgt ihr weiterer schrittweiser Aufbau vorrangig in Großstädten und Zentren der Arbeiterklasse. Mit ihrer Hilfe wird die Arbeit der zuständigen örtlichen Organe bei der Bewirtschaftung des Wohnraums qualifiziert und rationalisiert. Als modernes Instrument zur rationellen Nutzung des vorhandenen und neu entstehenden Wohnraums tragen die Datenspeicher Wohnungspolitik dazu bei, die Wohnungsfrage als soziale Frage zu lösen.

Es hat sich gezeigt, daß die zur Verwaltung des Wohnungsfonds im Territorium notwendige Arbeit auf der Grundlage der Datenspeicher Wohnungspolitik in sehr viel höherer Qualität und Zuverlässigkeit geleistet wurde. Es wurde ein wesentlich schnellerer Zugriff zu aktuellen Angaben über den Wohnungsfonds gesichert und weniger Arbeit aufgewandt.

Die Wohnungs- und Wohngebäudedatenspeicher beinhalten Angaben zur Größe, zur Zahl der Wohnräume, zur Ausstattung und Nutzung der Wohnungen, zu ihrer Belegung mit Haushalten und Personen sowie zur baulichen Struktur der Wohngebäude.

Eine weitere Datenbank, an deren Aufbau gearbeitet wird, ist das rechnergestützte Informationssystem für die Leitung von Großstädten, für das z. Z. ein Anwendungsbeispiel in Dresden geschaffen wird. Das Ziel besteht darin, mit Hilfe rechentechnischer Mittel der Informationsverarbeitung die territorialen Leitungsprozesse rationeller zu gestalten.

Mit dem Informationssystem einer Großstadt wird erstmalig für örtliche Staatsorgane in der DDR eine Lösung geschaffen, die den kombinierten Einsatz von elektronischer Datenverarbeitung, Klein- und Mikrorechentechnik vorsieht und arbeitsplatznah nutzt. Das heißt, der Arbeitsplatz im Rathaus wird mit Mikrorechnern und Bildschirmgerätetechnik ausgestattet, die mit einer EDV-Anlage im Datenverarbeitungsbetrieb verbunden ist. In dieses Informationssystem werden die vorhandenen bzw. in Entwicklung befindlichen Datenspeicher- und Datenbanklösungen einbezogen, wie die bereits genannten Datenspeicher Wohnungspolitik und Einwohnerdatenspeicher sowie die Bezirksdatenbank Statistik, die Bank territorialer Reserven und das bezirkliche Informations- und Auskunftssystem des Konsumgüterbinnenhandels.

Das rechnergestützte Informationssystem für die Leitung von Großstädten richtet sich auf folgende Schwerpunkte der staatlichen Arbeit:

1. Vervollkommnung der Informationsbereitstellung zur Erschließung territorialer Reserven und zur weiteren Entwicklung der Produktions- und Lebensbedingungen im Territorium. Dazu sollen Entscheidungsvorschläge für die territoriale Zusammenarbeit und die Standortpolitik sowie für die bessere Ausnutzung der Grundfonds entsprechend den volkswirtschaftlichen Erfordernissen unterbreitet werden;

2. Entwicklung qualitativ neuer Formen einer bürgernahen Informationsverarbeitung, die weitere Möglichkeiten der Entfaltung der sozialistischen Demokratie erschließen. Dazu wird beispielsweise

- die Verwaltungstätigkeit in der Wohnraumlenkung vereinfacht, so daß sich insbesondere die Warte- und Wegezeiten für die Bürger vermindern,
- die Aktualität, Aussagekraft und Zuverlässigkeit der Unterlagen über den Einsatz des gesellschaftlichen Arbeitsvermögens für den Beratungs- und Arbeitsvermittlungsdienst verbessert; dem Bürger können damit aktuellere und konkretere Angebote zu freien Arbeitsplätzen entsprechend ihren Interessen und ihrer Qualifikation vermittelt werden;

3. Vervollkommnung der analytischen Arbeit des Rates entsprechend den wachsenden Anforderungen der 80er Jahre. Durch eine vervollkommnete Nutzung und Verarbeitung von Informationen des zentralisierten und fachlichen Berichtswesens und die Ausarbeitung entsprechender Organisationslösungen sollen die Qualität der langfristigen konzeptionellen Arbeit erhöht, die analytische Arbeit verstärkt und die Ausarbeitung der Volkswirtschaftspläne sowie die Kontrolle der Plandurchführung unterstützt werden;

4. Erhöhung der ökonomischen Wirksamkeit der elektronischen Datenverarbeitung durch Freisetzung von Arbeitskräften sowie Einsparung von Arbeitszeit und Kosten in volkswirtschaftlich bedeutsamen Größenordnungen.

Damit wird ein wichtiger Beitrag zur weiteren Qualifizierung und Vervollkommnung der Leitung und Planung entsprechend den wachsenden Anforderungen der 80er Jahre geleistet.

Neue, revolutionierende Technologien und Verfahren zur Übertragung und Verarbeitung von Informationen mittels EDVA

Die elektronische Datenverarbeitung selbst muß ihrerseits so rationell wie möglich organisiert werden, so daß auch der Arbeitsaufwand für ihre Anwendung auf ein Minimum beschränkt wird. Dabei stehen zwei Arbeitsphasen im Vordergrund: Das Lochen und Prüfen und die Projektanwendung.

Die ursprünglich für die rationelle Verarbeitung großer Datenmengen entwickelte Lochkartentechnik war der Ausgangspunkt für die Herausbildung moderner Informationsverarbeitungstechnologien. Die Lochkartentechnik brachte jedoch einen erheblichen Arbeitsaufwand für die Arbeitsgänge Lochen und Prüfen mit sich. Es muß klar eingeschätzt werden, daß durch die Entwicklung der Datenverarbeitung auf dem Gebiet der Gewinnung der ursprünglichen Datenträger ein hohes Maß an manueller Arbeit produziert wurde; das Lochen und Prüfen ist auch eine physisch anstrengende Arbeit.

Der Stand der Dinge ist so, daß in unserer Volkswirtschaft gegenwärtig noch in zu hohem Maße mit Lochkarten gearbeitet werden muß. Je stärker die EDV-Verarbeitung eine Verarbeitung von Massendaten ist – und das ist sie in Verwaltungsprozessen –, desto wichtiger ist die optimale Gestaltung der Relation zwischen der rationellen Erfassung der Daten und der Leistungsfähigkeit der EDV-Anlagen. Beispielsweise locht eine Locherin im Durchschnitt etwa 110 Lochkarten in der Stunde. Demgegenüber können in eine EDV-Anlage ES 1040 etwa 60 000 Lochkarten in der Stunde eingelesen werden. Das heißt, die Gewinnung der ursprünglichen Datenträger in Form der Lochkarten wirkt sich auf die Massendatenverarbeitung hemmend aus.

An diesen Fragen wird gearbeitet. Es sind Fragen, die unmittelbar mit der weiteren Rationalisierung von Arbeitsprozessen zusammenhängen, sei es an der Kasse in der Verkaufsstelle, bei der Abbuchung in der Materialbuchhaltung oder beim Schreiben von Rechnungen. Dabei zeichnen sich folgende Hauptlinien ab, die zur radikalen Rationalisierung und Qualifizierung der Verwaltungsarbeit, insbesondere durch die Beschleunigung der Informationsübermittlung und Qualifizierung der Angaben, sowie zur Einsparung von Papier führen.

Anwendung maschinenlesbarer Datenträger

Erstens: Möglichst überall dort, wo die EDV bereits für die Rationalisierung der innerbetrieblichen Erfassung und Aufbereitung eingesetzt wird, sollten automatisierte Verfahren zur Erfassung von Primärangaben auf maschinenlesbaren Datenträgern angewandt werden. Das heißt, daß bereits bei einem ursprünglichen Prozeß, wie beim Schreiben von Rechnungen auf der Schreibmaschine bzw. Buchungsautomaten, gleichzeitig ein maschinenlesbarer Datenträger erscheint, so daß die primäre Erfassung gar nicht erst erfolgt.

Zweitens: Die Übergabe von Angaben der Betriebe und Kombinate an ein übergeordnetes Organ, z. B. an eine Dienststelle der Staatlichen Zentralverwaltung für Statistik, erfolgt in wachsendem Maße nicht mehr in der klassischen Form des Formblattes, sondern in der papierlosen Form der maschinenlesbaren Datenträger. Dieser Weg wird bereits beschritten. Beispielsweise werden zur Zeit etwa 80 % der Grundmittelangaben der Industrie nicht mehr auf Fragebogen übergeben, sondern auf maschinenlesbaren Datenträgern. Des weiteren wird ein Typenbeispiel mit dem Kombinat Robotron zur Übernahme maschinenlesbarer Datenträger von den Kombinaten für das zentralisierte Berichtswesen geschaffen.

Um diese Frage umfassend zu lösen, müssen jedoch im Prinzip alle Betriebe mit einer kompatiblen Technik zur Lieferung gleichartiger Datenträger ausgestattet sein. An dieser Frage wird konsequent weiter gearbeitet.

Anwendung der Datenfernübertragung

Gleichzeitig wird daran gearbeitet, daß Daten nicht nur in Gestalt von maschinenlesbaren Datenträgern übergeben, sondern mittels Datenfernübertragung überspielt werden. Gegenwärtig wird die Datenfernübertragung in einigen Fällen im statistischen Berichtswesen angewandt, aber auch im Gesamtverband eines Kombinates. Zum Beispiel wird für ein Kombinat im Bereich der Geologie, das über ein zentralisiertes Material- und Ersatzteillager verfügt, eine Datenbank aufgebaut, in der ca. 80 000 Material- und Ersatzteilpositionen enthalten sind. Über einige Dutzend Kilometer Entfernung hin verfügen Disponenten dieses Kombinates mittels der Bildschirmgeräte, die zur Datenbank geschaltet sind, über die Auslieferung aus dem Lager und gewährleisten ständig einen Überblick über Datenbestände, veranlassen Bestellungen usw., wenn die Bestände eine bestimmte Grenze erreicht haben. Es handelt sich hierbei nicht nur um einen Prozeß der Datenfernübertragung, sondern der Datenfernverarbeitung im Dialogverkehr. Diese Möglichkeit wird auch im Rahmen einzelner Ministerien angewandt, wie z. B. im Ministerium für Erzbergbau, Metallurgie und Kali und im Ministerium für Elektrotechnik und Elektronik.

Einsatz von Markierungslesegeräten

Bei der Volks-, Berufs-, Wohnraum- und Gebäudezählung 1981 wurde die Auswertung der Angaben nicht mehr wie in der vorangegangenen Zählung mittels Lochkartentechnik durchgeführt. Es wurde erstmals eine neue Technik in Gestalt der Markierungslesegeräte angewandt. Nach der traditionellen Methode des Lochkartenverfahrens hätte man allein für das Lochen und Prüfen der 27 Millionen Lochkarten über 700 Arbeitskräfte für ein ganzes Jahr einsetzen müssen, die weiter nichts tun als Lochkarten anfertigen und prüfen.

Mit den Markierungslesern wird nunmehr nicht mehr gelocht oder geprüft. Auf den Zähllisten der Bürger sind mittels eines besonderen Bleistifts Markierungen vorgenommen worden und danach durch die Markierungslesegeräte unmittelbar auf maschinenlesbare Datenträger eingelesen worden. Dadurch gelang es, Arbeitskräfte und Arbeitszeit in volkswirtschaftlichen Größenordnungen einzusparen.

Verschmelzung der betrieblichen und überbetrieblichen Erfassung mit den unmittelbaren Prozessen der Entstehung der Informationen von der Produktion bis zur Zirkulation

Durch die schrittweise Vervollkommnung der EDV-Anwendung und ihre weitere Ausgestaltung entsprechend den planmäßig vorgesehenen Investitionen zeichnen sich perspektivisch völlig neue Lösungen ab. Um diese an einem Beispiel zu erläutern, ist ein Blick in die Zukunft notwendig:

Beginnend mit den großen Kaufhallen, werden künftig Warenbestellungen durch den Einzelhandel an den Großhandel nicht über Bestellscheine, sondern mittels Terminals, die sich in den Einzelhandelsverkaufseinrichtungen befinden, direkt an die Datenbank gegeben, die die Steuerung des Warenumschlagsprozesses des Großhandelsbetriebes vornimmt. Damit entfällt nicht nur Papier, und es verkürzen sich die Zeiten, sondern es wird auch sofort über Bildschirmgeräte angezeigt, falls die bestellte Ware nicht in der erforderlichen Menge zur Zeit im Lager verfügbar ist, und es werden entsprechende Ersatzangebote von ähnlichen Waren, z. B. andere Sorten von Konfitüre oder Rotwein, angeboten, so daß die Bestellung sofort der konkreten Situation angepaßt werden kann. Die Datenbank steuert dann automatisch das Absortieren der Waren, die Zusammenstellung der Waren zu Liefertouren, den Ausdruck der Rechner, und sie sichert die zeitgleiche Angabe des Warenbestandes des Lagers. Darüber hinaus veranlaßt sie auf Grund vorgegebener Normen gegebenenfalls Bestellungen bei Lieferbetrieben und kontrolliert die Einhaltung abgeschlossener Verträge. Dadurch wird insgesamt eine schnellere und bessere Versorgung der Bevölkerung bei weiterer Rationalisierung des dafür erforderlichen Aufwandes, insbesondere bei Senkung des Verwaltungsaufwandes, erreicht. Die erforderliche Arbeit mit Formularen, Bestellungen und Rechnungen wird stark eingeschränkt.

Wenn der aktuelle Warenbestand nach detaillierter Nomenklatur ebenso wie der gesamte Warenumschlagsprozeß in der Datenbank aktuell enthalten und praktisch jederzeit abrufbar ist, ergeben sich auch völlig neue Lösungsmöglichkeiten für die Organisation der umfangreichen Handelsberichterstattung. Unter der Voraussetzung einer einheitlichen, inhaltlichen, technologischen und programmtechnischen Organisation in der ganzen Republik können zu festen Zeitpunkten mittels Datenfernübertragung bzw. Datenfernverarbeitung die entsprechenden Ergebnisse zu territorialen und gesamtstaatlichen Angaben zusammengefaßt werden. Somit wird eine spezielle statistische Berichterstattung traditioneller Art unnötig. Es verschmelzen zunehmend auf vielen Gebieten nicht nur sogenannte fachliche und staatliche Berichterstattungen, sondern es verschmelzen auch Steuerungs- und Entscheidungsprozesse unmittelbar mit Informationsprozessen, wodurch ein Übergang zur papierlosen Form bei der Organisation dieser Prozesse erfolgt. Technisch ist diese Frage gegenwärtig bereits lösbar, und sie wird auch experimentell Schritt für Schritt ausgebaut. Ihre umfassende Lösung erfordert allerdings noch weit mehr als ein Planjahrfünft. Diese Revolutionierung der Steuerungs-, Entscheidungs- und Informationsprozesse kann und muß in der Regel als Einheit eines einheitlichen technologischen Prozesses auf der Basis der EDV realisiert werden. Von vornherein muß der Informationsaspekt bei der Projektierung der neuen Technologien mit beachtet werden. Später ist das Versäumte kaum noch oder nur mit einem erheblichen zusätzlichen Aufwand zu korrigieren. Nur auf diesem Wege kann ein Maximum an Effekt zur Steigerung des Nutzeffekts der gesellschaftlichen Arbeit erreicht werden.

G. Winkler

Aufgaben der betrieblichen Sozialpolitik zur Gestaltung der betrieblichen Arbeitsbedingungen

Die heutige Tagung ist für die Tätigkeit des Wissenschaftlichen Rates für Sozialpolitik und Demografie ohne Zweifel in folgender Hinsicht bedeutsam:

– Sie behandelt Grundfragen der Entwicklung des gesellschaftlichen Arbeitsvermögens mit der organischen Verbindung von ökonomischer und sozialer Entwicklung auf der Ebene der Betriebe und Kombinate und macht deutlich, daß der erforderliche volkswirtschaftliche Leistungsanstieg in zunehmendem Maße von der sozialen Stabilität und Entwicklung der Betriebs- und Arbeitskollektive abhängig ist. Die Verwirklichung der ökonomischen Strategie entspricht den Interessen aller Klassen, Schichten und sozialen Gruppen unserer Gesellschaft und erfordert eine erhöhte Wirksamkeit des gesellschaftlichen Arbeitsvermögens.

– Daraus folgt, daß die betriebliche Sozialpolitik, die Ausgestaltung der sozialen Beziehungen und Verhältnisse in unseren Kombinaten und Betrieben, ohne Zweifel einen Schwerpunkt der Sozialpolitik darstellt, der sich in den nächsten Jahren und Fünfjahrplänen unmittelbar aus der Verwirklichung der ökonomischen Strategie ergibt.

– Die Thematik unterstreicht die hohe Verantwortung der Gewerkschaften für die Durchsetzung der Wirtschafts- und Sozialpolitik in unserem Lande. Die Ergebnisse und Erkenntnisse des 10. FDGB-Kongresses sind anschaulicher Beweis für die Rolle und Funktion der Gewerkschaften bei der politischen, ökonomischen und sozialen Entwicklung unserer Gesellschaft.

Im Ergebnis einer kürzlich stattgefundenen Tagung des Wissenschaftlichen Rates für Sozialpolitik und Demografie läßt sich – bezogen auf unsere heutige Thematik – feststellen:

1. Die Verwirklichung der ökonomischen Strategie schafft die Bedingungen, um
- über steigende Leistungsfähigkeit aller Werktätigen die erreichte soziale Entwicklung zu sichern und weiter auszubauen;
- ein materielles Endprodukt zu schaffen, welches es ermöglicht, das materielle und geistig-kulturelle Lebensniveau schrittweise weiter differenziert zu erhöhen;
- die soziale Aktivität aller Mitglieder der Gesellschaft umfassend zu entwickeln.

Schwerpunkt betrieblicher Sozialpolitik ist die Gestaltung solcher materieller und ideologischer Bedingungen, die vor allem Leistungsbereitschaft und Leistungsverhalten in bisher nicht gekanntem Maße stimulieren und entwickeln.

Dabei zeichnen sich zu lösende Probleme vor allem in folgender Richtung ab:

– Es ist ein hoher Grad der komplexen Betrachtung bei der Gestaltung der Arbeitsbedingungen zu erreichen.

Leistungsbereitschaft und -verhalten werden langfristig nicht durch einzeln wirkende ausgewählte Faktoren beeinflußt. Es ist eine alte Erfahrung, daß z. B. eine gute Gestaltung der Arbeitsplatzumwelt nicht Mängel in den Kollektivbeziehungen, erschwernisfreie Tätigkeit nicht Schwächen in der materiellen Stimulierung der Arbeit usw. ersetzt. Die Forschungen müssen in dieser Hinsicht noch mehr das gesamte Bedingungsgefüge sichtbar machen.

– Es ist von nur allgemeinen Forderungen nach Verbesserung der Arbeitsbedingungen abzugehen.

Die langfristige Orientierung der Annäherung von körperlicher und geistiger Arbeit heißt eben unter den gegenwärtigen Bedingungen, daß vor allem jene Bedingungen zu ändern sind, an denen, langfristig gesehen, gesundheitliche Beeinträchtigungen für den Werktätigen entstehen, daß vor allem jene Arbeitsplätze umgestaltet werden, die durch körperlich schwere und geistig monotone Arbeit gekennzeichnet sind, usw.

– Es ist noch schneller von der arbeitsplatzbezogenen zur arbeitsprozeßbezogenen Umgestaltung der Arbeitsbedingungen überzugehen. Punktuelle Lösungen, z. B. durch Einführung von Industrierobotern ohne Beachtung der vor- und nachgelagerten Bereiche, führen noch oft zu Problemen in der Stabilität und Kontinuität der Produktion bzw. bei der Nutzung vorhandener Qualifikation.

– Es ist der Gestaltung der zeitlichen Arbeitsbedingungen ein größeres Augenmerk zu widmen.

Der wissenschaftlich-technische Fortschritt zwingt zu hoher Schichtauslastung, aber unsere Arbeitszeitregelungen stehen z. B. teilweise dem Wunsch und den Interessen eines Teils berufstätiger Mütter entgegen. Ein höherer Grad an Flexibilität – der ökonomisch vertretbar sein muß – könnte hier manches Problem lösen. Das gilt auch für den Einsatz von zur Zeit Nichtberufstätigen bzw. für Rentner.

– Vor allem die Arbeitsbedingungen der Schichtarbeiter (im umfassendsten Sinne) sind zu verbessern.

Mehrfachbelastungen, nicht ausreichende und mit der Normalschicht vergleichbare soziale Betreuung, geringere Möglichkeiten der Teilnahme an der Leitung und Planung sind durchaus noch in einigen Betrieben für die Schichtarbeit typisch. Das stellt letztlich Effektivitätsverlust dar.

2. Die Forderung der Partei nach Erhöhung der ökonomischen und sozialen Wirksamkeit des wissenschaftlich-technischen Fortschritts ist vor allem ein Anspruch an die Leitungs- und Planungstätigkeit auf der Ebene der Betriebe und Kombinate. Als vordringlich zu lösende Probleme zeichnen sich hierbei ab:

– Die ökonomische und soziale Wirksamkeit wird von der Forschung und Entwicklung bis zur Überführung und Nutzung in der Produktion beeinflußt. Das ist eine Aufgabenstellung der Forscher und Konstrukteure bei Nutzung der Erfahrungen der Arbeiter, die an den Maschinen und Anlagen arbeiten werden.

Gerade hier zeigen sich nach wie vor echte Reserven. Durchgeführte Untersuchungen in einem Magdeburger Betrieb, in dem wissenschaftlich-technische Veränderungen in Größenordnungen vollzogen wurden, ergaben z. B., daß über die Hälfte der Befragten der Meinung waren,

daß es möglich gewesen wäre, sie stärker in die Vorbereitung des eigenen Neueinsatzes im Rahmen des wissenschaftlich-technischen Fortschritts einzubeziehen;

. daß es nicht nur möglich, sondern vor allem mit einem höheren ökonomischen Effekt verbunden gewesen wäre.

Es geht nicht darum, ob diese Auffassungen typisch für jene Bereiche sind, in denen neue Technik eingesetzt wird, und auch nicht darum, daß es seitens der verantwortlichen Leiter anders gesehen wird. Entscheidend ist, daß Leistungsbereitschaft und -verhalten des Werktätigen nicht davon bestimmt werden, ob der Leiter meint, alle einbezogen zu haben, sondern ob der Werktätige das Gefühl hat, gebraucht, benötigt zu werden. Hier liegen ohne Zweifel noch Reserven.

– Die Vorzüge des Sozialismus sind noch wirksamer mit der wissenschaftlich-technischen Revolution zu verbinden, eine höhere Komplexität im Herangehen an soziale Probleme des wissenschaftlich-technischen Fortschritts ist zu erreichen. Das erfordert z. T. auch die Überwindung einer noch einseitigen Betrachtungsweise der sogenannten sozialen Folgen oder sozialen Wirkungen des wissenschaftlich-technischen Fortschritts. Unseres Erachtens müssen wir uns generell drei Problemkreisen stellen:

Erstens geht es einerseits um die wirksamere Analyse und Vorausschau der mit der wissenschaftlich-technischen Entwicklung verbundenen sozialen Probleme, z. B. bei Freisetzung und Wiedereinsatz von Arbeitskräften. Die Kenntnisse über sich aus den Grundrichtungen des wissenschaftlich-technischen Fortschritts ergebenden Anforderungen an Disponibilität, an Bildungsentwicklung, an die Gestaltung sozialer Beziehungen, an sich verändernde Bedürfnisstrukturen, aber auch an Möglichkeiten und Grenzen zur Einschränkung bzw. Beseitigung möglicher negativer Wirkungen sind zu vertiefen.

Zweitens handelt es sich andererseits um die Bestimmung sozialer Kriterien und Anforderungen an die Durchsetzung des wissenschaftlich-technischen Fortschritts. Das betrifft konkrete Anforderungen an die wissenschaftlich-technische Entwicklung zur Minderung vorhandener Unterschiede zwischen geistiger und körperlicher Arbeit, zur Reduzierung von Arbeitserschwernissen usw., die über strategische Konzeptionen umgesetzt werden können. Das heißt, vor allem auf Grund vergleichender Analysen über den erreichten Entwicklungsstand sind entsprechende strategisch orientierte Aussagen zu erreichen, die Rang- und Reihenfolgen, mögliche soziale und ökonomische Effekte bestimmen.

Drittens geht es schließlich um die Bestimmung der Bedingungen, wie durch die soziale Entwicklung, durch die Entfaltung gesellschaftlicher Aktivität die Bedingungen für eine beschleunigte Durchsetzung des wissenschaftlich-technischen Fortschritts geschaffen werden müssen.

– Mit der Durchsetzung des wissenschaftlich-technischen Fortschritts sind in den nächsten Jahren in zunehmendem Maße Probleme der Freisetzung und des Wiedereinsatzes verbunden. Genosse Prof. Hummel hat hier eine ausführliche Darstellung der Probleme gegeben, der voll zuzustimmen ist.

Es ist m. E. notwendig hervorzuheben, daß gerade bei Freisetzung und Wiedereinsatz die Vorzüge des Sozialismus voll sichtbar werden – aber nur dann, wenn sie auch voll wirksam gemacht werden. Unbestritten ist, daß Freisetzung und Wiedereinsatz nicht mit Arbeitslosigkeit, mit abnehmender sozialer Sicherheit usw. verbunden sind. Die Vorzüge zu nutzen heißt:

. Freisetzung, ausgehend vom gesellschaftlich erforderlichen Wiedereinsatz. Die Konzeptionen des Wiedereinsatzes sind zu qualifizieren und, daraus abgeleitet, Freisetzungskonzeptionen zu erarbeiten;
. Freisetzung nicht gezielt auf ausgewählte soziale Gruppen zu konzentrieren (Frauen über 40 Jahre, Rehabilitanden), sondern ausgehend von der erforderlichen Qualifikation und den Fähigkeiten;
. Freisetzung verbunden mit dem Erwerb neuer Kenntnisse und Fähigkeiten (z. B. durch Umschulung), die langfristig vorbereitet übermittelt werden müssen;
. Beachtung der sozialen Probleme beim Wiedereinsatz, insbesondere der Sicherung der Vereinbarkeit von Berufstätigkeit und Mutterschaft, der Einkommensentwicklung, der allgemeinen Lebensbedingungen usw.

3. Die betriebliche Sozialpolitik muß auf die volle Nutzung des gesellschaftlichen Arbeitsvermögens gerichtet sein.

– Die Forderung der Partei nach Reduzierung der Arbeitsplätze schließt z. B. zugleich ein, in zunehmendem Maße Arbeitsplätze in allen Bereichen so zu gestalten, daß sie von Männern und Frauen besetzt werden können. Geschlechtsspezifische Polarisierungen in einigen Zweigen und Bereichen resultieren nicht zuletzt daraus, daß Frauen einzelne Bereiche auf Grund der körperlichen Belastungen und anderer Arbeitsererschwernisse nicht zugänglich sind. Es geht nicht um formale Geschlechterproportionen, sondern um die Minderung von Disproportionen dort, wo sie Kontinuität und Stabilität der Produktion negativ beeinflussen.

Das gilt auch für die Schaffung von Arbeitsplätzen für Rehabilitanden und ältere Bürger.

– Nach wie vor liegt jedoch der Hauptakzent auf der vollen Nutzung des vorhandenen Bildungspotentials. Vor allem im Bereich der Hoch- und Fachschulkader liegen hier noch echte Reserven, die sich auch zahlenmäßig belegen lassen.

– Einfluß ist auch auf die Reduzierung von Ausfallzeiten zu nehmen, insbesondere durch Senkung des arbeitsbedingten Krankenstandes. Untersuchungen belegen, daß ein hoher Anteil des Krankenstandes aus

. Mängeln in der Arbeits- und Produktionsorganisation,

. Arbeitserschwernissen,

. gestörten sozialen Beziehungen in Arbeitskollektiven bzw. im Leiter-Kollektiv

resultiert. Das Fehlen von täglich 500 000 Werktätigen in allen Bereichen der Volkswirtschaft durch Krankheit stellt eine echte Leistungsreserve dar. Darüber hinaus würde eine Reduzierung auch dem finanziellen Aufwand für Leistungen der Sozialversicherung (Steigen des Krankengeldes) entgegenwirken, denen keine produktiven Leistungen gegenüberstehen, die aber letztlich verbrauchswirksam werden.

4. Es geht letztlich um die weitere Vervollkommnung der Leitung und Planung der sozialen Entwicklung in den Betrieben und Kombinaten. Das muß vor allem in zwei Richtungen erfolgen:

– Einerseits ist eine klarere Bestimmung sozialer Zielgrößen für den betrieblichen Reproduktionsprozeß in den Betrieben und Kombinaten erforderlich. Die soziale Entwicklung zu planen ist Bestandteil der Leitung des Reproduktionsprozesses. Die vorhandenen Möglichkeiten (z. B. soziale Zielstellung in Pflichtenheften, soziale Prämissen für Planung von Wissenschaft und Technik usw.) sind bei weitem nicht ausgeschöpft.

– Andererseits geht es um die Gewährleistung der Analyse- und Prognosearbeit auf sozialem Gebiet. Wertvolle Anregungen liegen vor, die es voll zu nutzen gilt (z. B. Forschungen zur sozialen Effektivität, zu sozialen Indikatoren, zur Planung der Arbeits- und Lebensbedingungen usw.).

H. Menzzer

Zum Zusammenhang zwischen der WAO und der weiteren Entfaltung der schöpferischen Masseninitiative

Im Thema unserer 36. Ratstagung ist auch der Zusammenhang zwischen der WAO und der weiteren Entfaltung der schöpferischen Masseninitiative hergestellt.

Der 10. FDGB-Kongreß hat mit großem Nachdruck noch einmal das herausragende Gewicht des sozialistischen Wettbewerbs und die bedeutende Rolle der Gewerkschaften bei seiner erfolgreichen Entwicklung unterstrichen und plastisch demonstriert. So konnte der Generalsekretär des ZK der SED und Vorsitzende des Staatsrates der DDR, Genosse Erich Honecker, das weitere Zunehmen der Breite und ökonomischen Wirksamkeit des sozialistischen Wettbewerbs seit dem X. Parteitag als überzeugenden Beweis für die Kraft der Gewerkschaften der DDR kennzeichnen und zugleich darauf verweisen, daß die wachsende Bedeutung der Gewerkschaften nicht zuletzt daraus resultiert, daß der FDGB die Initiative seiner Millionen Mitglieder zuerst und hauptsächlich auf das Wichtigste lenkt: die fleißige, schöpferische Arbeit, das Leistungswachstum und die höhere Effektivität der Volkswirtschaft.[1] In diesem erfolgreichen Prozeß ist, wie unter anderem auch die Geschichte des FDGB beweist, die aktive Einflußnahme der Gewerkschaften auf die WAO eingeschlossen, die sich ja vor allem mit Hilfe der Arbeit in den WAO-Kollektiven und des sozialistischen Wettbewerbs vollzieht.

Mit den Beschlüssen des X. Parteitages der SED und des 10. FDGB-Kongresses sind neue Ansprüche an die Verbindung von WAO und sozialistischen Wettbewerb gestellt, die sich vor allem aus den mit der komplexen Verwirklichung der ökonomischen Strategie verbundenen Anforderungen ergeben.

Ich möchte hier auf vier Aspekte verweisen, die m. E. bei der weiteren theoretischen und praktischen Arbeit auf diesem Gebiet zu beachten sind und die auch den Rahmen der engen Zusammenarbeit zwischen dem Rat für Ökonomie und Organisation der Arbeit und dem Rat für Fragen des sozialistischen Wettbewerbs abstecken könnten.

1. Die entscheidende objektive Grundlage der Verbindung von WAO und sozialistischem Wettbewerb ist die Tatsache, daß die sozialistische Kooperation mit Notwendigkeit Beziehungen des schöpferischen Wetteiferns, der kameradschaftlichen Zusammenarbeit und der gegenseitigen sozialistischen Hilfe hervorbringt, die einerseits die Wesenszüge des sozialistischen Wettbewerbs darstellen und andererseits Wesenszug sozialistischer Arbeit überhaupt sind. Daraus folgt aber, daß das Schaffen aller notwendigen Bedingungen für die ungehinderte Entfaltung dieser Beziehungen, ihre bewußte und zielstrebige Nutzung für den erforderlichen hohen Leistungszuwachs und die Entwicklung sozialistischer Persönlichkeiten eine der wichtigsten Aufgaben bei der wissenschaftlichen Organisation der sozialistischen Arbeit sein muß. Hier wäre auch die Forderung des 10. FDGB-Kongresses nach enger kameradschaftlicher Zusammenarbeit der gewerkschaftlichen Leitungen mit den staatlichen Leitern anzumerken. Sie hat zum Ziel,

[1] Vgl. Zu aktuellen Fragen der Innen- und Außenpolitik der DDR, Rede von Erich Honecker auf dem 10. Kongreß des FDGB, in: Neues Deutschland vom 23. April 1982, S. 3 ff.

so wurde betont, durch die politisch-ideologische und organisatorische Tätigkeit der Leiter zur Schaffung der notwendigen Voraussetzungen für das Wetteifern die Planwirksamkeit und die bewußtseinsbildende Kraft des sozialistischen Wettbewerbs wesentlich zu beeinflussen.[2] Das theoretisch weiter zu durchdringen und vor allem praktische Schlüsse daraus zu ziehen wäre m. E. ein gemeinsamer Gegenstand. Dabei möchte ich nur zwei praktische Probleme andeuten, die damit verbunden sind, nämlich

a) die Notwendigkeit einer gründlichen Beschäftigung mit den Problemen des sozialistischen Wettbewerbs im Rahmen der WAO-Forschung, vor allem was die Ansprüche an die staatliche Leitungstätigkeit zur Schaffung aller notwendigen Voraussetzungen für die Wettbewerbsentwicklung angeht, was in der UdSSR seit mehreren Jahren bereits mit großem Erfolg praktiziert wird,

b) Überwindung der derzeitigen Verselbständigung der Wettbewerbssachbearbeiter-Gruppen, bzw. -Abteilungen in den Kombinaten und Betrieben. Hier wäre m. E. durch eine Zusammenfassung aller mit den Problemen der WAO, der Stimulierung und des sozialistischen Wettbewerbs beauftragten staatlichen Leiter und Mitarbeiter ein bedeutender Effekt zu erreichen.

Auf jeden Fall können wir in der weiteren Arbeit davon ausgehen, *daß ein hohes Niveau der wissenschaftlichen Arbeitsorganisation eine bedeutende Wirksamkeitsvoraussetzung für eine erfolgreiche Wettbewerbsentwicklung ist.*

2. Die erfolgreiche Führung des sozialistischen Wettbewerbs ist zugleich aber eine Wirksamkeitsvoraussetzung für die wissenschaftliche Arbeitsorganisation, die sich ja auf die Tätigkeit von Menschen bezieht und damit in ihrer Wirkung in bedeutendem Maße von den inneren Leistungsvoraussetzungen der Werktätigen in den Arbeitskollektiven beeinflußt wird. Aber gerade diese inneren Leistungsvoraussetzungen werden durch die politische Führung des sozialistischen Wettbewerbs und die mit ihr insgesamt verbundene politisch-ideologische Arbeit direkt und nachdrücklich positiv beeinflußt. So konnte der Rechenschaftsbericht des Bundesvorstandes an den 10. FDGB-Kongreß zu Recht feststellen, daß sich im sozialistischen Wettbewerb sozialistische Persönlichkeiten entwickeln, Menschen, die auf neue Anforderungen selbständig reagieren und entschlossen für die politische und ökonomische Stärkung unserer DDR eintreten.[3]

Das kennzeichnet den sozialistischen Wettbewerb zugleich als Quelle hoher individueller und kollektiver Leistungsbereitschaft, der politisch motivierten Bereitschaft zur Qualifizierung und zur Übernahme von Verantwortung als Bedingungen einer effektiven individuellen und kollektiven Tätigkeit.

Eng damit verbunden bestätigt die Wettbewerbspraxis aber auch, daß einerseits vielfach Wettbewerbsinitiativen die Vorläufer arbeitsorganisatorischer Lösungen sind und andererseits neue günstigere arbeitsorganisatorische Lösungen den Ausgangspunkt neuer Wettbewerbsinitiativen bilden. Ich möchte hier nur an das historische Beispiel Alexej Stachanow erinnern, dessen Aktivität aus der veränderten Arbeitsorganisation erwuchs und zugleich eine neue Etappe der Arbeit auf diesem Gebiet wie des sozialistischen Wettbewerbs einleitete. Ich möchte aber auch auf die vielfältigen Möglichkeiten hinweisen, die sich aus den Initiativschichten, den Notizen zum Plan, der eindeutigen, vom 10. FDGB-Kongreß unterstrichenen Orientierung auf die Ermittlung und Übertragung der Erfahrungen der Besten, der Arbeit mit dem persönlichen Planangebot, den Initia-

[2] Vgl. Wachsende Rolle der Gewerkschaften bei der Gestaltung der entwickelten sozialistischen Gesellschaft in der DDR, Aus dem Bericht des Bundesvorstandes des FDGB an den 10. FDGB-Kongreß, Berichterstatter: Harry Tisch, Vorsitzender des FDGB-Bundesvorstandes, Mitglied des Politbüros des ZK der SED, in: Neues Deutschland vom 22. April 1982, S. 3 ff.

[3] Vgl. ebenda.

tiven zur Qualitätserhöhung, zur produktiveren Nutzung der Arbeitszeit usw. ergeben. Gegenwärtig gelingt es uns m. E. noch nicht immer in ausreichendem Maße, den Übergang von der freiwilligen Wettbewerbsinitiative zur verbindlichen Festlegung arbeitsorganisatorischer Regelungen in Gestalt veränderter Arbeitsteilung, verbesserter Arbeitsabläufe, neuer Arbeitsmethoden, aber auch neuer Leistungskennziffern zu tun. Hier läge ein weiteres Gebiet gemeinsamer Arbeit mit dem Ziel, im Zusammenhang mit der theoretischen Durchdringung zu konkreten Empfehlungen für die Praxis des sozialistischen Wettbewerbs und der WAO-Arbeit zu gelangen.

Man kann an dieser Stelle auf jeden Fall als zweite Erkenntnis hinzufügen, daß der sozialistische Wettbewerb in wachsendem Maße eine bedeutende Quelle für effektive arbeitsorganisatorische Lösungen sein kann und sein muß.

3. Nach wie vor ist es natürlich ein Anliegen des von den Gewerkschaften organisierten sozialistischen Wettbewerbs, die Initiative der Werktätigen zielstrebig auf die komplexe Verwirklichung der WAO-Aufgaben zu lenken und damit im Zusammenhang auch die Arbeit in den WAO-Kollektiven weiter zu entwickeln. Wir lassen uns dabei von der auf dem 10. FDGB-Kongreß unterstrichenen Erfahrung leiten, daß die Menschen dort lieber und besser arbeiten, wo sie das ständige Bemühen um die Verbesserung der Arbeits- und Lebensbedingungen spüren, was erfordert, daß die Gestaltung der Arbeits- und Lebensbedingungen fester Bestandteil der gewerkschaftlichen Leitungstätigkeit, darunter auch der Organisierung und Führung des sozialistischen Wettbewerbs sein muß.[4]

Auf diesem Gebiet gibt es bemerkenswerte Fortschritte. Besonders deutlich werden sie in den Wettbewerbsbeschlüssen für 1982, in denen die Orientierung auf die rationellere Nutzung des Arbeitsvermögens mit Hilfe des sozialistischen Wettbewerbs und der Verwirklichung der Schwedter Initiative einen breiten Raum einnehmen. Immer mehr Wettbewerbskollektive erkennen richtig, welche Bedeutung die auf dem 10. FDGB-Kongreß noch einmal vom Generalsekretär des ZK der SED, Genossen Erich Honecker, ausgesprochene Tatsache hat, daß schwere körperliche Anstrengungen, gesundheitsschädliche Umstände, aber auch monotone Tätigkeiten immer mehr zugunsten einer interessanten Arbeit zurückgedrängt werden müssen, die den Werktätigen befriedigt und anspornt.[5]

Die mit dieser Aufgabenstellung verbundenen Probleme haben im Referat bereits einen gewichtigen Platz eingenommen. Ich möchte es deshalb hier bei der Feststellung bewenden lassen, daß auch das ein Feld gemeinsamer Arbeit sein sollte und damit die dritte Feststellung verknüpfen, *daß der sozialistische Wettbewerb ein wesentlicher Faktor der Verwirklichung der WAO mit Hilfe der Werktätigen ist.*

4. Mit der weiteren qualitativen Entwicklung des sozialistischen Wettbewerbs, wie sie sich als Notwendigkeit aus den Beschlüssen des X. Parteitages der SED und des 10. FDGB-Kongresses ergibt, entstehen auch neue Ansprüche an die WAO, was die Bedingungen für die erfolgreiche Wettbewerbsentwicklung angeht. Auch sie sollten Gegenstand unserer gemeinsamen Arbeit sein. Meines Erachtens ragen hier vor allem 3 Probleme heraus, nämlich

a) die Notwendigkeit, in stärkerem Maße die arbeitsorganisatorischen Bedingungen für eine erfolgreiche kooperative Arbeit bei gemeinsamen Forschungs- und Entwicklungsaufgaben oder bei der Arbeit an einem gemeinsamen Endprodukt zu untersuchen.

[4] Vgl. ebenda.

[5] Vgl. Zu aktuellen Fragen der Innen- und Außenpolitik der DDR, Rede von Erich Honecker auf dem 10. Kongreß des FDGB, in: Neues Deutschland vom 23. April 1982, S. 3 ff.

Hier haben sich vielfältige Wettbewerbsbeziehungen und erfolgreiche Wettbewerbsformen und -methoden, wie der Komplexwettbewerb, die vielfältigen Formen der sozialistischen Gemeinschaftsarbeit usw. entwickelt, ohne daß die arbeitsorganisatorische Durchdringung gleichermaßen fortgeschritten ist. Deshalb ist hier sowohl die gründliche Auswertung der im sozialistischen Wettbewerb gesammelten Erfahrungen als auch die Übertragung bereits vorliegender arbeitsorganisatorischer Erkenntnisse von großem Gewicht für die weitere erfolgreiche Arbeit;

b) die konkretere Klärung der Art und Weise der Ermittlung, Übertragung und massenhaften Wiederholung der besten Arbeitsmethoden, Formen der Arbeitsteilung und so weiter, was sowohl ein Problem der Ermittlung und Offenlegung im sozialistischen Wettbewerb als auch der verbindlichen massenhaften Wiederholung der Erfahrungen der Besten ist;

c) die Untersuchung der Möglichkeiten, die sich aus der Verbesserung der Kennziffernarbeit im Zusammenhang mit der Anwendung von Produktivlöhnen für Produktionsarbeiter und Hoch- und Fachschulkader hinsichtlich der Vorgabe anspruchsvoller Wettbewerbsziele, vor allem in den Arbeitskollektiven und sozialistischen Arbeitsgemeinschaften ergeben. Das betrifft sowohl die vom 10. FDGB-Kongreß formulierte Unterstützung der Bestrebungen jener Wettbewerbs- und WAO-Kollektive, die der Ausarbeitung qualitativer Kennziffern ihre besondere Aufmerksamkeit schenken,[6] als auch die notwendige Verstärkung der stimulierenden Wirkung der Entlohnung auf die Wettbewerbsbeziehungen. Es ließen sich hier auch solche Probleme anfügen, wie die im Referat bereits genannte komplexe Entwicklung kollektiver Formen des sozialistischen Wettbewerbs, die Arbeitsorganisation und die Entlohnung, aber auch die mit dem wachsenden Gewicht der geistig-schöpferischen Kräfte und der hohen Qualifikation verbundenen Ansprüche an WAO und Wettbewerb.

Ich möchte es bei den aufgeführten Problemen bewenden lassen und als weitere Feststellung anfügen, *daß der sozialistische Wettbewerb stets neue Ansprüche an die WAO hervorbringt, die im Interesse seiner hocheffektiven und persönlichkeitsfördernden Wirkung gründlich analysiert und entsprechend den herangereiften Bedingungen verwirklicht werden müssen.*

All diese und sicher weitere Fragen sollten Gegenstand weiterer Forschungsarbeit sein. Auf diesen Gebieten sollten wir m. E. die aufeinander abgestimmte Zusammenarbeit vertiefen, das wäre nach unserer Auffassung eine wichtige Schlußfolgerung aus der heutigen Beratung.

[6] Vgl. Wachsende Rolle der Gewerkschaften bei der Gestaltung der entwickelten sozialistischen Gesellschaft in der DDR, Aus dem Bericht des Bundesvorstandes des FDGB an den 10. FDGB-Kongreß, Berichterstatter: Harry Tisch, Vorsitzender des FDGB-Bundesvorstandes, Mitglied des Politbüros des ZK der SED, in: Neues Deutschland vom 22. April 1982, S. 3 ff.

I. Klein

Zum Zusammenhang von Charakter und Inhalt der Arbeit und dem sozialistischen Arbeitsverhalten

Angeregt durch die vorliegenden Thesen, möchte ich vom Standpunkt der Lehre der politischen Ökonomie des Sozialismus einige Gedanken zum Zusammenhang von Charakter und Inhalt der Arbeit und dem sozialistischen Arbeitsverhalten äußern.

Das heute zur Beratung stehende Thema ist von größter Bedeutung, geht es doch, wie es in den Thesen heißt, um die Aufgabe der WAO, Effektivität und Qualität der Arbeit zu entwickeln und die Masseninitiative zu entfalten bzw. entsprechende Bedingungen gestalten zu helfen. Diese Aufgabe ist ein wichtiges Moment der Dialektik von Produktionsverhältnissen und Produktivkräften im konkreten Arbeitsprozeß, also der Verwirklichung der Forderung der Partei, die Vorzüge des Sozialismus mit den Errungenschaften der wissenschaftlich-technischen Revolution zu verbinden. Damit hat die WAO einen entscheidenden Beitrag zu leisten, die Produktionsverhältnisse im Betrieb konkret so zu gestalten, daß sich die Produktivkräfte mit höchster ökonomischer und sozialer Effektivität entfalten können. Diesen in den Thesen durchgehend anklingenden Gedanken möchte ich unterstreichen und voll unterstützen. Meines Erachtens genügt es aber nicht, wenn gesagt wird, daß die Kombinatsbildung neue Möglichkeiten für effektivere Formen der WAO schaffe. Die weitere Vergesellschaftung von Produktion und Arbeit verlangt geradezu die direkte Fortsetzung der Vergesellschaftung im Kombinat und seinen Betrieben mit Hilfe der WAO, d. h. einer dieser Konzentration entsprechenden Gestaltung der gesellschaftlichen Verhältnisse, damit die Vertiefung der Vergesellschaftung nicht nur für jeden einzelnen Werktätigen spürbar, sondern auch von ihm mitgestaltet wird. Die WAO hat einen entscheidenden Beitrag zu leisten, die Vorzüge des Sozialismus – die grundsätzliche Übereinstimmung von persönlichen, kollektiven und gesellschaftlichen Interessen, das neue Ziel der Produktion, die Planmäßigkeit der Entwicklung, die gegenseitige Hilfe und kameradschaftliche Zusammenarbeit sowie die sozialistische ökonomische Integration – konkret für das Kombinat und seine Betriebe zu bestimmen und dementsprechend die Arbeit zu organisieren. Dabei ist die Entwicklung des sozialistischen Arbeitsverhaltens sowohl Ziel als auch Mittel, um den notwendigen Leistungsanstieg unserer Volkswirtschaft zu erreichen.

Im Programm der SED ist die Aufgabe gestellt, „... die Produktionsverhältnisse als Beziehungen kameradschaftlicher Zusammenarbeit und gegenseitiger Hilfe zwischen den Werktätigen und zwischen den Arbeitskollektiven weiterzuentwickeln und zu vervollkommnen, die Kollektivität in den gesellschaftlichen Beziehungen zu verstärken".[1] Dabei geht die Partei von der Erkenntnis aus, daß „... die Verhältnisse der Individuen ... unter allen Umständen nichts andres als ihr wechselseitiges Verhalten ..." sein können und daß das Verhalten der Individuen es ist, „... das die bestehenden Verhältnisse schuf und täglich neu schafft"[2].

[1] Programm der Sozialistischen Einheitspartei Deutschlands, Berlin 1976, S. 20.
[2] K. Marx, F. Engels, Die deutsche Ideologie, in: MEW, Bd. 3, Berlin 1963, S. 423.

Als Element der Produktionsverhältnisse trifft dies auch auf den unmittelbar gesellschaftlichen Charakter der Arbeit zu. In den vorliegenden Thesen wird die Entfaltung des sozialistischen Charakters der Arbeit m. E. fast ausschließlich als Ziel gesehen. Insofern er sich im Arbeitsverhalten realisiert, ist das auch völlig richtig. Und, wenn man unter dem Charakter der Arbeit die Tatsache versteht, daß die Arbeit auf der Grundlage gesellschaftlichen Eigentums zunehmend aus einer Last eine Lust wird – in diesem Zusammenhang wird die entsprechende Aussage von Friedrich Engels zitiert –, dann ist die Entfaltung dieses Charakters der Arbeit tatsächlich eine unserer grundlegenden Aufgaben und Elemente des Zieles sozialistischer Produktion. Aber die Entfaltung dieses Charakters der Arbeit setzt unter anderem die Entfaltung des unmittelbar gesellschaftlichen Charakters der Arbeit voraus.

Meines Erachtens ist der Terminus „Charakter", bezogen auf die Arbeit, unterschiedlich anwendbar, weshalb man stets eindeutig aussagen müßte, auf welche Eigenschaft der Arbeit man ihn bezieht.[3]

Die Verwendung des Terminus „Charakter" ist immer nur sinnvoll und kann es nur dann sein, wenn damit etwas Wesentliches, Bleibendes, Bestimmendes einer Erscheinung erfaßt werden soll. Dieses allgemeinste Wesen, eben der Charakter einer Erscheinung, resultiert aus ihren vielfältigen Zügen, Merkmalen und Seiten, ist aber nicht nur einfach deren Summe, sondern die Grundqualität dieser Erscheinung. Naturgemäß muß sie sich in all ihren Zügen, Merkmalen und Seiten widerspiegeln. Der Charakter einer Erscheinung kann deshalb auch nicht durch eine Aufzählung und Aneinanderreihung verschiedener Merkmale begriffen werden. Da aber grundlegende gesellschaftliche Erscheinungen und Prozesse in der Regel komplexer Natur sind, sich aus verschiedenen Teilprozessen, Momenten, Seiten zusammensetzen, ist es auch berechtigt, das Charakteristische dieser Teilprozesse, Seiten und Momente zu bestimmen. Dieser Charakter muß immer enger sein als der der gesamten komplexen Erscheinung.

Bezogen auf die sozialistische Arbeit muß dies auch gelten. Alle ihre Seiten, Momente und Züge berücksichtigt, kann die sozialistische Arbeit nur einen Charakter haben. Betrachtet man dagegen einzelne Seiten, z. B. ihr gesellschaftliches Wesen, ihre gesellschaftliche Form, bestimmt man einen Charakter, der enger ist, eben nur diese eine Seite ausdrückt. Die Verwendung des Terminus „Charakter", bezogen auf die gesamte Arbeit oder auf verschiedene Seiten, kann nicht zu Verwechslungen führen, wenn dabei die Bezugsebene eindeutig bestimmt ist.

In Anlehnung an Marx[4] scheint es mir notwendig zu sein, den Charakter der sozialistischen Arbeit in umfassendem Sinn als Arbeit zu bestimmen, die zunehmend Selbstverwirklichung des Menschen ist, weil und indem in ihr das Schöpfertum der Werktätigen entfaltet, sich die sozialistische Persönlichkeit entwickelt und sie zum ersten Lebensbedürfnis eines gesunden Organismus zu werden beginnt.

[3] In der Diskussion wird er oft gebraucht, um verschiedene Seiten der Arbeit auszudrücken. So wird z. B. vom sozialistischen Charakter der Arbeit, vom unmittelbar gesellschaftlichen Charakter der Arbeit, vom schöpferischen Charakter, vom Charakter der Ingenieurarbeit, der landwirtschaftlichen Arbeit usw. gesprochen.

[4] Vgl. K. Marx, Grundrisse der Kritik der Politischen Ökonomie, Berlin 1953, S. 505. Marx verwendet hier den Begriff „Charakter" in dreifacher Hinsicht. Einmal im umfassenden Sinne, als Selbstverwirklichung des Menschen in der Arbeit, zum anderen die Bedingungen umreißend, damit er diesen Charakter erhalten kann. Diese Bedingungen sind, daß ihr gesellschaftlicher Charakter gesetzt ist, also daß die Arbeit unmittelbar gesellschaftlichen Charakter hat und daß sie wissenschaftlichen bzw. allgemeinen Charakters ist. Letzteres berührt die Gestaltung solcher Arbeitsinhalte, die durch die breite Anwendung wissenschaftlicher Erkenntnisse in der Produktion und die Überwindung der alten Arbeitsteilung von körperlicher und geistiger Arbeit gekennzeichnet sind.

Arbeit als Bedürfnis eines gesunden Organismus, als Selbstverwirklichung, statt Last Lust zu sein, erwächst nur aus bestimmtem Verhalten im Arbeitsprozeß, einem Verhalten, das sich durch bewußte Disziplin, Kollektivität, gegenseitige Hilfe und kameradschaftliche Unterstützung und zunehmend durch Schöpfertum auszeichnet und neben anderen Faktoren (Arbeitsbedingungen im weitesten Sinne, Betriebsklima, Verhältnisse außerhalb des Betriebes wie Versorgung, Berufsverkehr etc.) vor allem vom unmittelbar gesellschaftlichen Charakter der Arbeit und dem Arbeitsinhalt bestimmt wird.

Der unmittelbar gesellschaftliche Charakter der Arbeit ist eine unmittelbare Folge des gesellschaftlichen Eigentums an den Produktionsmitteln. Deshalb schrieb Lenin: „Die Arbeit ist in Rußland insofern kommunistisch vereint, als erstens das Privateigentum abgeschafft ist und zweitens die proletarische Staatsmacht in gesamtgesellschaftlichem Maßstab die Großproduktion auf staatlichem Grund und Boden und in staatlichen Betrieben organisiert, die Arbeitskräfte auf die verschiedenen Wirtschaftszweige und Betriebe aufteilt und die dem Staat gehörenden Produktionsmittel im großen Rahmen unter die Werktätigen verteilt."[5] Und an anderer Stelle hob Lenin, anknüpfend an Marx, der die Arbeit auf gemeinschaftlicher Produktion als Arbeit, die von vornherein gesellschaftlich gesetzt ist, bezeichnete, weshalb Ökonomie der Zeit erstes ökonomisches Gesetz werde[6], hervor, daß auf dieser Grundlage eine der wichtigsten Aufgaben darin besteht, die selbständige Initiative der Werktätigen auf breitester Ebene zu entwickeln. Den Inhalt dieser Initiative und Richtschnur für sie sah Lenin in der umfassenden Rechnungsführung und Kontrolle über die Arbeitsmenge und über die Verteilung der Produkte[7]. Dabei ist diese Rechnungsführung und Kontrolle um so wirksamer, je mehr sie als Selbstkontrolle der Werktätigen über ihre Arbeit und die Qualität ihrer Produkte ausgeübt wird.

Die Formen dieser Kontrolle und Selbstkontrolle über die verausgabte Arbeit sind vielseitig. Sie reichen von der entsprechenden Gestaltung der Leitung, Planung und Stimulierung über den sozialistischen Wettbewerb, die Neuererbewegung und andere Formen der Masseninitiative bis hin zur Selbstkontrolle der Qualität der Erzeugnisse. Sie ist um so wirksamer, je mehr Werktätige „sich Sorgen machen um die Erhöhung der Arbeitsproduktivität, um den Schutz eines jeden Puds Getreide, Kohle, Eisen und andere Produkte ..."[8]

Im Programm unserer Partei wird deshalb gefordert, den Charakter der Arbeit mehr auszuprägen und die Arbeitsinhalte so zu gestalten, daß sie Arbeitsfreude, Einsatzbereitschaft und Schöpfertum sowie das Streben der Werktätigen nach Ordnung, Sicherheit und Disziplin fördern.[9] Ganz unmißverständlich wird hier die Ausprägung des unmittelbar gesellschaftlichen Charakters der Arbeit und die Gestaltung der Arbeitsinhalte der Entwicklung bestimmter Verhaltensweisen untergeordnet; beide sind Bedingungen dazu.

Das Arbeitsverhalten ist sowohl Ausdruck bzw. Realisierung der Produktionsverhältnisse, da es auf die Festigung und Entwicklung des gesellschaftlichen Eigentums gerichtet ist und diese tatsächliche Vergesellschaftung bewirkt. Es ist aber auch Ausdruck der Erweiterung der produktiven Potenzen der Werktätigen, weil seine Entfal-

[5] W. I. Lenin, Ökonomik und Politik in der Epoche der Diktatur des Proletariats, in: Werke, Bd. 30, Berlin 1963, S. 92–93.

[6] Vgl. K. Marx, Grundrisse der Kritik der Politischen Ökonomie, a. a. O., S. 88–89.

[7] Vgl. W. I. Lenin, Wie soll man den Wettbewerb organisieren, in: Werke, Bd. 26, Berlin 1962, S. 406–407.

[8] W. I. Lenin, Die große Initiative, in: Werke, Bd. 29, Berlin 1963, S. 417.

[9] Vgl. Programm der Sozialistischen Einheitspartei Deutschlands, a. a. O., S. 91–92.

tung die erweiterte Reproduktion des Arbeitsvermögens und damit den für die Erfüllung der Hauptaufgabe notwendigen Leistungsanstieg ermöglicht.

Das sozialistische Arbeitsverhalten wird aber nicht direkt vom unmittelbar gesellschaftlichen Charakter der Arbeit und den Arbeitsinhalten bestimmt, beide wirken nicht „automatisch" auf das Arbeitsverhalten, da sie erst über das Bewußtsein wirksam werden. Das gilt besonders für den unmittelbar gesellschaftlichen Charakter der Arbeit, der, wie alle Produktionsverhältnisse, nicht sinnlich wahrnehmbar ist und deshalb die Vermittlung verlangt.

Dagegen sind die Arbeitsinhalte unmittelbar erlebbar. Vielleicht liegt hier die Ursache dafür, daß oft behauptet wird, die Weiterentwicklung der Arbeitsinhalte führe zur Weiterentwicklung des Charakters der Arbeit. Wie auch immer dabei der Charakter der Arbeit begriffen wird, ob als Produktionsverhältnis oder als Persönlichkeitsentwicklung der Werktätigen im Arbeitsprozeß, es wird übersehen, daß er, so oder so, entsprechende Verhaltensweisen verlangt und bestimmter Vermittlungsglieder bedarf.

Das Problem besteht darin, daß veränderte Arbeitsinhalte allein, ohne bewußte Entfaltung des unmittelbar gesellschaftlichen Charakters der Arbeit nicht zu entwickeltem sozialistischem Arbeitsverhalten und Entfaltung der Persönlichkeit führen. Gleiches gilt für den unmittelbar gesellschaftlichen Charakter der Arbeit ohne gleichzeitige progressive Gestaltung der Arbeitsinhalte. Sie können weder logisch noch praktisch voneinander isoliert werden.

Dem unmittelbar gesellschaftlichen Charakter der Arbeit, wie überhaupt der Gesamtheit der Produktionsverhältnisse, kommt jedoch gegenüber den Arbeitsinhalten in ihrer Wirkung auf das Arbeitsverhalten eine besondere Stellung zu. Die aus dem gesellschaftlichen Eigentum resultierenden Vorzüge werden nur als produktive Potenzen wirksam, wenn sich die Werktätigen ihrer bewußt werden, wenn sie über die entsprechende Einstellung zur Arbeit und subjektive Motivation zu sozialistischem Arbeitsverhalten führen. Dabei ist dieses Arbeitsverhalten auch auf die aktive Mitgestaltung der Arbeitsinhalte und -bedingungen gerichtet. Besonderes Gewicht erhalten diese Tatsachen in der Gegenwart, da vor vielen Werktätigen die Aufgabe steht, ihren eigenen Arbeitsplatz freisetzen zu helfen und sich auf eine neue Tätigkeit vorzubereiten.

Nur ein solches Herangehen, das die Produktionsverhältnisse nicht als starr, einmal gegeben, betrachtet, sondern als Bewegungsform der Produktivkräfte selbst als in Entfaltung begreift, ist geeignet, die progressive Gestaltung der Arbeitsinhalte wirksam zu betreiben.

Hinsichtlich der Entfaltung des sozialistischen Arbeitsverhaltens ist es deshalb eine grundlegende Aufgabe der WAO, die Arbeit im Betrieb, die Wirksamkeit der Leitung, Planung und ökonomischen Stimulierung, die Führung des sozialistischen Wettbewerbs, das System der Information usw. so mitgestalten zu helfen, daß die sozialistischen Produktionsverhältnisse und ihre Vorzüge jedem einzelnen Werktätigen spürbar werden. Eine Grundfrage ist dabei die Sicherung hoher Kontinuität der Produktion, der Gestaltung solcher Bedingungen, die bewußte Disziplin fördern und dem Werktätigen das Gefühl seiner Verantwortung geben, ihm vor Augen führen, daß seine Leistung verlangt und geachtet ist. Hierbei haben sich kollektive Formen der Arbeitsorganisation bewährt. Die Praxis zeigt, daß dort, wo feste Kollektive bestehen, wo Organisationsformen vorherrschen, die den Einsatz eines jeden Kollektivmitgliedes verlangen, die Arbeitsdisziplin oft auch dann höher ist, wenn die Arbeitsinhalte noch gar nicht so „progressiv" sind.

Damit soll keine Alternative zu progressiv gestalteten Arbeitsinhalten gesetzt werden. Im Gegenteil. Die Wirkung progressiver Gestaltung der Arbeitsinhalte wird verstärkt, wenn dieser Aspekt berücksichtigt wird. Meines Erachtens wäre zu überlegen, ob wir nicht neben den bekannten Kriterien progressiv gestalteter Arbeitsinhalte auch ihre Wirkung auf die Festigung der Kollektive stärker beachten sollten. Dadurch wird die WAO in höherem Maße ihrer Rolle gerecht, entscheidenden Einfluß auf die Gestaltung der Arbeitsinhalte zu nehmen. Es geht darum, nicht Wirkungen der Technik zu registrieren, sondern ausgehend von den sozialistischen Produktionsverhältnissen und den ökonomischen und sozialen Zielstellungen, die Möglichkeiten und Potenzen der Technik zur Entfaltung zu bringen, die dem Sozialismus entsprechen. Die progressive Gestaltung der Arbeitsinhalte führt nur zu optimalen Ergebnissen, wenn sie mit der zielstrebigen Förderung und Vermittlung der gesellschaftlichen Verhältnisse verbunden ist.

Vielleicht heißt es Eulen nach Athen tragen, aber mir scheint, daß bei dem vielen Grundsätzlichen und Wertvollen, das zur progressiven Gestaltung der Arbeitsinhalte geschrieben und getan wird, die Seite der Produktionsverhältnisse und die der Entwicklung des sozialistischen Bewußtseins etwas zu kurz kommt. Das aber müßte die Wirksamkeit progressiv gestalteter Arbeitsinhalte schmälern.

Die Erfahrungen von Schwedt und anderen Kombinaten bestätigen, daß dort, wo die Partei diesen Prozeß komplex führt, Erfolge nicht ausbleiben. Nirgendwo bringt neue Technik allein die Einheit von ökonomischem und sozialem Fortschritt hervor. Das Arbeitsvermögen erweitert zu reproduzieren verlangt vor allem auch, das sozialistische Eigentümerbewußtsein zu entwickeln.

Nur wenn diese Zusammenhänge zwischen dem unmittelbar gesellschaftlichen Charakter der Arbeit, den Arbeitsinhalten, dem sozialistischen Bewußtsein und dem Arbeitsverhalten berücksichtigt werden, wird es möglich sein, die Entfaltung des sozialistischen Charakters der Arbeit im umfassenden Sinne, verstanden als Entfaltung schöpferischer Persönlichkeiten, als Selbstverwirklichung des Menschen, als Arbeit als Bedürfnis der Menschen, wirkungsvoll zu betreiben.

Das seiner Entwicklung zugrunde liegende Arbeitsverhalten ist nicht nur Resultat seiner Einflußfaktoren und Bedingungen. Es richtet sich vielmehr auch auf die Gestaltung dieser Faktoren und Bedingungen selbst, insbesondere auf die Weiterentwicklung des unmittelbar gesellschaftlichen Charakters der Arbeit und die Arbeitsinhalte.

Wenn bei Betonung der sozialistischen Produktionsverhältnisse der unmittelbar gesellschaftliche Charakter der Arbeit besonders hervorgehoben wurde, dann deshalb, weil

– die Arbeit die entscheidende, die Persönlichkeit bildende Sphäre des gesellschaftlichen Lebens ist und die Verhältnisse im unmittelbaren Produktionsprozeß. ausgehend vom gesellschaftlichen Eigentum, vor allem vom ihm entsprechenden unmittelbar gesellschaftlichen Charakter der Arbeit geprägt werden;

– die unmittelbar gesellschaftliche Arbeit Realisierung des gesellschaftlichen Eigentums ist und die wachsende Kontrolle über die verausgabte gesellschaftliche Arbeit die entscheidende Bedingung für die Entwicklung des gesellschaftlichen Eigentums ist;

– nur in Verbindung mit dem unmittelbar gesellschaftlichen Charakter der Arbeit verstanden werden kann, daß sich aus dem gesellschaftlichen Eigentum grundlegende Vorzüge des Sozialismus ergeben;

– Entfaltung des unmittelbar gesellschaftlichen Charakters der Arbeit im Sinne wachsender Kontrolle, also damit wachsender Effektivität der Arbeit, grundlegende gesellschaftliche Bedingung für die Realisierung der Hauptaufgabe ist.

Die Aufgabe der WAO ist es, die Arbeit so organisieren zu helfen, daß die eingesetzte unmittelbar gesellschaftliche Arbeit sich als gesellschaftlich nützlich erweist. Dabei müssen ökonomischer und sozialer Nutzen eine Einheit bilden.

H. Nick

Einige Bemerkungen zum Charakter und Inhalt der Arbeit

Die weitere Ausprägung des sozialistischen Charakters der Arbeit gehört – im Programm unserer Partei wird dies nachdrücklich hervorgehoben – zu den grundlegenden Prozessen, Aufgaben der weiteren Gestaltung der entwickelten sozialistischen Gesellschaft. Über diese Probleme, namentlich über die Beziehungen zwischen Charakter und Inhalt der Arbeit, auch über die Bestimmungen der Begriffsinhalte, hat es vor mehreren Jahren eine nützliche und ergiebige Diskussion gegeben; ich erinnere hier vor allem an die gemeinsame Tagung der Wissenschaftlichen Räte für Politische Ökonomie des Sozialismus und für Ökonomie und Organisation der Arbeit im Jahre 1975 in Dresden. Die danach erarbeitete theoretische Auffassung hat sich m. E. als richtig und auch als ausreichend für ein tiefes Verständnis, für eine gründlichere Analyse der Entfaltung der Wesenseigenschaften der sozialistischen Arbeit erwiesen, so daß ich eigentlich keine Notwendigkeit sehe, über die grundlegenden Beziehungen zwischen Charakter und Inhalt der Arbeit weiterhin ausführlich zu diskutieren. Wir sollten natürlich auch nicht – wie dies m. E. im Beitrag von Ingomar Klein geschieht – die wichtigsten Ergebnisse dieser damaligen Diskussion wieder zurücknehmen, indem wir diese Grundbeziehungen relativieren, durch die tatsächlich komplizierten dialektischen Wechselwirkungen der sozialökonomischen, materiell-technischen und subjektiven Faktoren und Bedingungen sozialistischer Arbeit verdecken.

Das wichtigste Ergebnis dieser früheren Diskussion bestand darin, daß der Entwicklung, der Ausprägung des sozialistischen Charakters der Arbeit nicht nur die Produktionsverhältnisse – wie dies vordem allgemein angenommen worden war –, sondern die *Dialektik* zwischen Produktivkräften und Produktionsverhältnissen zugrunde liegt. Hierbei wird die gesellschaftliche, soziale Qualität der Arbeit ausschließlich durch die Produktionsverhältnisse, die politischen Machtverhältnisse bestimmt; der wissenschaftlich-technische Fortschritt bringt ursächlich keine sozialistischen Verhältnisse und Verhaltensweisen hervor, auch keine neuen Elemente der sozialen Qualität sozialistischer Arbeit. Andererseits ist aber der wissenschaftlich-technische Fortschritt der entscheidende Faktor für die zunehmende *Ausprägung* des sozialistischen Charakters der Arbeit, indem er über die Veränderung der Arbeitsinhalte, der materiellen Arbeitsbedingungen, auf den Charakter der Arbeit wirkt.

Die Klassiker des Marxismus-Leninismus haben mehrfach betont, daß die Verwandlung der Arbeit in ein „Mittel der Befreiung der Menschen"[1] die revolutionäre Umwälzung der gesellschaftlichen Verhältnisse voraussetzt und zugleich solche Arbeitsinhalte erfordert, die es den Menschen in der Tat erlauben, seine sämtlichen Fähigkeiten, körperliche wie geistige, nach allen Richtungen hin auszubilden. Es müssen also sowohl die sozialökonomischen als auch die materiell-gegenständlichen Voraussetzungen

[1] F. Engels, Herrn Eugen Dührings Umwälzung der Wissenschaft („Anti-Dühring"), in: MEW, Bd. 20, Berlin 1971, S. 274.

beseitigt werden, die den Menschen den Produktionsmitteln unterordnen. Marx charakterisierte die Bedingungen für die Herausbildung der kommunistischen Arbeit wie folgt: „Die Arbeit der materiellen Produktion kann diesen Charakter nur erhalten dadurch, daß 1) ihr gesellschaftlicher Charakter gesetzt ist, 2) daß sie wissenschaftlichen Charakters, zugleich allgemeine Arbeit ist, nicht Anstrengung des Menschen als bestimmt dressierter Naturkraft, sondern als Subjekt, das in den Produktionsprozeß nicht bloß natürlicher, naturwüchsiger Form, sondern als alle Naturkräfte regelnde Tätigkeit erscheint."[2]

Die Erfahrung lehrt, daß der historische Prozeß der Herausbildung der sozialökonomischen Bedingungen für die freie schöpferische Arbeit der Werktätigen sich anders vollzieht als die Herausbildung der entsprechenden materiell-vergegenständlichten Bedingungen. Mit der sozialistischen Revolution werden die Eigentumsverhältnisse und die politischen Machtverhältnisse radikal umgewälzt. Damit fallen die gesellschaftlichen Bedingungen der Entfremdung der Arbeit, das heißt, das Produkt der Arbeit kann sich nicht mehr gegen den Arbeiter wenden. Es entstehen die grundlegenden sozialökonomischen Merkmale des sozialistischen Charakters der Arbeit, zu denen vor allem gehören:

1. Die sozialistische Arbeit als freie Arbeit für sich und die Gesellschaft. Sie ist Arbeit ohne Ausbeutung. Aus der Unterordnung der Arbeit unter die Interessen der Arbeitenden selbst ergeben sich das Ziel der Arbeit, die Anforderungen an die Arbeitsbedingungen und an den Inhalt der Arbeit.

2. Allgemeinheit der Arbeit. Für alle bestehen das gleiche Recht auf Arbeit und die gleiche Pflicht zur Arbeit. Das gleiche Verhältnis aller zu den Produktionsmitteln begründet die sozialökonomische Gleichheit.

Ungleichheit besteht noch in bezug auf die Art der Arbeit, als körperliche/geistige Arbeit, industrielle/landwirtschaftliche Arbeit, auf die technische Ausstattung der Arbeit und die Qualifikationsanforderungen in der Arbeit, – und entsprechend im Arbeitseinkommen;

3. Kollektivität der Arbeit, kameradschaftliche Zusammenarbeit und gegenseitige Hilfe als grundlegende Verhaltensweise zueinander;

4. Unmittelbar gesellschaftlicher Charakter der Arbeit, gerichtet auf die immer bessere Bedürfnisbefriedigung der Bevölkerung und auf die kontinuierlich erweiterte Reproduktion der Bedingungen dafür.

Diese Charaktermerkmale sind der sozialistischen Arbeit von Anfang an, das heißt mit der allgemeinen Durchsetzung sozialistischer Eigentumsverhältnisse, eigen. So ist von Beginn an die sozialistische Arbeit der Arbeit im Kapitalismus überlegen, in ihrem humanistischen Gehalt und als Triebkraft der Produktion. Aber mit der Besitzergreifung der Produktionsmittel und der politischen Macht durch die Arbeiterklasse und die mit ihr verbündeten Klassen und Schichten bleiben zunächst die alten materiell-technischen Bedingungen der Arbeit, die alten überkommenen Formen der Arbeitsteilung erhalten. In der Entwicklung der Produktivkräfte sind die Elemente der Kontinuität sehr stark, sie werden über einen relativ langen Zeitraum immer wieder reproduziert. Zahlreich sind folglich solche materiell-technischen Bedingungen der Arbeit, deren Arbeitsinhalte den fortgeschrittenen Produktionsverhältnissen widersprechen. Diese Bedingungen können nur allmählich verändert werden. Für die entwickelte sozialistische Gesellschaft ist gerade charakteristisch, daß der gesellschaftliche, ökonomische und soziale Fortschritt sich in zunehmendem Maße mit dem wissenschaftlich-technischen Fortschritt verbindet, daß die Wechselwirkungen zwischen all diesen Prozessen intensiver werden.

[2] K. Marx, Grundrisse der Kritik der Politischen Ökonomie, Berlin 1953, S. 505.

Die Gestaltung progressiver Arbeitsinhalte gewinnt eine zunehmend praktische Bedeutung; sie wird mit wachsender Reife der sozialistischen Gesellschaft mehr und mehr auch zu einer Bedingung für die weitere Festigung, materielle Fundierung der sozialistischen Produktionsverhältnisse selbst. Zu den Grundrichtungen der Gestaltung progressiver Arbeitsinhalte gehören vor allem:

1. Die zunehmend harmonische Verbindung von körperlicher und geistiger Arbeit; die Zurückdrängung und schließliche Überwindung körperlich schwerer, geistig monotoner Arbeit und gesundheitsschädigender Arbeitsbedingungen;
2. die Anreicherung der Arbeit mit geistig-schöpferischen Elementen;
3. der wachsende Qualifikationsgrad der Arbeit und die möglichst wirksame Inanspruchnahme der Qualifikation;
4. die objektiv wachsende Verantwortung der Werktätigen für die effektive Ausnutzung der Produktionsmittel, die Erhöhung der Effektivität der Arbeit insgesamt.

Für die zielstrebige Gestaltung progressiver Arbeitsinhalte besitzt die Arbeitsteilung im einzelnen in der Entwicklungstendenz, in der Produktivkräfte und Produktionsverhältnisse zusammenwirken, eine relativ eigenständige Bedeutung. Diese ergibt sich daraus, daß die angewandte Produktionstechnik und -technologie nicht direkt die Arbeitsinhalte des einzelnen Arbeiters, sondern die Gesamtheit der Arbeitsfunktionen bestimmen, die von den Werktätigen eines bestimmten Produktionskomplexes auszuführen sind, gewissermaßen den Arbeitsinhalt des „Gesamtarbeiters" dieses Bereiches. Wie diese Funktionen auf die einzelnen Arbeiter aufgeteilt werden, ist eine Frage der konkreten Gestaltung der Arbeitsteilung im einzelnen und hat auf die Gestaltung der Arbeitsinhalte, zum Beispiel auf seine Anreicherung mit geistig-schöpferischen Elementen, große Auswirkungen. Dies ist eine der wichtigsten Ursachen für die große Bedeutung einer zielstrebigen wissenschaftlichen Arbeitsorganisation, in der tatsächlich Gestaltung konkreter Produktionsverhältnisse, materiell-technische und organisatorische Grundlagen der Arbeit und Förderung subjektiver Einstellung zur Arbeit zusammenfließen, darauf gerichtet, die produktiven Potenzen der Arbeit, Entwicklung sozialistischer Persönlichkeiten und Kollektiverziehung energisch zu fördern.

E. Sachse

WAO und Erhöhung ihrer sozialökonomischen Wirksamkeit

Im Arbeitsmaterial und im Referat wurde an verschiedenen Stellen auf die Notwendigkeit einer sozialismusadäquaten Anlage und Wirkungsweise des wissenschaftlich-technischen Fortschritts bzw. der WAO eingegangen. Dabei geht es in der weiteren Durchsetzung unserer bewährten Wirtschafts- und Sozialpolitik um die immer vollkommenere organische Einheit bei der Erreichung höchster ökonomischer Leistungen und der weiteren Verbesserung der Arbeits- und Lebensbedingungen bzw. der Erreichung gezielter, positiver sozialer Effekte im Interesse unserer Werktätigen. Hier liegen ganz entscheidende gesellschaftliche Entwicklungsmöglichkeiten, deren reale Erschließung gerade unter den Bedingungen der verschärften Auseinandersetzung mit dem imperialistischen System und der Erfordernisse, unsere gesellschaftliche Überlegenheit gegenüber Krise und Arbeitslosigkeit weltweit zu demonstrieren, von entscheidender Bedeutung ist. Ich möchte in meinem Beitrag aus theoretischer und praktischer Sicht auf diese dialektische Einheit eingehen. Dazu soll das Problem an einem praktischen Beispiel aufgezeigt werden.

Im VEB Berg- und Hüttenkombinat „A. Funk", Freiberg, erfolgte an einem Arbeitsplatz mit besonders schweren Arbeitsbedingungen im Zusammenhang mit der WAO-Arbeit der Einsatz eines Industrieroboters.

Der Einsatz dieses Roboters an einer Zink-Gieß-Stapelmaschine erforderte 830 000 M einmalige Aufwendungen und 131 000 M laufende Aufwendungen. Der laufende Nutzen beträgt 486 000 M, bedingt u. a. durch die Freisetzung von 4 VbE. Die Rückflußdauer der einmaligen Aufwendungen beträgt 1,7 Jahre. Das ist ein sehr beachtlicher ökonomischer Effekt. Mit den Aufwendungen von rund 1 000 000 M wurden zugleich folgende soziale Effekte des wissenschaftlich-technischen Fortschritts erreicht und sind quantifiziert erfaßbar[1]:

- Verringerung der physischen Belastung der Arbeitskräfte, ausgedrückt in der arbeitshygienischen Kennzahl 0,8 (bisher 0,5),
- Verringerung des Unfallrisikos für die Arbeitskräfte, ausgedrückt in der Kennzahl der Unfallsicherheit 0,8 (bisher 0,6),
- Erhöhung des Niveaus des Arbeitsinhaltes der Werktätigen, ausgedrückt in der WAO-Niveaukennzahl 0,91 (bisher 0,35),
- der Abbau des Risikos der Fluktuation von zwei Arbeitskräften im Jahr für den Betrieb.

Wesentlich an diesem Beispiel ist, daß neben dem ökonomischen Ergebnis sehr wichtige soziale Effekte erreicht werden, die einerseits für die Werktätigen bedeutungsvoll sind, die sich jedoch andererseits bei unserem derzeitigen Herangehen noch nicht unmittelbar in der Warenproduktion niederschlagen. Es muß jedoch in einem kürzeren oder längeren Zeitraum mit einer positiven ökonomischen Folgewirkung gerechnet werden.

[1] Bei der folgenden Erfassung wurde die Methodik der sogenannten WAO-Kennzahlen zugrunde gelegt, wobei der anzustrebende Bestwert mit „1" bestimmt ist.

In unserer Praxis gibt es nicht geringe Initiativen in dieser Richtung: Für den ganzen Bereich der Elektroindustrie steht die Aufgabe, gezielt anforderungsarme Arbeiten zu beseitigen. Im Rahmen der Schwedter Initiative wurden erweiterte Bedien- bzw. Leitungsbereiche geschaffen usw. Im Arbeitsmaterial finden wir die Statistik über die Entwicklung der durch WAO umgestalteten Arbeitsplätze und die Einschränkung von Arbeitserschwernissen. Diese positiven Entwicklungen dürfen uns jedoch nicht darüber hinwegtäuschen, daß es auch nicht wenige Betriebe gibt, in denen eine solche Einheit ökonomischer und sozialer Effekte noch keinen klaren Platz in der Leitung, Planung und Produktionsvorbereitung gefunden hat. Das Ergebnis sind dann unzureichende, ja auch negative soziale Wirkungen, die über kurz oder lang auch den ökonomischen Leistungsanstieg beeinträchtigen können.

Auf diesem Gebiet sind also wichtige neue theoretische und praktische Probleme entstanden, mit denen wir uns im Rahmen der WAO, jedoch auch generell als Wirtschaftswissenschaftler, befassen müssen. Es ist dazu auch schon seit längerer Zeit eine theoretische Diskussion im Gange, die bekanntlich darauf hinausläuft, die Effektivität im Sozialismus als Einheit der ökonomischen und sozialen Komponente anzusehen. Es wurde die darin liegende komplizierte Dialektik erkannt und Kurs darauf genommen, schrittweise die Wirkungen ökonomischer und sozialer Effektivität zu erfassen, um in der Zukunft zu einer komplexen Aussage bzw. Kennziffer gelangen zu können.

Durch unsere gesellschaftlichen Aufgaben auf dem Gebiet der Arbeit, der Gestaltung neuer Arbeitsinhalte sowie der Erforschung der Wirkungen des Robotereinsatzes und der Mikroelektronik mit diesen Problemen konfrontiert, wurden wir im Zusammenhang mit der Ausarbeitung von Arbeitsmaterialien zu Effektivitätsberechnungen für die Praxis zu einer relativ raschen wissenschaftlichen Reaktion veranlaßt. Ich möchte damit ausdrücken, daß die folgenden Aussagen lediglich mit ein Anfang umfangreicher Arbeiten in Theorie und Praxis sein können.

Bei diesen Arbeiten[2] wurde zunächst von der allgemeinen dialektischen Beziehung ausgegangen, daß
- einmal die ökonomische Effektivität die Grundlage für die sozialen Veränderungen zur Ausgestaltung der sozialistischen Gesellschaft bildet und
- zum anderen die soziale Effektivität, vermittelt über die Hauptproduktivkraft Mensch, auf die Produktivität und Effektivität der Arbeit zurückwirkt und damit die ökonomische Effektivität direkt und indirekt beeinflußt.

Die nächste Frage lautete: Was sind arbeitsrelevante soziale Effekte, die die entsprechende Effektivität bestimmen (es gibt selbstverständlich auch Wirkungen außerhalb des Arbeitsprozesses).

Wir erkannten zunächst zwei Wirkungsbedingungskomplexe aus dem Arbeitsprozeß, denen positive und auch negative soziale Wirkungen entspringen, wobei wir selbstverständlich für die Durchsetzung der positiven Entwicklung kämpfen (im folgenden ausgewählte Hauptfaktoren):

1. Wirkungen aus der Veränderung des Inhalts der Arbeit:
- Beseitigung bzw. Verringerung körperlich schwerer, gesundheitsgefährdender, monotoner und anforderungsarmen Arbeiten (positiv),
- Erhöhung des Anspruchsniveaus an Qualifikation und Verantwortung (positiv),
- Verlagerung der Beanspruchung auf überwiegend psycho-nervale Belastung (Problem),
- Polarisation der Arbeitsinhalte in anforderungsarme und -reiche (zu vermeiden).

[2] Vgl. dazu Ausarbeitungen einer interdisziplinären Arbeitsgruppe zum Robotereinsatz und des Wissenschaftsbereichs Arbeitsökonomie der Hochschule für Ökonomie „Bruno Leuschner", Berlin.

2. Wirkungen aus der Veränderung der Arbeits- und Lebensbedingungen:
- Verringerung von Arbeitserschwernissen und des Unfallrisikos (positiv),
- Verbesserung der arbeitshygienischen Umweltfaktoren, der Arbeitsplatzgestaltung, der Arbeiterversorgung und des Arbeitszeitregimes (positiv),
- Aufhebung bestehender Arbeitskollektive sowie Verringerung der Kommunikationsbeziehungen (Problem).

Daraus ergeben sich wiederum soziale Wirkungen, die unmittelbar mit den arbeitenden Menschen und ihrer sozialen Haltung zusammenhängen (wobei hier nur die positive Seite behandelt wird):

3. Wirkungen auf die Veränderung der Qualifikation und des Arbeitseinkommens:
- Erhöhung der Qualifikationsnutzung im Rahmen einer Arbeitsaufgabe,
- Übernahme neuer und höherer Qualifikationsanforderungen,
- Erhöhung des Arbeitseinkommens auf der Grundlage höherer Leistungen.

4. Wirkungen auf die soziale Aktivität der Werktätigen[3]:
- Beteiligung an der Leitung und Planung, am sozialistischen Wettbewerb und an der Neuererarbeit, an der WAO-Arbeit,
- Beteiligung an der gesellschaftlichen Arbeit,
- Erhöhung der Qualifizierungsbereitschaft und der bewußten Nutzung von Qualifikation und Arbeitszeit.

Bei der Betrachtung dieser Fragen stießen wir auf eine komplizierte Dialektik, die man hier nur andeuten kann und die noch tiefergehender untersucht werden muß: Dabei geht es um Wirkungsketten, die – in unterschiedlichen Richtungen verlaufend – miteinander verbunden sind:
- Ökonomische Effekte (z. B. die Einsparung von Arbeitsplätzen) können neue ökonomische Effekte auslösen (der Einsatz der freigesetzten Arbeitskräfte auf höherem Produktivitätsniveau);
- ökonomische Effekte können sich, wie dargelegt, in sozialen Effekten äußern;
- soziale Effekte können die Grundlage für wachsende ökonomische Effektivität bilden, und
- schließlich existieren wesentliche Wechselwirkungen zwischen den sozialen Effekten.

Damit ist zugleich die praktische Aufgabenstellung klar:
- Wissenschaftlich-technische bzw. WAO-Maßnahmen müssen zu weitgehender ökonomischer und sozialer Effektivität führen, wobei diese in der Phase der Produktionsvorbereitung eindeutig zu konzipieren sind.
- Maßnahmen der sozialen Effektivität müssen weitestgehend in ökonomische Effektivität umgesetzt werden, was wiederum in starkem Maße mit der Leitungstätigkeit verbunden ist.

Diese Forderungen ergeben sich nicht nur allgemein aus unseren sozialistischen Verhältnissen, sondern aus den unabdingbaren Forderungen nach einem verstärkten Leistungsanstieg unserer Wirtschaft. Und es muß noch ergänzend hinzugefügt werden, daß es uns bisher trotz umfangreicher sozialpolitischer Maßnahmen und sozialer Effekte im Rahmen der WAO und darüber hinaus, noch nicht immer gelungen ist, diese voll in ökonomische Effektivität umzusetzen.

Darum müssen die hier aufgeworfenen Aufgaben entsprechenden Eingang in die Leitungs- und Planungstätigkeit unserer sozialistischen Praxis finden. Dazu bietet das

[3] Unter sozialen Aktivitäten verstehen wir jene Leistungen der Werktätigen im Zusammenhang mit dem Arbeitsprozeß, die nicht arbeitsrechtlich durch die Arbeitsaufgabe geregelt sind, sondern aus unseren sozialistischen Produktionsverhältnissen entspringen und von wesentlicher Bedeutung für das Arbeitsergebnis in sozialistischen Betrieben sind.

bereits vorhandene Instrumentarium der WAO in Form der Grundmethodiken zur Arbeitsklassifizierung, des Katalogs bzw. der Regelungen für die Arbeitserschwernisse und das Unfallrisiko usw. eine sehr konkrete methodische Basis. Fortgeschrittene Betriebe nutzen die Standard-Arbeitsplatzkarte, auf der viele der hier genannten sozialen Effekte in Form von Daten bzw. Niveaukennzahlen greifbar sind. Damit kann man planen und Veränderungen abrechnen. Auf diesem Wege läßt sich prinzipiell die Umwandlung, die Aktivierung sozialer Effekte in wachsende Ökonomie berechnen. Starke Arbeitskollektive mit einem hohen Niveau sozialer Aktivitäten, das zeigen unsere Untersuchungen aus dem PCK Schwedt, stehen auch in der Leistungsentwicklung vorn. Die Beseitigung von Arbeitserschwernissen bzw. verbesserte Arbeitsbedingungen müssen letztendlich im Prinzip zu ökonomischen Einsparungen, zur Senkung des Krankenstandes, der Fluktuation usw. führen. Das wird nicht in jedem Falle so sein; es muß jedoch die Hauptrichtung unserer Anstrengungen bilden.

Wenn ich hier die Frage einer konkreten und komplexen Leitung, Planung und Abrechnung sozialer Effekte unserer Arbeit aufwerfe, so geht es nicht darum, nur feststellen zu wollen, „wo irgend etwas abgeblieben ist". Es geht mir vielmehr unter den bekannten politischen und ökonomischen Bedingungen darum, auf einen erweiterten und sozialismusadäquaten Zugang zur stärkeren Leistungssteigerung, auf Möglichkeiten zur Erschließung weiterer gesellschaftlicher Reserven im Sinne der Veränderung, auf eine wesentliche Richtung der Ausprägung des Wesens des Sozialismus sowie auf einige neue, wichtige und interessante Aufgaben für die wirtschaftswissenschaftliche Theorie und Forschung hinzuweisen.

A. Schäfer

Gesellschaftlicher Fortschritt erfordert neue arbeitswissenschaftliche Lösungen

Ich möchte die heutige Tagung des Wissenschaftlichen Rates für die wirtschaftswissenschaftliche Forschung nutzen, um allen Wissenschaftlern zu danken, die konstruktive Beiträge zur Rationalisierung der Arbeitsprozesse nach sozialistischen Erfordernissen und zur beschleunigten Anwendung neuer wissenschaftlicher und technischer Erkenntnisse in den unmittelbaren Arbeitsprozessen geleistet haben.

Die im Beratungsmaterial gezogene Bilanz wissenschaftlicher Leistung zur Erhöhung des Niveaus der Organisation der Arbeit und damit der Arbeitsbedingungen in den Betrieben bestätigt, daß die Wissenschaft einen aktiven Beitrag zur erfolgreichen Durchsetzung der Einheit von Wirtschafts- und Sozialpolitik geleistet hat und auch den wachsenden Anforderungen gerecht werden kann.

Die vorgelegte erfolgreiche Bilanz widerspiegelt eindrucksvoll, daß die Wissenschaftspolitik untrennbarer Bestandteil der Gesellschaftspolitik der Partei der Arbeiterklasse ist.

Die Orientierung des VIII. Parteitages der SED auf die intensiv erweiterte Produktion und auf die Durchsetzung der Einheit von Wirtschafts- und Sozialpolitik war und ist mit der Aufgabe verbunden, das Zusammenwirken von Arbeitskräften, Arbeitsmitteln und Arbeitsgegenständen zu optimieren.

Für die Lösung dieser Aufgabe wurde die wirtschaftspolitische Orientierung zur Durchsetzung der WAO ausgearbeitet und zielstrebig verwirklicht. Diese Orientierung ist die kontinuierliche Fortsetzung einer Politik zur sozialistischen Gestaltung der Arbeitsprozesse, die sich in den Beschlüssen zum Grundsatz „Neue Technik – Neue Normen“ und im Beschluß des Ministerrates zur Grundrichtung des Arbeitsstudiums, der Arbeitsgestaltung und der Arbeitsnormung widerspiegelt.

Die Durchsetzung der WAO ist darum immer als eine Aufgabe zur Intensivierung der Produktion zu verstehen. Daraus erwachsen auch die anspruchsvollen Aufgaben. Wie die Erfahrungen bestätigen, ist diese logische Feststellung mit weittragenden Konsequenzen für die Forschungsarbeit verbunden. Als ein Beispiel möchte ich hier die Leistungsbewertung der Werktätigen anführen.

Die Aufgabenstellung, die qualitativen Faktoren des Wirtschaftswachstums in zunehmendem Maße zur Wirkung zu bringen, zwingt zu einem Durchdenken der Leistungsbewertung, zwingt zur Fragestellung: Entspricht die Leistungsbewertung über den Stücklohn noch diesen neuen Anforderungen?

In den fortgeschrittenen Betrieben ist man dazu übergegangen, zusätzlich zu den Kennziffern des Arbeitsaufwandes, wie z. B. in Form von Arbeitsnormen, zusätzlich Kennziffern, die vor allem qualitative Faktoren ansprechen, anzuwenden. Dazu gehören Qualitätsarbeit, produktive Nutzung der Maschinen, Material- und Energieverbrauch und andere Faktoren. Diese Kombination von Kennziffern bewährt sich. Sie entspricht besser der gesellschaftlichen Stellung der Werktätigen als sozialistische Produzenten und Eigentümer an Produktionsmitteln.

Auch vom Standpunkt der Entwicklung der Produktivkräfte ist die Leistungsbewertung neu zu durchdenken.

Die klassische Stück- oder Zeitnorm geht von der Tatsache aus, daß die Arbeiter auf den unmittelbaren Fertigungsprozeß einen großen Leistungseinfluß haben. Mit der Programmtechnik und der damit verbundenen Automatisierung wird der Leistungseinfluß im unmittelbaren Bearbeitungsprozeß geringer, erhöht sich aber in völlig neuen Dimensionen auf die Gesamteffektivität. Darum sind Betriebe dazu übergegangen, die Leistungen von Werktätigen, die an NC-Technik oder CNC-Technik arbeiten, an Kennziffern zu messen, die die Gesamteffektivität berühren. Dazu gehört z. B. die Einhaltung des operativen Produktionsplanes, die produktive Nutzung der Maschinen und die Qualität der Werkstücke.

Ähnliche Erfahrungen der Leistungsbewertung liegen in den Apparateprozessen der chemischen und metallurgischen Industrie vor. Auch hier wird die Leistungsbewertung immer mehr vom Standpunkt der Wahrnehmung der Gesamtverantwortung vorgenommen. Ich bin der Meinung, daß die neue Rationalisierungsqualität, wie sie im PCK Schwedt erreicht wurde, diesen Trend in der Leistungsbewertung verstärken wird.

Im vorliegenden Beratungsmaterial wird völlig richtig auf kollektive Formen der Organisation der Arbeit und des Lohnes hingewiesen, die zunehmende Bedeutung gewinnen.

Ich möchte hier dazu ein paar Bemerkungen vom Standpunkt der Leistungsbewertung machen:

Auch hier widerspiegelt sich ein objektiver Prozeß der Entwicklung der Produktivkräfte, die lebendige Arbeit agiert mit zunehmender vergegenständlichter Arbeit, und zwar so, daß der Gesamtaufwand an Arbeitskraft sinkt. Seinen Ausdruck findet dieser Prozeß in zunehmendem Komplexcharakter der eingesetzten Technik, die aber ihrerseits kollektive Arbeit und neue Formen der Arbeitsteilung erfordert.

Darum muß auch vom Standpunkt der Leistungsbewertung der zunehmenden kollektiven Arbeit Rechnung getragen werden. Nicht am einzelnen Stück, sondern an der Erfüllung der kollektiven Arbeitsaufgabe wird in zunehmendem Maße die Leistung zu messen sein.

Dabei – das bestätigen vorliegende Erfahrungen – sollte das Arbeitskollektiv nur soweit gefaßt werden, wie es unmittelbar an der Lösung einer Arbeitsaufgabe zusammenarbeitet. Somit ist das „Endprodukt“ als Arbeitsergebnis eines Arbeitskollektivs zu verstehen.

Auf diesem arbeitsökonomischen Gebiet brauchen die Betriebe die Unterstützung der Wissenschaft. Es ist notwendig, die vorliegenden praktischen Erfahrungen theoretisch durchzuarbeiten und auf dieser Grundlage Orientierungen auszuarbeiten.

Da ich zur Leistungsbewertung gesprochen habe, möchte ich noch eine Bemerkung zur Arbeitsnormung einfügen.

Aus dem, was ich gesagt habe, ergibt sich, daß mit der Entwicklung der Produktionsverhältnisse und der Produktivkräfte die qualitative normative Arbeit an Bedeutung gewinnt. Die qualitativen Ansprüche bei der Ausarbeitung von Leistungskennziffern wachsen. Die bisherige Arbeit, die sehr stark technologiebezogen war, muß durch betriebswirtschaftliche Arbeit ergänzt werden. Dazu müssen bestehende Struktureinheiten in den Bereichen, die sich mit der Arbeitsnormung beschäftigt haben, entsprechend der wachsenden Verantwortung ausgerichtet werden.

Die Notwendigkeit, die Leistungsbewertung vom Standpunkt der Leistungsmaßstäbe neu zu durchdenken, ergibt sich aus dem stürmischen Entwicklungsprozeß – insbesondere durch den wissenschaftlich-technischen Fortschritt und nicht etwa aus einer negativen Position bisheriger Arbeit.

Die erreichten Ergebnisse drücken ein hohes Vertrauen der Werktätigen in die Wirtschafts- und Sozialpolitik und in die leistungsorientierte Lohnpolitik aus. Diese Vertrauensbasis ist das qualitative Fundament der erfolgreichen Arbeit. Darum ist die konstruktive Zusammenarbeit mit den Werktätigen bei der Rationalisierung der politische und methodische Ausgangspunkt der Ausarbeitung von Leistungskennziffern. Die Erfahrungen bestätigen, daß die Gemeinsamkeit bei der Rationalisierung nach dem Grundsatz „Neue Technik – neue Normen" bis zur Ausarbeitung neuer Leistungskennziffern geführt werden kann und muß.

Auf dem X. Parteitag der SED wurde die Aufgabe gestellt, das potentielle Arbeitsvermögen hoher Qualifikation produktiver als bisher zu nutzen. Ausgehend von der Marxschen Erkenntnis, wonach komplizierte Arbeit multiplizierte einfache Arbeit ist, kommt es darauf an, durch arbeitsorganisatorische und gestalterische Arbeit diesen unerschöpflichen Reichtum menschlicher Arbeitskraft zu erschließen. Das ist eine komplexe Aufgabenstellung, die viele Wissenschaftsdisziplinen berührt. Hier gilt es, die Anstrengungen zu verstärken.

Auch im Zusammenhang mit den arbeitsnormativen Grundlagen treten bei der Lösung der vom Parteitag gestellten Aufgaben neue Problemstellungen auf.

Bisher wurde vielfach allein davon ausgegangen, daß die Anforderungen an Qualifikation und Verantwortung, die bei der Lösung von Arbeitsaufgaben erforderlich sind, der Leistungsbewertung zugrunde zu legen sind. Aber mit diesem Bewertungsmodus können m. E. die Leistungen der Werktätigen, die durch hohe Disponibilität erreicht werden, nicht ausreichend anerkannt werden. Die Nutzung des potentiellen Arbeitsvermögens und die Erhöhung der Flexibilität in den Fertigungsprogrammen stellt die Anerkennung von Leistungen auf die Tagesordnung, die sich potentiell aus der Qualifikation und aus den Arbeitserfahrungen ergeben. Auch auf diesem Gebiet werden in den Betrieben neue Wege beschritten, die es schnell zu verallgemeinern gilt.

Im vorliegenden Arbeitsmaterial und im Referat des Genossen Prof. Hanspach wurden Grundorientierungen für die weitere Forschungsarbeit zur Durchsetzung der WAO gegeben. Sie finden unsere Zustimmung.

Meines Erachtens sollte die weitere Forschungsarbeit auch in folgenden Richtungen noch stärker wirksam werden:

1. Durch die Forschungsarbeit ist die Massenbasis und die Wirksamkeit der sozialistischen Rationalisierung zu erhöhen. Dazu gehört die theoretische Verallgemeinerung der vielfältigen Initiativen der Werktätigen im sozialistischen Wettbewerb, die sich speziell auf die Erhöhung des Niveaus der Organisation der Arbeit konzentrieren.

Die analytischen Verfahren der WAO sind vor allem unter dem Gesichtspunkt ihrer Anwendung durch die Arbeiter selbst weiterzuentwickeln. Dabei sind die Erfahrungen der WAO-Kollektive, vor allem bei der Durchführung von komplexen WAO-Studien, zu verallgemeinern.

Rationalisierungsverfahren, wie das Verfahren „Gestaltung manueller Arbeitsprozesse", das für Handmontageprozesse entwickelt wurde, sind so weiter zu entwickeln, daß sie auch in der Kleinserienfertigung angewendet werden können.

Gleichzeitig sind die Voraussetzungen zu schaffen, daß dieses Verfahren bei der Technologieentwicklung eingesetzt wird. Das ist vor allem vom Standpunkt einer hohen Flexibilität notwendig.

2. Die arbeitsnormativen Grundlagen sind qualitativ zu verbessern und zu erweitern.

Dringend erforderlich sind methodische Grundlagen für die Vervollkommnung und Anwendung von Leistungskennziffern, die auf die Erhöhung der Wirksamkeit der qualitativen Faktoren des Wirtschaftswachstums orientieren.

Die Arbeitsklassifizierung ist mit dem Ziel weiterzuentwickeln, anspruchsvollere Arbeitsaufgaben zu schaffen, die das hohe Qualifikationspotential der Werktätigen ausschöpfen. Die Grundlage für die Vervollkommnung von Arbeitskräftenormativen bzw. von Arbeitskräfterichtwerten sind zu erweitern.

Einheitliche zeitanalytische Grundlagen, die sowohl die Arbeitszeit des Werktätigen als auch der Produktionsmittel erfassen, sind notwendig. Sie sind eine wichtige Voraussetzung für den rationellen Einsatz komplexer Technik, insbesondere für die Robotertechnik.

3. Durch die arbeitswissenschaftliche Forschung ist ein wirksamer Beitrag zu leisten, daß bei der Entwicklung von Maschinen und Anlagen mit dem geringsten Aufwand optimale Arbeitsbedingungen entstehen.

Diese Arbeiten sind auf den Einsatz der neuen Technik auszudehnen. Das gilt sowohl für die analytische Arbeit als auch für die Prozeßgestaltung. Hier muß das Tempo erhöht werden, um den Robotereinsatz in den Betrieben zu unterstützen.

Vor allem aus arbeitsökonomischer Sicht sind die Investitionsarbeiten zu unterstützen. Immer noch enthalten Investitionsobjekte eine zu hohe Zahl von Arbeitskräften, weil arbeitswissenschaftliche Erkenntnisse und Normative nicht berücksichtigt werden.

4. Nach dem Grundsatz, wonach Arbeitsbedingungen Leistungsbedingungen sind, sind die Betriebe bei der Arbeitsgestaltung zu unterstützen. Auch hier liegt der Schwerpunkt bei der Ausschöpfung des Qualifikationspotentials der Werktätigen und Erhöhung des schöpferischen Charakters der Arbeit.

5. Ausgehend von neuen Formen der Organisation der Arbeit und dem zunehmenden komplexen Charakter der Technik, sind neue Formen der Lohnorganisation zu erarbeiten und anzuwenden. Das gilt insbesondere für kollektive Formen der Organisation der Arbeit und des Lohnes, wie sie bereits in einigen Betrieben erfolgreich angewendet werden. Diese Arbeit ist in die Aufgabenstellung zur Durchsetzung der leistungsorientierten Lohnpolitik einzuordnen.

Selbstverständlich muß an solchen Grundsatzthemen, wie Charakter der Arbeit, ständig gearbeitet werden. Aber die Lösung dieser thematischen Aufgaben erfolgt ja an Hand praktischer Erscheinungen und Veränderungen. Die Arbeiten auf diesem Gebiet sind darum immer mit einer konkreten Aufgabenstellung verbunden.

J. Neumann

Ziele und Wege der Arbeit auf dem Gebiet der WAO in den 80er Jahren im Bereich Erzbergbau, Metallurgie und Kali

Die grundlegende Aufgabe der Metallurgie und der Kaliindustrie besteht darin, mit dem zur Verfügung stehenden Aufkommen an primären und sekundären Rohstoffen sowie an vereinbarten Rohstofflieferungen aus den sozialistischen Ländern eine höhere Veredlung der Rohstoffe zu erzielen und wesentliche qualitative Verbesserungen der Gebrauchswerte zu erreichen.

Dieser Zielstellung aus der Direktive des X. Parteitages der SED zum Fünfjahrplan muß die weitere Anwendung der wissenschaftlichen Arbeitsorganisation im Industriebereich Erzbergbau, Metallurgie und Kali in den 80er Jahren Rechnung tragen.

Die schnellere Steigerung der Arbeitsproduktivität gegenüber der Warenproduktion, die bessere Versorgung der Volkswirtschaft mit höher veredelten Erzeugnissen bei sparsamstem Energie- und Materialverbrauch und die Realisierung der Exportverpflichtungen erfordern neue Anstrengungen auch hinsichtlich der weiteren umfassenden Durchsetzung der WAO.

Zur Sicherung der Leistungsentwicklung unseres Industriebereiches sind grundsätzlich alle verschiedenen Intensivierungs- und Produktivitätsfaktoren in ihrer Gesamtwirkung zu beachten. Das heißt beispielsweise, daß die weitere Entwicklung der Grundfonds den Ausprägungsgrad des Faktors Arbeitsvermögen berücksichtigen muß.

Energieaufwandsreduzierungen oder Materialeinsparungen erfolgen ebensowenig ohne Konsequenzen und unabhängig vom Arbeitsvermögen. Prinzipiell neue technologische Lösungen sind zu erarbeiten und in kürzesten Zeiträumen in die Praxis umzusetzen. In Einzelfällen werden neue Anlagen und Anlagenkomplexe als Ersatz für veraltete energie- und materialaufwendige Anlagen in Betrieb zu nehmen sein. Darüber hinaus ist eine Erweiterung des Rationalisierungsmitteleigenbaus, des Eigenbaus und Einsatzes von Industrierobotern, des verstärkten Einsatzes der Mikroelektronik und der rechnergestützten Prozeßsteuerung notwendig, um die genannten Zielstellungen zu erreichen. Dafür stehen uns keine zusätzlichen Arbeitskräfte zur Verfügung.

Der notwendige Mehrbedarf in einigen Produktions- und Arbeitsbereichen kann nur abgesichert werden, wenn das vorhandene Arbeitsvermögen effektiver genutzt wird. Das heißt, daß die Veränderung der Struktur des Arbeitsvermögens durch die zielgerichtete Freisetzung und den Wiedereinsatz von Arbeitskräften im Sinne der Schwedter Initiative eine wesentliche Aufgabenstellung der wissenschaftlichen Arbeitsorganisation ist.

Unser Maßnahmeplan zur effektiven Nutzung des gesellschaftlichen Arbeitsvermögens bis 1985 sieht unter anderem vor, das Produktionspersonal um nahezu 3 % zu steigern und darunter das Produktionspersonal in den Hilfs- und Nebenprozessen um 12 % zu senken zugunsten des Anteils der Betreiber von technischen Anlagen. Der Abbau der übrigen Beschäftigten erfolgt vor allem durch eine Senkung des Leitungs- und Verwaltungspersonals um 12 % im Fünfjahrplanzeitraum. Das bedeutet absolut, daß mehr als 4 000 Arbeitskräfte dieser Beschäftigtenkategorie freizusetzen und für neue Aufgaben einsetzbar sind.

Mit dieser Strukturentwicklung werden wir die von Partei und Regierung gestellten Aufgaben planmäßig absichern und nicht zuletzt die wissenschaftlich-technische Entwicklung vorantreiben und die Inbetriebnahme neuer tempobestimmender Anlagen, wie das Konverterstahlwerk in Eisenhüttenstadt oder die kombinierte Formstahlstraße in der Maxhütte Unterwellenborn, realisieren.

Die Ergebnisse der WAO-Arbeit im Bereich Erzbergbau, Metallurgie und Kali in den vergangenen Jahren haben wesentlich zur Leistungsentwicklung beigetragen. Die jährlichen Arbeitskräfteeinsparungsraten konnten gegenüber 1975 verdreifacht werden. 1981 sind fast 2 900 Arbeitskräfte durch die wissenschaftliche Arbeitsorganisation freigesetzt worden. Hauptsächlich konnten diese Resultate durch die Anwendung der komplexen WAO-Studie erreicht werden, die die arbeitswissenschaftliche Untersuchung größerer Arbeits- und Produktionsbereiche bzw. ganzer Betriebe umfaßt.

Mit den neuen Aufgabenstellungen der 80er Jahre sind auch in unserem Industriebereich neue Schwerpunkte für die WAO-Arbeit zu setzen. Die Ergebnisse der Rationalisierungsarbeit dürfen nicht zurückgehen oder konstant bleiben, sondern müssen sich ständig erhöhen. Bis 1985 werden wir mindestens 10 % der Arbeiter und Angestellten freisetzen und für neue Aufgaben gewinnen.

Mindestens 100 Mio. Stunden Arbeitszeit werden im Fünfjahrplanzeitraum eingespart. Die Ausfallzeiten, insbesondere die durch die ärztlich bescheinigte Arbeitsunfähigkeit, müssen um 8 % gesenkt werden. Schließlich sind bis 1985 44 000 Arbeitsplätze um- und neuzugestalten, um damit eine Verbesserung der Arbeitsbedingungen der Werktätigen zu erreichen.

Einige Hauptrichtungen der WAO-Arbeit unseres Industriebereiches seien im folgenden kurz charakterisiert.

1. Es ist notwendig, die Verbindung zwischen arbeitsorganisatorischer Optimierung und technisch-technologischer Entwicklung weiter zu verstärken.

Die Forderung, bei Veränderung der Technik und Technologie im Produktionsprozeß arbeitswissenschaftliche Erkenntnisse so frühzeitig wie möglich einzubringen und zu berücksichtigen, ist nicht neu. Sie muß jedoch vor allem bei der zunehmenden Nutzung der Mikroelektronik, insbesondere der Industrierobotertechnik oder der Anwendung rechnergestützter Produktionslenkungssysteme nachdrücklich unterstrichen werden.

Für den Industriebereich Erzbergbau, Metallurgie und Kali besteht beispielsweise die Aufgabe, bis 1985 über 3 000 Industrieroboter herzustellen und ca. 2 000 prozeßflexible und prozeßspezifische Industrieroboter einzusetzen. Das ist für uns eine anspruchsvolle Zielstellung, zumal wenn man bedenkt, daß beispielsweise in den metallurgischen Hauptprozessen nur im begrenzten Umfang für den Robotereinsatz geeignete Arbeitsplätze existieren.

Die ökonomischen Zielstellungen sind bekannt. Unsere Untersuchungen zum Einsatz von Industrierobotern in einigen Betrieben haben gezeigt, daß überall dort, wo diese Effekte nicht erreicht werden konnten, arbeitswissenschaftliche Erkenntnisse kaum bzw. überhaupt nicht berücksichtigt wurden. In solchen Fällen übernimmt der Roboter zwar einige Funktionen des Menschen, es bleiben jedoch Restleistungen, die unnötig lebendiges Arbeitsvermögen binden.

Mit der Durchführung von gründlichen Prozeßanalysen bzw. komplexen WAO-Untersuchungen als notwendigem Bestandteil der Einsatzvorbereitung werden die Überleitungszeiten wesentlich verkürzt und die ökonomischen und sozialen Zielstellungen nicht nur erreicht, sondern z. T. erheblich überboten. Die engere Zusammenarbeit von Technikern und WAO-Fachkadern ist also unbedingt und nicht nur bei der IR-Technik erforderlich.

2. Insbesondere zur planmäßigen Verbesserung der Struktur des Arbeitsvermögens ist die Entwicklung und Anwendung von normativen Regelungen für Aufwände an lebendigem Arbeitsvermögen für alle Aufgaben in der betrieblichen Praxis von großer Bedeutung.

In unserem Industriebereich ist ein Arbeitskräftenormativkatalog von Vertretern aller Kombinate erarbeitet worden, der Richtwerte für alle Arbeitskräfte außer Produktionspersonal beinhaltet. Damit sind ca. ein Drittel aller Werktätigen des Ministeriumsbereiches erfaßt. Entstanden sind diese Richtwerte auf Grund empirischer Vergleichsuntersuchungen. Sie stellen im Prinzip Durchschnittswerte dar, für die eben auch Bestwerte existieren.

In unserem Maßnahmeplan zur effektiven Nutzung des Arbeitsvermögens ist festgelegt, daß bis 1984 die Durchschnittswerte von allen Betrieben zu erreichen und ab 1985 die Bestwerte anzustreben sind. Durch die schrittweise Einbeziehung fertiggestellter Arbeitskräftenormative gelang es uns bereits 1979, die Arbeitskräfteentwicklung so zu steuern, daß vom absoluten Zuwachs von ca. 1 000 Arbeitskräften lediglich noch 20 außerhalb des Produktionspersonals zum Einsatz kommen. 1981 wurde das Leitungs- und Verwaltungspersonal im Vergleich zum Vorjahr im Ist absolut gesenkt, und zwar auf 97,8 %, das entspricht 627 Arbeitskräften. Im gleichen Zeitraum wurde das Produktionspersonal auf 101,5 % entwickelt.

Die Einbeziehung der Arbeitskräftenormative in den Planungsprozeß ermöglicht es, die Schwerpunkte der Rationalisierungsarbeit deutlicher zu machen. Neue Erkenntnisse beispielsweise aus WAO-Komplexstudien in diesen Arbeitsbereichen müssen zur ständigen Vervollkommnung des erarbeiteten Arbeitskräftenormativkataloges führen. Seine Durchsetzung führt zu einer zielgerichteten schrittweisen Verbesserung der Struktur des Arbeitsvermögens.

Wir haben begonnen, auch für das Produktionspersonal für Hauptaggregate Besetzungsnormative zu entwickeln. Für das Konverterstahlwerk in Eisenhüttenstadt ist in einer Projektstudie eine Besetzungsnorm erarbeitet worden. Durch die aufgabenbezogene Bestimmung von Arbeitskräfteaufwänden durch Vergleichsanalysen, Anwendung der Arbeitskräftenormative für übrige Beschäftigte und Neuprojektierung von Arbeitsaufgaben konnte der ursprüngliche Mehrbedarf um über ein Drittel gesenkt werden. Die Übertragung der bei dieser Untersuchung gewonnenen Erfahrungen kann für Teilbereiche zu Besetzungsnormativen für alle Stahlwerke führen. Insbesondere die Aufwände in Hilfs- und Nebenprozessen bedürfen einer präziseren Begründung. Hier sind noch wesentliche Reserven vorhanden, die besser genutzt werden können.

3. Höhere Effekte der WAO-Arbeit versprechen wir uns, wenn wir mit der Methode der komplexen WAO-Untersuchung über die Betriebsgrenzen hinausgehen und gleichgeartete bzw. folgeabhängige Produktionsprozesse, also ganze Erzeugnisgruppen bzw. Erzeugnislinien untersuchen. Damit dürfte beispielsweise unter anderem auch die Nutzung territorialer Rationalisierungsmöglichkeiten verbessert werden. Im schon erwähnten Maßnahmeplan sind entsprechende Aufgabenstellungen den Kombinaten übergeben worden.

Das Mansfeld Kombinat wird auch hier, wie schon häufiger, die erste Beispielstudie erarbeiten: „Herstellung von Bändern, Blechen und Folien aus Aluminium". Schon jetzt ist abzusehen, daß zusätzliche Effekte durch die Erweiterung des Beachtungsumfanges der WAO-Arbeit entstehen, die nicht ungenutzt bleiben sollten. Auch in der Schwarzmetallurgie sind ähnliche Studien geplant, z. B. „Fertigung von gezogenem Draht", die dann sogar über die Kombinatsgrenzen hinausgehen müssen.

4. Die quantitative Ausdehnung des Untersuchungsfeldes bei der Durchführung von

WAO-Komplexstudien muß einhergehen mit der Erarbeitung arbeitsorganisatorischer Lösungen, die verstärkt betriebsökonomische Effekte in größerem Umfang erbringen.

Im WAO-Leistungsvergleich der Kombinate des Industriebereiches EMK zeichnen sich die durch den Minister prämierten WAO-Studien nicht nur dadurch aus, daß Arbeitsplatzeinsparungen und Freisetzungen von Arbeitskräften in Größenordnungen erfolgten, sondern darüber hinaus in erheblichem Maße Importablösungen, Stabilisierung der Erfüllung der Exportverpflichtungen, Energie- und Materialeinsparungen als zusätzliche Effekte ausgewiesen wurden. Die Rückgabe von Fonds wird somit in Zukunft als Resultat von WAO-Untersuchungen einen höheren Stellenwert einnehmen.

Große Reserven, insbesondere hinsichtlich der Einsparung von Dieselkraftstoff, haben verschiedene Studien im Bereich der Transport-, Umschlag- und Lagerprozesse aufgezeigt. Die Anwendung von Methoden zur Verbesserung der Verkehrsorganisation und Transportoptimierung erfordert vor allem auch die Abstimmung mit dem Territorium, um sowohl zu hohen betriebswirtschaftlichen als auch volkswirtschaftlichen Effekten zu gelangen.

5. Die wissenschaftliche Arbeitsorganisation muß einen größeren Beitrag zur Erhöhung des individuellen Arbeitsvermögens leisten.

Die Gestaltung der materiellen Arbeitsbedingungen fördert zweifellos die Leistungsentwicklung der Werktätigen. Die Verbesserung der Arbeitsbedingungen ist vor allem in unserem Industriebereich, der, bedingt durch unsere spezifischen Produktionsprozesse, verhältnismäßig hohe Exponiertenzahlen hat, von großer Bedeutung. Darüber hinaus geht es aber unter anderem darum, verstärkt Projektierung von Arbeitsaufgaben durchzusetzen, um eine planmäßige Verbesserung der Arbeitsinhalte zu erreichen.

Nicht schlechthin mehr Anstrengung ist gefordert, sondern effektivere Arbeit. Vermeidung von Über- und Unterforderung, Vermeidung von Doppelarbeit und Vermeidung von unnötiger Arbeit können durch die wissenschaftliche Gestaltung der Arbeitsinhalte erreicht werden. Verbunden mit wirksamen Formen der Leistungsstimulierung durch die qualitative Verbesserung der Leistungs-Lohn-Beziehung, sind auch hier Reserven vorhanden, die zur weiteren Entwicklung der Volkswirtschaft genutzt werden müssen.

Die Anwendung der wissenschaftlichen Arbeitsorganisation ist im Industriebereich Erzbergbau, Metallurgie und Kali zum unmittelbaren Bestandteil der Leitungstätigkeit geworden. Gewonnene Erfahrungen werden wir weiterhin konsequent nutzen. Neue Wege und Schwerpunkte werden wir beharrlich verfolgen im Interesse einer kontinuierlichen Leistungsentwicklung in der gesamten Volkswirtschaft.

E. Kruppe

Zu einigen arbeitswissenschaftlichen Problemstellungen des verstärkten Einsatzes von Industrierobotern im Industriebereich Elektrotechnik/Elektronik

Die wissenschaftliche Arbeitsorganisation wird im Industriebereich Elektrotechnik/Elektronik zielstrebig zur weiteren Beschleunigung der wirtschaftlichen und sozialen Entwicklung genutzt.

Bis 1985 sind durch umfassende Anwendung arbeitswissenschaftlicher Erkenntnisse, Prinzipien und Methoden in *allen* Abschnitten des betrieblichen Reproduktionsprozesses z. B. 25 % der geplanten Arbeitszeiteinsparung und 18,6 % der geplanten Arbeitskräftefreisetzung zu realisieren, 10 400 Arbeitsplätze einzusparen und die Arbeitsbedingungen für nahezu 200 000 Werktätige zu verbessern.

Hierin eingeschlossen ist u. a. die Erhöhung der Arbeitsinhalte zur besseren Nutzung der Qualifikation, vorzugsweise in Vorfertigung und Montage mit dem Ziel, Tätigkeiten der Qualifikationsgruppe 3 bis 1985 in diesen Bereichen zu beseitigen und solche der Qualifikationsgruppe 4 auf 50 % ihres jetzigen Umfanges zu verringern. Untersuchungen in 31 Betrieben haben diesbezüglich beträchtliche Fortschritte belegt; der Anteil der Arbeiten in Qualifikationsgruppe 3 ist um etwa 20 % ihres Bestandes verringert worden. Beispiele in allen Kombinaten zeigen, daß so Leistungssteigerungen bis 20 % erreicht werden.

Gegenüber 1976 bis 1980 ist der Beitrag der WAO zur Leistungssteigerung bis 1985 um etwa 150 % zu erhöhen. Das trägt maßgeblich zur Vertiefung der intensiv erweiterten Reproduktion bei, erfordert aber auch, die arbeitswissenschaftliche Arbeit in den Betrieben zu erweitern und noch wirkungsvoller zu gestalten. Ich stimme diesbezüglich dem Beratungsmaterial und dem Referat zu.

Der Industriebereich Elektrotechnik/Elektronik trägt für Entwicklung und Einsatz der Industrierobotertechnik (IRT) eine große Verantwortung, sowohl für die Volkswirtschaft als auch für den eigenen Leistungsanstieg. Mit mehr als 9 000 Industrierobotern sind 20 % aller im Republikmaßstab vorgesehenen Einsatzfälle zu realisieren und mehr als 22 000 Werktätige freizusetzen.

Folgerichtig wurden die Kombinate beauftragt, mit dem erweiterten Einsatz der Industrierobotertechnik erheblich mehr Arbeitsplätze einzusparen, Arbeitskräfte im Umfang von mindestens 2,5 VbE je Einsatzfall freizusetzen und zusätzliche soziale Effekte zu erreichen, indem für 7 000 Werktätige mehr Arbeitserschwernisse beseitigt, für 10 000 Werktätige mehr anspruchsvolle Arbeitsinhalte geschaffen und durch bevorzugte Veränderung arbeitsintensiver Prozesse 10 Mio Std. Arbeitszeit mehr eingespart werden. An diesen anspruchsvollen Aufgaben wird angestrengt gearbeitet.

Mit der verstärkten Automatisierung entstehen fraglos spezielle Anforderungen an die Nutzung und Weiterentwicklung arbeitswissenschaftlicher Erkenntnisse. Deshalb haben wir nahezu 25 % der Kapazität des AWZ der Elektroindustrie auf diese Problematik konzentriert. Zur Gewährleistung einer abgestimmten Arbeit mit den Kombinaten wurde eine Arbeitsgruppe „Arbeitswissenschaftliche Probleme der Automatisierung und Robotertechnik“ arbeitsfähig gestaltet.

Diese Maßnahmen waren erforderlich, weil

erstens der diesbezügliche arbeitswissenschaftliche Forschungsvorlauf, gemessen am sprunghaft steigenden Bedarf, noch nicht ausreicht,

zweitens arbeitswissenschaftliche Methoden und Fachkader in die Einsatzvorbereitung und -realisierung bisher noch unzureichend einbezogen sind. Hierin sehe ich eine wesentliche Ursache für die derzeit den volkswirtschaftlichen Erfordernissen – ökonomisch wie sozial – und den realen Möglichkeiten noch nicht entsprechende Effektivität der IRT.

Hieran zeigt sich m. E. eine Unterschätzung der Komplexität der Einsatzvorbereitung, aber auch des *real möglichen Beitrages der WAO zur Automatisierung* sowie die noch nicht ausreichende Vorbereitung und Einstellung der arbeitswissenschaftlichen Potentiale der Betriebe auf diese neue Herausforderung.

Tritt hierzu noch eine einseitig vom Erreichen festgelegter Einsatzstückzahlen statt von echten Automatisierungsbedürfnissen geprägte Arbeitsweise, dann bleiben die Effekte quasi folgerichtig gering. Die notwendige AK-Freisetzung wird nicht bzw. nur als Arbeitszeiteinsparung erreicht, ungünstige Arbeitsprozesse werden nicht rasch genug verändert, die Anforderungen an die Qualifikation wachsen infolge kaum progressiv veränderter Arbeitsinhalte tatsächlich wenig oder nicht, obgleich häufig höhere Lohngruppen gewährt werden.

Welche *Schlußfolgerungen* sind hieraus abzuleiten und in die weitere Arbeit gesichert einzuordnen?

Ausgehend von unseren bisherigen Erfahrungen, möchte ich zunächst die Anforderungen an die arbeitswissenschaftliche Mitarbeit bei der Mechanisierung und Automatisierung in drei miteinander wechselseitig verbundene Wirkungsrichtungen ordnen, und zwar in

1. Einflußnahme auf Mechanisierung und Automatisierung als eine Hauptrichtung des wissenschaftlich-technischen Fortschritts und der umfassenden sozialistischen Rationalisierung im Industriebereich, Kombinat oder Betrieb;
2. Beitrag zur Entwicklung und Vervollkommnung der betrieblichen personellen und materiellen Voraussetzungen für die Realisierung der IRT;
3. Mitarbeit bei der „objektkonkreten" Mechanisierung und Automatisierung von Arbeitsprozessen.

Die erste Wirkungsrichtung schließt solche Aufgaben ein wie

- die Bestimmung automatisierungsbedürftiger Arbeitsprozesse anstatt der Suche nach sogenannten automatisierungsfreundlichen Arbeitsgängen/-plätzen,
- die Vorbereitung der Werktätigen auf die Übernahme neuer oder wesentlich veränderter Tätigkeiten. Im Bereich des Ministeriums für Elektrotechnik/Elektronik umfaßt allein diese Teilaufgabe etwa 40 000 Werktätige;
- die Einordnung arbeitswissenschaftlicher Zielstellungen in jede Einsatzvorbereitung, z. B. die Sicherung anspruchsvoller Arbeitsinhalte, die Verbesserung der Arbeitsbedingungen und die Einsparung insbesondere von ungünstig gestalteten Arbeitsplätzen.

Die Aufgaben der 2. Wirkungsrichtung sind offenkundig. Aufgaben der 3. Wirkungsrichtung – „objektkonkret" – sind für die ökonomische und soziale Qualität jeder Lösung von großer Bedeutung. Das betrifft

a) die Untersuchung von Prozeßabläufen und Arbeitsfolgen, der Beschaffenheit von Arbeitsbedingungen, der Art und Höhe des Arbeitsaufwandes, der Ausnutzung der Arbeitszeit als unerläßliche Grundlage effektiver Automatisierung. Unter Nutzung aller progressiven Erfahrungen der komplexen sozialistischen Rationalisierung ist es auf diesem Wege möglich, den Arbeitsaufwand zunächst auf das tatsächlich notwendige Niveau zu senken und sodann durch Automatisierung den Aufwand an lebendiger Arbeit weiter zu verringern. Durch komplexe, den ganzen Prozeß erfassende Anwendung der WAO in Verbindung mit technologischen Veränderungen sind in vielen Beispielen Leistungssteigerungen um 20 bis 40 % realisiert worden, die bei punktuellem Einsatz der IRT unerschlossen bleiben. Seine Effekte sind ungleich geringer, weil die im Prozeßablauf insgesamt bestehenden Reserven weitgehend unerschlossen bleiben.

Wachsende Bedeutung gewinnt die Nutzung arbeitswissenschaftlicher Methoden der Tätigkeits- bzw. Handlungsanalyse vor allem bei prozeßspezifischen Lösungen sowie bei der Montage-Automatisierung. So erforderte die Automatisierung des Justierens von Relais die algorithmische Beschreibung des manuellen Handlungsvollzuges für dessen technische Nachbildung und damit die Ermittlung einer technologisch determinierten Arbeitsmethode. Derartige Anforderungen sind ohne spezielle arbeitswissenschaftliche Methoden nicht zu bewältigen.

b) arbeitswissenschaftliche Gestaltungskomplexe, die Aufgaben
- zur effektivsten Nutzung des Zeitfonds der Technik und der Arbeitskraft einschließlich Mehrmaschinenbedienung und bedienarmer Schicht,
- zur Optimierung der Umgebungsbedingungen,
- des Arbeitsschutzes bzw. der technischen Sicherheit,
- der Leistungsbewertung und -stimulierung,
- zur Gestaltung anspruchsvoller Tätigkeitsinhalte,
- zur ergonomischen Gestaltung von „Bedienseite“ und Arbeitsplatz.

Sie erfordern insbesondere bei solcher prozeßspezifischen Robotertechnik wie
- Bestückungsautomaten für integrierte und axiale Bauelemente,
- Automaten für die Elektronik-Produktion,
- Montage-, Justier- und Prüfrobotertechnik

größte Aufmerksamkeit

Jeder dieser Gestaltungskomplexe ist von großer Bedeutung. Das sei an einigen ausgewählten Sachverhalten verdeutlicht: Die *Nutzungszeit/Kalendertag* ist weiter zu erhöhen. Sie hängt außer von der technischen Zuverlässigkeit der technologischen Einheit von den realen Belastungen des Werktätigen, der Betriebsweise und von Art und Inhalt der Leistungsbewertung und -stimulierung ab.

Beispiel: Eine technologische Einheit wird dreischichtig genutzt. Von der tatsächlichen Schichtzeit von 480 min. sind 320 min./Schicht (67 %) operative Einsatzzeit. Infolge ungünstiger Belastungen der Werktätigen sind 11 % t_E erforderlich = 35min./Schicht, die zur Schichtpause von 20 min. gewährt werden, so daß die Pausenzeit 55 min./Schicht beträgt. Infolge unveränderter Arbeitsorganisation und bisheriger Gepflogenheiten besteht die technologische Einheit in diesen Phasen nicht. Da auch die Leistungskennziffern den realen Eingriffsmöglichkeiten der Werktätigen nicht ausreichend Rechnung tragen, bleibt die produktive Nutzungsdauer gering. Statt der Einhaltung des technologischen Regimes, eines progressiven Nutzungsnormativs oder ähnlicher Kriterien wird der Leistungsvorgabe die aus der operativen Einsatzzeit resultierende Stückzahl zugrunde gelegt. Eine Verknüpfung der Arbeit an diesem Arbeitsplatz mit anderen, vor- oder nachgelagerten, z. B. über eine einheitliche Wirkung der Mehrlohnprämie, erfolgt nicht. Dieses Beispiel ist z. Z. kein Einzelfall.

Größte Aufmerksamkeit erfordert die *Gestaltung der Tätigkeit des Menschen im automatisierten Arbeitsprozeß*. Es sind leistungssteigernde und persönlichkeitsfördernde Arbeitsinhalte zu schaffen. Sie entstehen weder im Selbstlauf, noch sind sie bei punktuellem Einsatz der IRT hinreichend möglich.

Festzustellen ist zunächst, daß die Tätigkeiten erheblich verändert werden. Bestükken, Verbinden, Bonden, aber auch das Druckgießen werden vom unmittelbaren Operieren bzw. Hantieren in Überwachen und Bedienen komplizierter Arbeitsmittel umgestaltet. Zeitzwänge und detaillierte Handlungsvorschriften entfallen bei bestimmten Klassen von Tätigkeiten, entstehen dafür aber bei anderen neu.

Der Arbeitsinhalt ergibt sich zu häufig noch als Resultante aus jenem Rest an Arbeitsfunktionen, die dem Menschen nur infolge fehlender oder zu aufwendiger Automatisierungslösungen verbleiben.

Wir haben derartige Tätigkeiten im Hinblick auf den Arbeitsinhalt untersucht. Die Arbeitsaufgaben entsprechen lt. Arbeitsklassifizierung dem Facharbeiterniveau. Festgestellt wurde:

- Trotz Verbesserungen gegenüber der Ausgangssituation sind die Tätigkeiten überwiegend noch nicht als „persönlichkeitsfördernd" zu bewerten.
- Von 13 geprüften Merkmalen sind nur zwei ausreichend ausgeprägt, und zwar „Verantwortung" und „Selbstkontrolle".
- Überwiegend unzureichend ausgeprägt sind Merkmale wie „Vielseitigkeit der Arbeitsaufgaben", „verschiedene Handlungsmöglichkeiten" und „intellektuelle Anforderungen".

Aus unseren Untersuchungen leiten wir als Konsequenz ab:

1. Auch die Arbeitsinhaltsgestaltung muß vom Prozeßablauf bzw. von der Gesamtaufgabe des Menschen in Einheit von Vorbereitung, Betrieb, Bedienung und Wartung der technologischen Einheit ausgehen, sich am wachsenden Qualifikationsniveau orientieren und das Verbleiben bloßer „manueller Restarbeiten" verhindern.

2. Für die bewußte Gestaltung anspruchsvoller Arbeitsinhalte sind die aus bestehenden Formen der Arbeitsteilung noch resultierenden Einschränkungen zu überwinden, indem Bedien- und Überwachungstätigkeiten um Arbeitsfunktionen wie

- Einrichten, Voreinstellen,
- technische Kontrolle, Wartung,
- qualitätssichernde Eingriffe in den Prozeß,
- selbständiges Umstellen bei Erzeugniswechsel,
- Materialbereitstellung,
- Programmieren

erweitert bzw. verändert und die Werktätigen hierauf rechtzeitig und ausreichend vorbereitet werden.

3. Die Entscheidungen zum Arbeitsinhalt müssen rechtzeitig in Verbindung mit *Auswahl der einzusetzenden IRT* erfolgen. Grundsätzlich ist vom Anspruchsniveau „Facharbeiter" auszugehen.

Zusammenfassend möchte ich sagen:

Die mit der beschleunigten Automatisierung entstehenden arbeitswissenschaftlichen Probleme sind zu lösen, indem die derzeit noch, vielfach vorzufindende Art und Weise der Einsatzvorbereitung verändert und weiterentwickelt wird.

Das erfordert,

- sie mit der umfassenden sozialistischen Rationalisierung zu verbinden,
- arbeitswissenschaftliche Zielstellungen, Methoden und Spezialisten in die Arbeit voll einzubeziehen,
- die leitungsseitige Einflußnahme entsprechend zu verstärken und
- verstärkt entsprechende Forschungsergebnisse für die betriebliche Arbeit bereitzustellen.

K. Loose

Entwicklungsrichtungen für die weitere Arbeit auf dem Gebiet der WAO im Bereich des Schwermaschinen- und Anlagenbaus

Die Forderung in der Direktive des X. Parteitages der SED, die strategischen Entwicklungsrichtungen in ihrer Komplexität von Wissenschaft und Technik, bei denen im Mittelpunkt die beschleunigte Entwicklung und Anwendung der Industrierobotertechnik, der Mikroelektronik, der elektronischen Steuerung von Maschinen und der elektronischen Rechentechnik zur effektiven Vorbereitung und Organisation der Produktion und Verwaltungsarbeit steht, zu verwirklichen, setzt auch die Schaffung eines Erkenntnisvorlaufes auf dem Gebiet der wissenschaftlichen Arbeitsorganisation – als Hauptanwendungsgebiet der Erkenntnisse der sozialistischen Arbeitswissenschaften – bereits in der Phase der Produktionsvorbereitung voraus.

Dabei kommt es vor allem darauf an, durch die Verwirklichung einer wissenschaftlichen Arbeitsorganisation sowohl die Effektivität durch die Einsparung von lebendiger und vergegenständlichter Arbeit zu erhöhen, als auch Voraussetzungen zur vollen Nutzung des Qualifikationsniveaus der Werktätigen zu schaffen und die Arbeitsbedingungen hinsichtlich der physischen und psychischen Belastungen zu verbessern. Dieses Anliegen ist in unserer Gesellschaftsordnung eine untrennbare Einheit.

Unter Berücksichtigung der zentralen Beschlüsse, der Entwicklungstendenzen der WAO und der Forderungen an die Kombinate konzentriert sich der Schwermaschinen- und Anlagenbau auf die Bearbeitung folgender Aufgabenkomplexe:

1. Erarbeitung arbeitswissenschaftlicher Lösungen für die Gestaltung von Arbeitsplätzen und Arbeitsaufgaben sowie zur Leistungsbewertung in hochmechanisierten und automatisierten Fertigungsabschnitten unter Berücksichtigung ausgewählter Einsatzfälle von Industrierobotern.

Durch die Teilautomatisierung in Verbindung mit dem schrittweisen Einsatz numerisch gesteuerter Werkzeugmaschinen ergeben sich in vielen Betrieben des Bereiches Schwermaschinen- und Anlagenbau neue Fertigungsstrukturen. Diese autonomen Fertigungsstrukturen sind durch Maßnahmen der WAO so zu gestalten, daß sie einerseits eine hohe Effektivität und Kontinuität des Fertigungsprozesses sichern und andererseits sich positiv auf die Herausbildung progressiver Arbeitsinhalte als Voraussetzung einer optimalen Nutzung des Leistungsvermögens der Werktätigen auswirken und ihren rationellen Einsatz gewährleisten.

Schwerpunkte der Bearbeitung dieses Aufgabenkomplexes aus arbeitswissenschaftlicher Sicht sind

- die Erfassung, Abgrenzung und Gestaltung der Arbeitsaufgaben in integrierten Fertigungsabschnitten,
- die Entwicklung von zweckmäßigen Formen der Arbeitsteilung zur effektiven Nutzung des Arbeitsvermögens und Auslastung der vorhandenen Kapazitäten,
- die Ermittlung einer optimalen Arbeitskräftestruktur in und zwischen den einzelnen Beschäftigtengruppen,
- ausgewählte Probleme bei der maßlichen und räumlichen Gestaltung und die Erar-

beitung von Gestaltungsvarianten für typische Fälle bei der Einrichtung von Fertigungszellen und

– die Entwicklung von zweckmäßigen Formen der Leistungsbewertung als Grundlage für die Leistungsstimulierung.

Die Bearbeitung einer solchen komplexen Aufgabe setzt nicht nur die interdisziplinäre Zusammenarbeit von Technikern, Arbeitswissenschaftlern und Ökonomen voraus, sondern auch eine enge Zusammenarbeit mit den Kombinaten und Betrieben bei der Erprobung und Überführung der Ergebnisse in die Praxis. Daher wird dieser Aufgabenkomplex im VEB Forschung, Entwicklung und Rationalisierung des Schwermaschinen- und Anlagenbaus von den kompetenten Fachabteilungen bearbeitet, darüber hinaus eine enge Zusammenarbeit mit anderen wissenschaftlichen Einrichtungen, wie z. B. mit dem Institut für Soziologie und Sozialpolitik der Akademie der Wissenschaften der DDR, dem Zentralen Forschungsinstitut für Arbeit, Dresden, der Technischen Hochschule „Otto von Guericke“, Magdeburg, praktiziert und ein kollektives Zusammenwirken mit ausgewählten Kombinaten und Betrieben bei der Erprobung und praxiswirksamen Umsetzung der Ergebnisse gewährleistet.

2. Entwicklung von arbeitswissenschaftlichen Lösungen für den effektiven Einsatz von Industrierobotern und Manipulatoren.

Bekanntlich sind im Bereich des Schwermaschinen- und Anlagenbaus 3 000 Industrieroboter zu produzieren und mit hoher Effektivität einzusetzen, so daß 7 500 Arbeitskräfte freigesetzt werden können, was einer Arbeitszeiteinsparung von 13,5 Mio Stunden entspricht. Diese anspruchsvolle Zielstellung erfordert neben einer gründlichen technisch-technologischen Einsatzvorbereitung auch die Berücksichtigung arbeitswissenschaftlicher Belange. Schwerpunkte der Bearbeitung dieses Aufgabenkomplexes aus arbeitswissenschaftlicher Sicht sind:

– Ermittlung weiterer Einsatzfälle für Industrieroboter auf der Grundlage komplexer Analysen von Prozessen bzw. Prozeßabschnitten. Entscheidend hierbei ist die komplexe Betrachtung durchzuführender Rekonstruktionsvorhaben, wobei nicht die arbeitsplatzorientierten technologischen Möglichkeiten des Einsatzes von Industrierobotertechnik die hauptsächlichen Entscheidungskriterien sein dürfen, sondern der prozeßbezogene und aus arbeitswissenschaftlicher Sicht notwendige Einsatz von Industrierobotern unter Berücksichtigung der vor-, neben- und nachgelagerten Prozesse den Vorrang haben muß. In Anbetracht der wichtigen arbeitswissenschaftlichen Zielstellung bei dem Einsatz von Industrierobotern, nämlich der Freisetzung von Arbeitskräften, der maximalen Auslastung der eingesetzten Produktionsausrüstungen und der Verbesserung der Arbeitsbedingungen für die Werktätigen, bezieht sich die Ermittlung weiterer Einsatzfälle für Industrieroboter auf Prozesse mit Arbeitsplätzen mit Mehrfachexpositionen bzw. hohen Überschreitungen arbeitshygienischer Normative. Als Beispiel seien hier genannt der Einsatz von Industrierobotern

- für die Beschickung von Öfen, Herden, Schmiedepressen,
- für Konservierungs-, Lackier-, Emaillier- und Schweißarbeiten,
- für das Entgraten, Gußputzen, Sandstrahlen und Ausblasen,
- an Anlagen mit hohem Schalleistungspegel, wie z. B. Pressen, Schmiedehämmern, Form- und Werkzeugmaschinen,
- zur Reduzierung einseitiger, monotoner und kurzzyklischer Arbeitsverrichtungen,

– Erarbeitung von Grundsätzen und Hinweisen für die maßliche und räumliche Gestaltung von autonomen Fertigungsstrukturen mit Industrierobotereinsatz;

– Bestimmung von Kriterien und Einflußfaktoren zur Ermittlung einer zweckmäßigen Arbeitsteilung und -kooperation zwischen dem Be- und Verarbeitungssystem und den peripheren Prozessen unter dem Gesichtspunkt der Gestaltung von anspruchsvollen Arbeitsaufgaben mit persönlichkeitsfördernden Arbeitsinhalten für die Werktätigen;

- Entwicklung von zweckmäßigen Formen der Leistungsbewertung auf der Grundlage leistungsstimulierender Kennziffern, die den veränderten Arbeitsaufgaben gerecht werden und auf die Erfüllung und Übererfüllung der Endergebnisse in erforderlicher Qualität orientieren.

Aufgabe der zentralen Arbeitsgemeinschaft „Wissenschaftliche Arbeitsorganisation" des Ministeriums für Schwermaschinen- und Anlagenbau ist es, diese arbeitswissenschaftlichen Gestaltungshinweise zu koordinieren und für spezifische Einsatzfälle typische arbeitswissenschaftliche Gestaltungsvarianten für eine breite Nachnutzung im Bereich des Schwermaschinen- und Anlagenbaus abzuleiten.

3. Aufbereitung arbeitswissenschaftlicher Bausteine für die rechnergestützte Gestaltung von Arbeitsprozessen in der Phase der Projektierung.

Mit der zunehmenden Automatisierung der Produktionsprozesse entstehen neue Anforderungen an die Informationsverarbeitung im Reproduktionsprozeß der Betriebe. Diese Anforderungen sind gekennzeichnet durch:

- die Verkürzung der Entwicklungszeiten für Erzeugnisse und deren beschleunigte Überleitung in die Produktion,
- die Zunahme der Varianten der Erzeugnisse infolge der wachsenden Anpassung an unterschiedliche Fertigungsaufgaben,
- die ständige Erhöhung des Niveaus der technologischen Arbeit,
- die Verlagerung von Tätigkeiten aus dem Produktionsprozeß in die technologische Vorbereitung infolge des Einsatzes der CNC- und NC-Technik, des Einsatzes von Industrierobotern und die Schaffung von integrierten Fertigungsabschnitten sowie
- ein hohes Maß von Leitungsentscheidungen mit umfangreicher Variantenbetrachtung in kürzer werdenden Bezugszeiträumen.

Betriebsuntersuchungen haben ergeben, daß im Stadium der Konstruktion und technologischen Projektierung von Maschinen und Anlagen arbeitswissenschaftliche Forderungen häufig ungenügende Beachtung finden. Im Ergebnis dessen traten immer wieder nach der Durchführung von Rationalisierungs- und Rekonstruktionsmaßnahmen Arbeitserschwernisse auf, die auch zu Produktivitätsverlusten führten.

Im Rahmen dieses Aufgabenkomplexes geht es vorrangig um die rechentechnische Umsetzung bekannter bzw. aus gezielter Grundlagenforschung ermittelter arbeitswissenschaftlicher Kenntnisse. Um eine rechnergestützte Lösung arbeitswissenschaftlicher Problemstellungen im Rahmen der technischen Vorbereitung der Produktion durchführen zu können, soll ein modularer Aufbau der Software für folgende arbeitswissenschaftliche Anforderungskomplexe angestrebt werden:

- Anforderungen an die Arbeitsplatzgestaltung,
- arbeitshygienische Anforderungen,
- arbeitsorganisatorische Anforderungen,
- arbeitssoziologische und arbeitspsychologische Anforderungen.

Dadurch wird gesichert, daß die erarbeiteten Programme eine Abarbeitung einzelner arbeitswissenschaftlicher Problemstellungen mit Hilfe von in Projektierungseinrichtungen eingesetzten Kleinrechnern ermöglichen.

Ein Beitrag hierzu wird durch den VEB Forschung, Entwicklung und Rationalisierung des Schwermaschinen- und Anlagenbaus Magdeburg in den Jahren 1982 bis 1985 durch die Erarbeitung von Algorithmen und Rechenprogrammen zur Umsetzung arbeitswissenschaftlicher Erkenntnisse im technologischen Projektierungsprozeß auf der Basis von Kleinrechnern geleistet.

Mit der Bearbeitung des Themas soll erreicht werden:

- Durchsetzung arbeitswissenschaftlicher Anforderungen in einem möglichst frühen Stadium der Projektierung zur Sicherung effektiver und persönlichkeitsfördernder Arbeitsbedingungen in den zu gestaltenden hochmechanisierten bzw. automatisierten Fertigungsprozessen;
- Verbesserung der Qualität der technologischen Projekte insbesondere durch die Gewährleistung der Schutzgüte für Arbeitsplätze, Arbeitsmittel und Arbeitsprozesse;
- Erhöhung der Leistungsfähigkeit von Projektierungsabteilungen durch die Erschließung von Kapazitätsreserven.

4. Analyse, Bewertung und Gestaltung vorwiegend manueller Arbeitsprozesse mit Seriencharakter.

In den Betrieben des Bereiches Schwermaschinen- und Anlagenbau sind vor allem die Montageprozesse durch manuelle, monotone und sich oft wiederholende Tätigkeiten sowie durch Diskontinuität und körperlich schwere Arbeit in der Großmontage gekennzeichnet.

Mit der effektiven Gestaltung der Montageprozesse in den Betrieben sind auch neue bzw. bisher nicht im erforderlichen Maße durchgeführte Aufgaben der Wissenschaftlichen Arbeitsorganisation verbunden, die bei der weiteren Vervollkommnung der Wissenschaftlichen Arbeitsorganisation konsequent realisiert werden müssen.

Schwerpunkte der Bearbeitung dieses Aufgabenkomplexes aus arbeitswissenschaftlicher Sicht sind:

- die analytische Durchdringung der Montageprozesse mit Hilfe der Aufnahmeverfahren und Analysenmethoden des Arbeitsstudiums zur Ermittlung der technischen, technologischen und organisatorischen Störfaktoren sowie der arbeitswissenschaftlichen Mängel und Schwachstellen und das Ermitteln von Ansatzpunkten für eine rationelle Gestaltung. Dabei werden die vor-, neben- und nachgelagerten Prozesse mit einbezogen, um eine hohe Kontinuität der Produktion zu sichern.
- Bestimmung zweckmäßiger Formen der Arbeitsteilung und -kooperation in Verbindung mit der Gestaltung von leistungs- und persönlichkeitsfördernden Arbeitsaufgaben bei weitgehender Mechanisierung und Teilautomatisierung der Prozesse;
- Entwicklung von Lösungen für die rationelle Gestaltung der Arbeitsfolgen, -abläufe, -methoden und -plätze;
- Erarbeitung von Methoden der Leistungsbewertung in ausgewählten Organisationsformen der Montage.

Hierbei wird unter anderem auch das Verfahren „Gestaltung manueller Arbeitsprozesse (GMA)“ bzw. die Verdichtungsstufe GMA-2M für Klein- und Mittelserien angewendet. Die vom Forschungszentrum des Werkzeugmaschinenbaus Karl-Marx-Stadt in Zusammenarbeit mit dem Zentralen Forschungsinstitut für Arbeit, Dresden, erarbeiteten methodischen Grundlagen zur Gestaltung manueller Arbeitsprozesse bildeten die Basis für zwei Lehrgänge mit Teilnehmern des Schwermaschinen- und Anlagenbaus. Nach drei Wochen theoretischem Unterricht wurden im VEB Magdeburger Armaturenwerk „Karl Marx“ zwei Wochen Praktikum bei der Montage von Universalarmaturen durchgeführt. Dabei wurde ein Nutzen von 7000,– M pro Teilnehmer ohne konstruktive Änderungen am Montageobjekt bzw. ein Nutzen von 12 000,– M pro Teilnehmer bei konstruktiven Veränderungen erzielt. Daraus leitet sich die Notwendigkeit der weiteren gezielten Ausbildung von Kadern für das Verfahren GMA-2M ab.

5. Vorbereitung und Durchführung von Rekonstruktionsvorhaben in Gießereibetrieben. Die Tätigkeiten in der Gießereiindustrie sind gekennzeichnet durch einen hohen Anteil von Arbeitserschwernissen und Gesundheitsgefährdungen. Auf der Grundlage von Un-

tersuchungen in Gießereien des Schwermaschinen- und Anlagenbaus kann eingeschätzt werden, daß eine Steigerung der Gußproduktion, wie sie in den betrieblichen Plänen vorgesehen ist, ohne Umsetzung gezielter arbeitsorganisatorischer Maßnahmen zu einer weiteren Erhöhung der Arbeitserschwernisse und Gesundheitsgefährdungen führen würde. Da es auch bei neu erbauten Gießereien bzw. Produktionsabschnitten in Gießereien noch nicht immer gelungen ist, Arbeitserschwernisse und Gesundheitsgefährdungen hinreichend zu reduzieren, ist es erforderlich, vor der Durchführung von Rekonstruktionen auf der Basis gezielter arbeitswissenschaftlicher Untersuchungen präzisierte Aufgabenstellungen für Konstrukteure und Projektanten zu erarbeiten. Dadurch wird gewährleistet, daß dem gezielten Abbau von Arbeitserschwernissen im Stadium der Konstruktion und Projektierung die entsprechende Bedeutung beigemessen wird.

Schwerpunkte der Bearbeitung dieses Aufgabenkomplexes sind:

- arbeitswissenschaftliche Untersuchungen mit dem Ziel der Bereitstellung der notwendigen Informationen für Leitungsentscheidungen bei der Vorbereitung von Rekonstruktionen und Neuinvestitionen sowie der Erarbeitung von verallgemeinerungsfähigen Gestaltungslösungen für Arbeitsbereiche in Gießereien;
- arbeitswissenschaftliche Begutachtung von neuentwickelten bzw. neuzuentwickelnden technologischen Verfahren und Ausrüstungen;
- Sicherung der Breitenwirksamkeit der Forschungsergebnisse in den Gießereien des Schwermaschinen- und Anlagenbaus und anderer Ministeriumsbereiche.

Erwähnenswert sind in diesem Zusammenhang die im VEB Forschung, Entwicklung und Rationalisierung des Schwermaschinen- und Anlagenbaus unter Einbeziehung der Medizinischen Akademie, Magdeburg, der Technischen Hochschule „Otto von Guericke“, Magdeburg, und der Arbeitshygieneinspektion in Gießereibetrieben in Vorbereitung von Rekonstruktionsmaßnahmen bereits durchgeführten arbeitswissenschaftlichen Untersuchungen. Hierbei ermöglichte die eingesetzte moderne Technik Videoaufzeichnungen, die neben dem Bild des arbeitenden Menschen auch dessen Herzschlagfrequenz sowie Zeitangaben enthalten, so daß eindeutig die Ursachen für hohe körperliche Beanspruchungen im Tätigkeitsprozeß ermittelt werden konnten.

Weitere Untersuchungen galten dem Sauerstoffverbrauch und den Umweltbedingungen.

Anhand der Untersuchungsergebnisse wurden durch konkrete Aufgabenstellungen für Konstrukteure und Projektanten sowie durch arbeitsorganisatorische und technisch-technologische Maßnahmen effektive Wege zur Rationalisierung der Prozesse bei gleichzeitigem Abbau von Tätigkeitserschwernissen aufgezeigt, die bei Verwirklichung mit verhältnismäßig geringem Investitionsaufwand Produktivitätssteigerungen zwischen 20 und 25 % ermöglichen.

6. Intensivierung der komplexen Analysentätigkeit unter konsequenter Einbeziehung der Erfahrungen aus der ‚Schwedter Initiative‘ zur umfassenden Erschließung von Leistungsreserven und Verbesserung der Arbeitsbedingungen für die Werktätigen.

Die Vervollkommnung der Wissenschaftlichen Arbeitsorganisation zur rationellen Nutzung des gesellschaftlichen Arbeitvermögens ist untrennbar mit der Intensivierung der komplexen Analysentätigkeit in Haupt-, Hilfs- und Nebenprozessen der materiellen Produktion sowie in der Produktionsvorbereitung, Leitung und Verwaltung verbunden.

Obwohl in zurückliegender Zeit in nahezu allen Betrieben des Schwermaschinen- und Anlagenbaus zur rationellen Gestaltung der Prozesse, zur Vorbereitung des effektiven Industrierobotereinsatzes, zur Einsparung von Arbeitsplätzen und Freisetzung von Arbeitskräften sowie zur Verbesserung der Arbeitsbedingungen unter weitgehender Nutzung von Erfahrungen aus der „Schwedter Initiative" komplexe Studien durchgeführt wurden, ist es notwendig, die Verallgemeinerung und Nachnutzung neuer und fortschrittlicher Verfahren und Methoden und Erkenntnisse von Schrittmacherbetrieben noch schneller voranzutreiben.

Daher ist hierin eine bleibende Schwerpunktaufgabe für die Kombinate und Betriebe zur Erschließung von Leistungsreserven und Verbesserung der Arbeitsbedingungen im Zeitraum bis 1985 und darüber hinaus zu sehen, die in allen Bereichen des betrieblichen Reproduktionsprozesses in sozialistischer Gemeinschaftsarbeit durch ingenieurtechnische, ökonomische und arbeitswissenschaftliche Fachkader unter breiter Einbeziehung der Werktätigen und Verantwortung der jeweiligen staatlichen Leiter in neuer Qualität und Quantität konsequent realisiert werden muß.

Die Koordinierung, Auswertung und Kontrolle der Aufgabenbearbeitung nimmt im Bereich Schwermaschinen- und Anlagenbau die Zentrale Arbeitsgemeinschaft „Wissenschaftliche Arbeitsorganisation" des Ministeriums für Schwermaschinen- und Anlagenbau wahr, in der die durch den Minister berufenen Leiter der Struktureinheiten WAO der Kombinate aktiv mitwirken. Durch die Arbeitsgemeinschaft werden im einzelnen die zentralen und kombinatbezogenen Forderungen zur betrieblichen Durchsetzung der Wissenschaftlichen Arbeitsorganisation beraten und Schlußfolgerungen für die weitere Arbeit gezogen. Es werden rege Erfahrungsaustausche in Form von Arbeitsgruppeneinsätzen, Schulungen, Vorträgen und Diskussionsrunden mit Anwender- und Untersuchungsbetrieben sowie mit Erfahrungsträgern aus Bildungseinrichtungen und Institutionen organisiert und Problem- und Rückstandsbetrieben Unterstützung gewährt sowie der Arbeitsfortschritt auf den regelmäßig stattfindenden Tagungen kontrolliert. Auch erarbeitet die Zentrale Arbeitsgemeinschaft „Wissenschaftliche Arbeitsorganisation" des Ministeriums für Schwermaschinen- und Anlagenbau jährlich das zentrale Grundlagenmaterial für die Durchsetzung der WAO im Bereich des Schwermaschinen- und Anlagenbaus und den „Maßnahmeplan ... WAO", in dem die zu lösenden Aufgabenkomplexe in kontrollier- und abrechenbaren Maßnahmen abgefaßt sowie die Kennzifferntwicklung und ausgewählte F/E-Themen der Kombinate enthalten sind. Dieser Maßnahmeplan, der durch den Minister bestätigt wird, erfährt seine Untersetzung in Arbeitsplänen der Abteilung WAO des VEB Forschung, Entwicklung und Rationalisierung des Schwermaschinen- und Anlagenbaus, die die Aufgaben einer Leitstelle für WAO im Schwermaschinen- und Anlagenbau wahrnimmt, sowie in den spezifischen Maßnahme- und Arbeitsplänen des Fachgebietes WAO der Kombinate und Betriebe.

E. Pester

Erfahrungen und Erkenntnisse bei der weiteren Vervollkommnung der Wissenschaftlichen Arbeitsorganisation in den Kombinaten und Betrieben der Leichtindustrie

Die weitere zielstrebige Durchsetzung der Hauptaufgabe in Einheit von Wirtschafts- und Sozialpolitik stellt auch im Zeitraum 1981 bis 1985 an die Konsumgüterproduktion hohe Leistungs- und Effektivitätsanforderungen. Resultierend aus den Tendenzen in der Entwicklung des Arbeitsvermögens in der DDR, ergibt sich die Notwendigkeit, die Leistungs- und Effektivitätsziele in den Kombinaten und Betrieben der Leichtindustrie ohne quantitative Ausweitung des Arbeitsvermögens zu realisieren.

Die vorgesehenen Entwicklungsraten in der		
industriellen Warenproduktion	auf	127 %
Nettoproduktion	auf	150,9 %
Arbeitsproduktivität (Basis Warenproduktion)	auf	129,2 %

sind bei sinkender Arbeitskräftezahl bis 1985 zu erwirtschaften. Das erfordert, die Leistungsziele immer mehr durch die Steigerung der Arbeitsproduktivität zu realisieren.

Grundlegende Bedingung dafür ist die weitere konsequente Durchsetzung der Intensivierung und der sozialistischen Rationalisierung des Reproduktionsprozesses in unseren Kombinaten und Betrieben. Eingeschlossen in diese grundlegende Zielsetzung ist die weitere Erhöhung der Wirksamkeit des gesellschaftlichen Arbeitsvermögens als ein Hauptfaktor der Intensivierung. Das Arbeitsvermögen ist die Hauptproduktivkraft im Reproduktionsprozeß. Sie ist das bewußte schöpferische Element im Arbeitsprozeß und bestimmt das Ziel dieses Prozesses und maßgeblich seine Wirkung. Die Entwicklung und rationelle Nutzung des gesellschaftlichen Arbeitsvermögens wird durch folgende Arbeitsrichtungen bestätigt:

- reale Planung und Bilanzierung der Arbeitskräfte auf der Grundlage der tatsächlich verfügbaren Deckungsquellen und die Sicherung der geplanten und bilanzierten Arbeitskräfte durch die weitere Reduzierung der Fluktuation;
- Einsparung von Arbeitsplätzen und Freisetzung von Arbeitskräften durch Rationalisierung und solche Wettbewerbsinitiativen, wie die Schwedter Initiative oder das bedienungsarme Arbeiten mit dem Ziel, die Effektivität des Arbeitskräfteeinsatzes zu verbessern und die Auslastung der Grundfonds zu erhöhen;
- effektive Nutzung des Bildungspotentials der Beschäftigten der Leichtindustrie durch ihren qualifikations- und bedarfsgerechten Einsatz unter den Bedingungen der weiteren Erhöhung des Bildungsniveaus der Werktätigen;
- Strukturierung der Arbeitskräfte unter dem Gesichtspunkt der Erweiterung des Kaderpotentials in den produktionsvorbereitenden Bereichen, insbesondere im Bereich Forschung und Entwicklung, bei gleichzeitiger Erhöhung der Effektivität der Arbeit und der Senkung des Leitungs- und Verwaltungspersonals;
- Erhöhung der produktiven Nutzung des verfügbaren Arbeitszeitfonds, insbesondere durch die weitere Senkung der Ausfallzeiten.

Die weitere Durchsetzung der Wissenschaftlichen Arbeitsorganisation als Bestandteil der komplexen sozialistischen Rationalisierung und unter den speziellen und recht komplizierten Bedingungen der Leichtindustrie sind vor allem darauf gerichtet,

- durch rationelle Gestaltung der Arbeitsabläufe sowie von Arbeitsteilung und Kooperation Voraussetzungen für die Einsparung von Arbeitsplätzen und für die Freisetzung von Arbeitskräften bzw. ihren effektiven Einsatz in produktivitätsbestimmenden Bereichen und für die Schichtarbeit zu schaffen,
- die Arbeits- und Lebensbedingungen der Werktätigen unmittelbar an den Arbeitsplätzen und in der Arbeitsumwelt ständig zu verbessern, Arbeitserschwernisse abzubauen und die Arbeit, vor allem für die werktätigen Frauen, zu erleichtern,
- durch persönlichkeits- und produktivitätsfördernde Elemente der Gestaltung der Arbeitstätigkeiten das vorhandene Bildungsniveau besser zu nutzen und sowohl auf die Erhöhung der Effektivität der Arbeit als auch auf die weitere Persönlichkeitsförderung Einfluß zu nehmen.

Gegenwärtig wird an ca. 100 000 Arbeitsplätzen die unmittelbare Veränderung von textilen Flächen, Leder und Lederähnlichem zu Finalerzeugnissen als Maschine/Handarbeit oder von Hand ausgeführt. An ihnen sind in hohem Maße Frauen und Mädchen tätig. Eine Vielzahl dieser Arbeitsplätze befindet sich vor allem in Klein- und Mittelbetrieben, oftmals mit unzureichenden Arbeitsbedingungen. Gleichzeitig existieren noch immer zwischen Kombinaten und ihren Betrieben große Unterschiede im Produktivitäts- und Effektivitätsniveau.

Die Rationalisierung der Füge- und Trennprozesse ist eine Hauptlinie der Rationalisierungsstrategie im Bereich unseres Ministeriums. Sie ist Gegenstand des Staatsplanes Wissenschaft und Technik bzw. des Staatsauftrages Konfektion und konzentriert sich auf die Erhöhung der Effektivität des Arbeitsvermögens. Seit 1979 werden erste technische Lösungen zur Mechanisierung und Automatisierung von Konfektionsmaschinen sichtbar, wie Langnahtautomaten, Doppelnähstationen, Ziernahtautomaten, erste Nähroboter für die Herstellung von Taschenbeuteln, sowie der Einsatz von Gradationsanlagen im Zuschnitt. Diese hochproduktive Technik wird im Perspektivzeitraum zunächst nur an Einzelarbeitsplätzen zum Einsatz kommen und ist sinnvoll in die Rationalisierungsobjekte mit einzubeziehen.

1978 wurde in ausgewählten Betrieben der Finalstufen das Staatsplanthema und zentrale Jugendobjekt verwirklicht und im breiten Umfang begonnen, Füge- und insbesondere Nähprozesse zu rationalisieren.

Bis jetzt wurden in über 400 Produktionsstätten mehr als 26 000 Arbeitsplätze sozialistisch gestaltet. Werktätige, die an diesen Arbeitsplätzen arbeiten, sprechen voller Stolz über spürbar Geschaffenes. Es wurden Steigerungsraten der Arbeitsproduktivtät zwischen 6 und 25 %, im Durchschnitt 11 %, entsprechend dem Ausgangsniveau erreicht. Die durchschnittliche Rückflußdauer zwischen Aufwand und Nutzen betrug 1,2 Jahre.

Welche Erkenntnisse haben wir aus dieser Form der Rationalisierung gesammelt?

Jedes WAO-Projekt ist in seiner Komplexität in die Leitung und Planung einzubeziehen. Eine zu späte Aufnahme führt in materieller, finanzieller und personeller Hinsicht zu großen Schwierigkeiten und Komplikationen und wirkt sich stets hemmend auf die termin- und qualitätsgerechte Erfüllung aus.

Die laufende und umfassende Information der Werktätigen durch die staatliche Leitung und gesellschaftlichen Organisationen und ihre aktive Einbeziehung bei der Erarbeitung von Gestaltungsvorschlägen und Lösungsvarianten hat sich sehr positiv auf die Mitarbeit aller Kolleginnen bei der Realisierung der Projekte ausgewirkt. Als eine sehr gute Methode hat sich dabei das persönliche, individuelle Gespräch zwischen Werktätigen und Leiter herausgestellt.

Das vom Zentralen Forschungsinstitut für Arbeit, Dresden, erarbeitete Lehr- und Ausbildungsmaterial ist für die Arbeitsplatz- und Arbeitsmethodengestaltung anwendbar und läßt auch Konsequenzen durch Variantenvergleiche für technologische Problemlösungen zu.

Schwerpunkt der Arbeit ist die Rationalisierung der Elemente des Produktionsprozesses in ihrer Einheit sowie die Einflußnahme auf ein gutes Arbeitsklima in den Kollektiven.

In den konfektionierenden Betrieben sind Produktivitätsreserven erschließbar, insbesondere in der Verbesserung der

- Organisation der Produktion,
- Arbeitsplatz- und Arbeitsmethodengestaltung,
- Arbeitsdisziplin,
- Arbeitsnormung und Lohngestaltung in Verbindung mit produktivitätserhöhenden Maßnahmen der Wissenschaft und Technik,
- Arbeitsumwelt,
- Ordnung und Sauberkeit.

Die komplette Rationalisierung von Nähbereichen mit ca. 60 Arbeitsplätzen und hauptamtlichen Arbeitsgruppen von vier bis sechs Kollegen ist in fünf bis acht Monaten in geforderter Qualität realisierbar. Unter Beachtung des vorhandenen Rationalisierungsniveaus in den Betrieben ist eine differenzierte Steigerung der Arbeitsproduktivität von 10 % und mehr möglich. Eine z. T. ungenügende Bereitschaft von Betrieben, noch höhere Steigerungsraten der Produktivität zu erreichen, resultiert m. E. daraus, daß die Planung des Folgejahres auf der Basis teils hoher Steigerungsraten des Basisjahres erfolgt und gleiche Forderungen an das Folgejahr gestellt werden, ohne das absolute Produktivitätsniveau der Betriebe zu beachten.

Angewandte Methoden und Wege zur Lösung spezieller fachlicher Aufgaben, wie z. B. der Musterarbeitsplatz zur Erprobung von Rationalisierung- und Hilfsmitteln – die Verallgemeinerung von Arbeitsmethoden wie Schaffung von Grundmodellen und Arbeitsvermögenskomplexen – die schnelle Übertragung von Arbeitscharakteristiken zur Unterweisung und zur einheitlichen Verallgemeinerung in der Berufsausbildung, von Arbeitsunterweisern – der direkte Variantenvergleich zum Finden der optimalsten Arbeitsgangfolge, zur Durchsezung, Einhaltung, Erhaltung gestalteter Arbeitsmethoden und Arbeitsplätze usw., haben sich bewährt.

Eine wichtige Erkenntnis, die wir bei der Rationalisierung der Arbeitsprozesse in der Konfektion gesammelt haben, war die Forderung der Werktätigen, mit Konsequenz auch die Verwaltungsprozesse zu durchforsten. Bei der Einsparung von Arbeitskräften geht es hier nicht nur um die Streichung von unbesetzten Planstellen.

Derzeit sind im Bereich unseres Ministeriums ca. 20 % der Arbeiter und Angestellten in der Leitung, Verwaltung und Produktionsvorbereitung tätig. Die Rationalisierung der Prozesse ist jedoch m. E. im Vergleich zu den produzierenden Bereichen zurückgeblieben. Deshalb wurden auch vom Arbeitswissenschaftlichen Zentrum der Leichtindustrie gemeinsam mit den Betrieben erste Rationalisierungsobjekte im VEB Quintett-Moden Glauchau, VEB Leipziger Bekleidungswerke vestis, VEB Baumwollspinnerei Leinefelde und VEB Schuhfabrik „Paul Schäfer“, Erfurt geschaffen.

Im Zeitraum 1981 bis 1985 ist in den Grundstufenbetrieben die Erfüllung der Planaufgaben unter den Bedingungen einer sinkenden Arbeitskräftezahl und der weiteren Realisierung des sozialpolitischen Programms zu sichern. Darüber hinaus verringert sich das Arbeitskräftepotential in der zweiten und dritten Schicht durch den verstärkten Ausfall der Mütter.

In den letzten Jahren gingen fortgeschrittene Betriebe dazu über, ihre technischen, technologischen und organisatorischen Möglichkeiten umfassender zu nützen sowie die Grundfondeffektivität zu erhöhen und den Produktionsverbrauch zu senken.

Schwerpunkt unserer gegenwärtigen und perspektivischen Arbeit in Betrieben der Fadenherstellung, Flächenherstellung und Veredlung sind

- die Herausbildung neuer, effektiver Formen der innerbetrieblichen Arbeitsteilung und -kooperation, damit Vervollkommnung der Arbeitsaufgaben und Verbesserung der Arbeitsinhalte. Dabei sind die Gesamtaufgaben des Arbeitskollektivs zu berücksichtigen und gleichzeitig bestimmte Arbeitsfunktionen in Abhängigkeit vom Schichtregime neu zu ordnen,
- die Durchdringung von Technologie und Technik, um jene materiell technischen Bedingungen zu schaffen, durch die die zeitliche Inanspruchnahme des Produktionspersonals je Erzeugniseinheit vermindert und ihre Arbeit produktiver wird.

Obwohl wir im Jahre 1981 solche Ergebnisse, wie die Umgestaltung von 34 052 Arbeitsplätzen und eine Einsparung von 15 175 000 Stunden, erbracht haben, wissen wir, daß die Anwendung der Wissenschaftlichen Arbeitsorganisation in den Produktionshilfs- und Nebenprozessen, wie bei Transport-, Umschlag- und Lagerprozessen, zentralisierter Instandhaltung, noch am Anfang steht. Es sind 35 % des Produktionspersonals – 20 % bei Final- und bis zu 44 % bei Grundprozessen – tätig.

Teilweise bestehen spürbare Unterschiede im Niveau der Arbeitsorganisation und der Arbeitsbedingungen zwischen den Produktionsgrund- und Produktionshilfsarbeiten, aber auch zwischen den verschiedenen Gruppen von Produktionshilfsarbeiten selbst, z. B. zwischen einfachen Transportarbeiten zur Instandhaltung.

Bei der Einbeziehung der Produktionshilfsarbeit in die sozialistische Rationalisierung geht es zunehmend um die Erhöhung der Kontinuität der Hauptprozesse, die Senkung der Stillstandszeiten von Anlagen und Maschinen, die Verminderung von Havarien sowie die Sicherung einer hohen Qualität durch entsprechende Kontrolleinrichtungen und zugleich darum, daß das in diesen Bereichen vorhandene Arbeitsvermögen sowohl qualitativ als auch quantitativ genutzt wird.

In den vergangenen Jahren wurden von uns hauptsächlich einzelne Produktionsabschnitte und Einzelarbeitsplätze auf der Grundlage erarbeiteter Beispiellösungen um- und neugestaltet. Entsprechend den Anforderungen zur Erhöhung der Produktivität und Effektivität des gesamten Reproduktionsprozesses wurden in jüngster Vergangenheit in zunehmendem Maße durchgängig ganze Bereiche unter Berücksichtigung der Hilfsprozesse rationalisiert.

L. Wienhold

Die weitere Erhöhung des Niveaus der Arbeitssicherheit als Beitrag zum Leistungsanstieg in der Volkswirtschaft

Die neuen Maßstäbe für unseren sozialistischen Arbeitsschutz in den 80er Jahren resultieren aus den wachsenden gesellschaftlichen Anforderungen, den Möglichkeiten des wissenschaftlich-technischen Fortschritts, der Weiterentwicklung der Organisation der Arbeit sowie aus der Verschärfung der internationalen Klassenauseinandersetzung. Ausprägung der Merkmale der entwickelten sozialistischen Gesellschaft bedeutet unter anderem, ständig das Niveau der Arbeitssicherheit zu verbessern und zugleich die Einheit von ökonomischer und sozialer Effekivität immer besser zu gewährleisten.

Für den Arbeitsschutz ist dabei die WAO eine wirksame Möglichkeit, seine Erkenntnisse und Forderungen entsprechend der konkreten betrieblichen Bedingungen in der Praxis durchzusetzen. Es sollen deshalb hier einige aktuelle Anforderungen genannt werden, die im Zusammenhang mit der weiteren Vervollkommnung der WAO für die Durchsetzung des gesamtgesellschaftlichen Anliegens der Gewährleistung von Arbeitssicherheit zu sehen sind.

Die Verwirklichung unserer Wirtschaftsstrategie erfordert, durch eine kontinuierliche Verbesserung des Niveaus der Arbeitssicherheit zum Leistungsanstieg unserer Volkswirtschaft beizutragen. Diese Verbindung zur Ökonomie wird häufig einseitig als Vermeidung von Ausfallzeiten durch Unfälle, Berufskrankheiten und des allgemeinen Krankenstandes gesehen. Diese enge Sicht hemmt uns, weitere Reserven für den Leistungsanstieg zu erschließen.

Die zu beachtende Komplexität soll an den folgenden fünf Prämissen verdeutlicht werden:

1. Erforderlich ist eine neue Qualität der Einheit von Ökonomie und Arbeitsschutz

Die Alternative: Entweder Ökonomie oder Schutz der Arbeitskräfte! ist bereits vom Ansatz her falsch. Zwischen diesen Seiten besteht kein ausschließendes Verhältnis, sondern eine Ursache-Wirkung-Beziehung in beiden Richtungen. Insofern ist auch die sozial-ökonomische Effektivität keine einfache Synthese der ökonomischen und sozialen Effektivität, sondern eine einheitliche geschlossene Kategorie, die ökonomische und soziale Ergebnisse in ihrer organischen Einheit und gegenseitigen Bedingtheit zum Ausdruck bringt.[1] Der Entscheid Ökonomie oder Arbeitsschutz ist nicht lösbar. Hierhinter verbirgt sich lediglich das Problem, ob kurz- oder langfristigen Effekten der Vorrang gegeben wird.

Arbeitsschutzmaßnahmen tragen unmittelbar zur Verbesserung der Ökonomie bei.

[1] Vgl. Autorenkollektiv, Ökonomische und soziale Wirksamkeit des wissenschaftlich-technischen Fortschritts, Berlin 1978, S. 105.

Eine Übersicht enthält Abbildung 1. Der Zustand der materiellen Arbeitsbedingungen beeinflußt wesentlich die Produktionskapazität. Ungünstige arbeitshygienische Bedingungen und ein schlechtes Niveau der Unfallsicherheit verringern die individuelle Leistungsfähigkeit und können sich auch negativ auf die Leistungsparameter der Maschinen und Anlagen auswirken. Es ist belegt, daß z. B. eine Lärmminderung von 5 bis 10 dB eine Erhöhung der individuellen Leistung der Werktätigen in der Größenordnung von 5 % mit sich bringt.[2] Verschiedene Typen handgeführter Arbeitsmittel verursachen so starke Schwingungen an den Berührungsstellen der Hände mit der Maschine, daß ihr Einsatz nach den entsprechenden Vorschriften täglich nur wenige Minuten zulässig ist.[3] Bei Arbeiten unter Hitzebedingungen, bei hohen körperlichen Belastungen und anderen pathogenen Arbeitsfaktoren sind unproduktive arbeitsbedingte Erholungspausen notwendig. Bei schlechtem Niveau der Unfallsicherheit mit notwendigen hohen Aufmerksamkeitsleistungen benötigt der Werktätige Zeit, um auf seine eigene Sicherheit zu achten. Auch das mindert die Produktivität. Unzureichend gestaltete und angebrachte Schutzmittel können dazu führen, daß zusätzliche Handgriffe oder Bewegungen notwendig sind, die eine hohe Leistung vermindern.

Direkte ökonomische Wirkungen ergeben sich auch durch den Einfluß auf den Aufwand für Ausschuß und Nacharbeit. Bei Tätigkeiten, die eine hohe Konzentration erfordern, hat zum Beispiel der Lärm Einfluß auf die Genauigkeit der Arbeitsausführung.[4] Lärmminderungen sind mit der Tendenz zur Abnahme von Fehlleistungen verbunden. Bei hohen Aufmerksamkeitsforderungen an die Werktätigen für die Unfallsicherheit kann es dazu kommen, daß Bearbeitungsfehler auftreten, die zur Qualitätsschmälerung führen.

Ökonomische Wirkungen resultieren weiterhin aus dem Niveau der Arbeitssicherheit der Erzeugnisse. Arbeitssicherheit ist mitbestimmend für den Gebrauchswert eines Erzeugnisses. Verbunden mit der Steigerung des Gebrauchswertes können Preiszu- und -abschläge festgelegt werden. Es ist heute belegte Tatsache, daß gerade für den Export die Arbeitssicherheit ein entscheidender mitbestimmender Faktor für Preisfestlegungen geworden ist. So ist der Valutaerlös auch vom erreichten Niveau der Arbeitssicherheit bei den Erzeugnissen abhängig. Vielfach sind überhaupt erst durch ein hohes Niveau der Arbeitssicherheit Vertragsabschlüsse im Export möglich. Ganz deutlich ist z. B. bei den Japanern spürbar, daß Arbeitssicherheit und Umweltfreundlichkeit ihrer Erzeugnisse wesentliche Verkaufsargumente sind. Diese Tendenz verstärkt sich international. Zunehmend werden auf dem Weltmarkt Maschinen und Anlagen mit vorbildlichen arbeitsschutztechnischen Lösungen besser verkauft. Das wird von imperialistischen Konzernen genutzt, um DDR-Konkurrenz auszuschalten bzw. Preisminderungen gegen uns und Preiserhöhungen für sich durchzusetzen.

Schließlich resultiert eine direkte ökonomische Wirkung aus eingetretenen Arbeitsunfällen, Berufskrankheiten sowie dem allgemeinen Krankenstand. Hierdurch entstehen Aufwendungen zur Wiederherstellung der Gesundheit der Geschädigten einerseits und Verluste durch Ausfall von Produktion sowie durch den Aufwand zur Beseitigung

[2] Vgl. H. Hartig, Ein Beitrag zur Quantifizierung der Verluste durch den Einfluß arbeitsbedingten Lärms auf Produktionsarbeiter, in: Informationen Arbeitsschutz, Arbeitshygiene, hg. v. Zentralinstitut für Arbeitsschutz, Dresden, 1/1978, S. 19.

[3] Vgl. S. Kirchberg, Vorausberechnung der Wirksamkeit von Maßnahmen der Schwingungsminderung bei handgeführten Arbeitsmitteln, in: Informationen Arbeitsschutz, Arbeitshygiene, hg. v. Zentralinstitut für Arbeitsschutz, Dresden, 3/1980, S. 94.

[4] Vgl. H. Hartig, Ein Beitrag zur Quantifizierung der Verluste durch den Einfluß arbeitsbedingten Lärms auf Produktionsarbeiter, in: Informationen Arbeitsschutz, Arbeitshygiene, hg. v. Zentralinstitut für Arbeitsschutz, Dresden, 1/1978, S. 19.

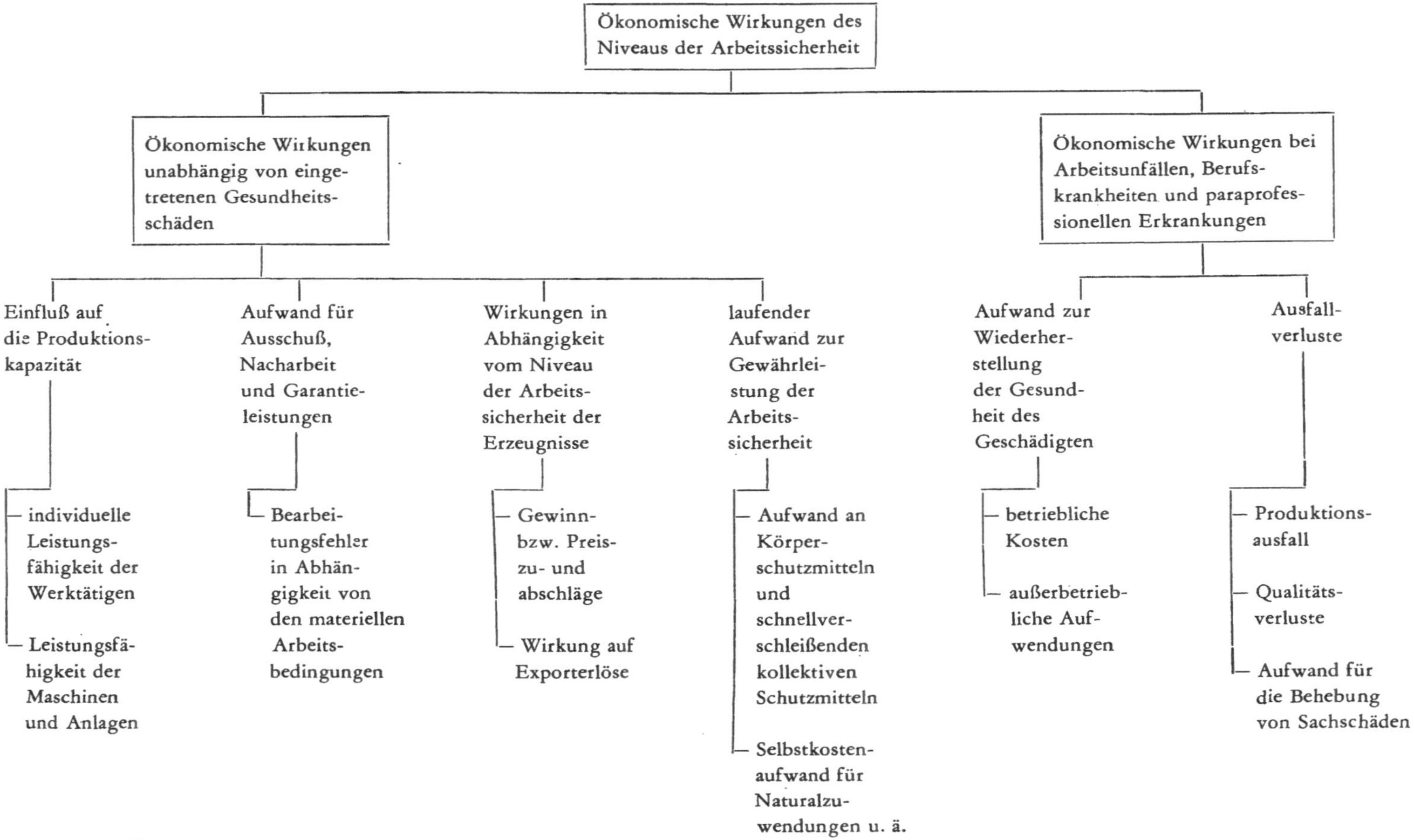

Abbildung 1 Übersicht über die ökonomischen Wirkungen des Niveaus der Arbeitssicherheit

hiermit im Zusammenhang stehender möglicher Sachschäden andererseits. In jedem Falle sind mit solchen Gesundheitsschäden neben dem menschlichen Leid ökonomische Auswirkungen verbunden. Es entsteht Aufwand zur Wiederherstellung der Gesundheit, der zu einem geringen Teil direkt im Betrieb und zum größeren Teil bei der Sozialversicherung des FDGB anfällt. Entscheidend sind insbesondere Aufwendungen für

- unfallbedingte Änderungen des Produktionsablaufs, Fremdeinsatz von Anlagen u. ä.,
- Behebung von Sachschäden,
- Nacharbeitsleistungen durch eventuell eingetretene Qualitätsbeeinträchtigungen durch Unfallereignisse (z. B. können unkontrolliertes Weiterlaufen von Prozessen, Schreckreaktionen u. ä. die Qualität verschlechtern).

Es wird eingeschätzt, daß 20 bis 40 % des gesamten Krankenstandes durch die Arbeitsbedingungen verursacht werden.[5] Man kann also sagen, daß rund jeder dritte Krankheitsfall in unserer Republik seine Ursachen im Arbeitsprozeß hat.

Neben solchen direkten ökonomischen Wirkungen treten auch indirekte auf. Bessere Arbeitsbedingungen lösen bei den Werktätigen neue, nur dem Sozialismus eigene Stimuli zur Arbeit aus und steigern so letztlich die Arbeitsproduktivität. Vom Werktätigen bewußt erlebte Verbesserungen der Arbeitsbedingungen schlagen um in zunehmende Aktivitäten und höheren persönlichen Einsatz für die weitere Entwicklung des Reproduktionsprozesses. Damit werden zusätzliche Quellen der Mehrung des gesellschaftlichen Reichtums erschlossen, werden schöpferische Initiativen der Werktätigen mobilisiert. Das individuelle Leistungsvermögen wird wesentlich auch von der Leistungsbereitschaft geprägt. Die Anstrengungen zur zielstrebigen Verbesserung der materiellen Arbeitsbedingungen führen über das bewußte Erleben beim Arbeiter zu Haltungen gegenüber seinem Betrieb, zur Leistungsmotivation. Auch wenn hierbei keine lineare Beziehung existiert, handelt es sich um potentiell vorhandene Zusammenhänge, die in der Tendenz zu hohem Leistungsstreben der Werktätigen führen.

Aus all dem wird deutlich, daß die Einheit von ökonomischer und sozialer Effektivität von sehr komplexer Natur ist. Eine der aktuellen Aufgaben besteht darin, solche Betrachtungen stärker mit zum Gegenstand der täglichen Arbeit im Ringen um hohe Effektivität und Qualität der Produktion zu machen. Enge Betrachtungsweisen hierzu müssen weiter überwunden werden.

2. Die Entwicklungslinien unserer Volkswirtschaft entsprechend der ökonomischen Strategie müssen vom Arbeitsschutz spezifisch unterstützt werden

So, wie Wissenschaft und Technik die Schlüsselstellung zur Erhöhung der Wirksamkeit der qualitativen Faktoren des Wirtschaftswachstums prinzipiell einnehmen, so muß der wissenschaftlich-technische Fortschritt auch konsequent zur Gestaltung sicherer Arbeitsbedingungen genutzt werden. Dadurch ist eine spürbare Verbesserung des Niveaus der Arbeitssicherheit möglich. Auf der 3. Tagung des ZK unserer Partei wurde erneut unmißverständlich orientiert: „Wo immer bei uns Technologie und Arbeitsorganisation verändert werden, gehört die Verbesserung der Arbeits- und Lebensbedingungen der Werktätigen zu den erstrangigen Anliegen.“[6] Die positive Bilanz unserer Republik in der Senkung der Arbeitsunfälle und in den letzten Jahren auch der Berufskrankheiten

[5] Vgl. Autorenkollektiv, Ökonomische Leistungskraft durch Intensivierung, Berlin 1980, S. 205.

[6] Aus dem Bericht des Politbüros an die 3. Tagung des ZK der SED, Berichterstatter: Genosse Erich Honecker, Berlin 1981, S. 33.

belegt, daß wir gut vorangekommen sind. Aber wir dürfen dabei nicht den Blick für die außerordentliche Differenziertheit und damit die Reserven auf diesem Gebiet verlieren.

Das der Tagung vorgelegte Beratungsmaterial nennt als eine Richtung der Vervollkommnung der Arbeitsorganisation neben anderen die Rationalisierung von Arbeitsprozessen mit überwiegend manueller Tätigkeit. Das ist gerade für den Arbeitsschutz eine entscheidende Richtung, denn unsere Analysen belegen, daß sich 57 % aller Arbeitsunfälle bei manuellen Tätigkeiten ereignen und sich dieser Anteil in den letzten Jahren erhöht hat. Neuerungsprozesse insgesamt und speziell gerade der Einsatz von Industrierobotertechnik bringen für den Arbeitsschutz ganz neue Lösungen.

Wir müssen uns aber stets darüber klar sein, daß sich die Potenzen von Wissenschaft und Technik für den Arbeitsschutz nicht im Selbstlauf erschließen. Wenn dieser Prozeß nicht rechtzeitig wissenschaftlich beherrscht wird, können neue Gefährdungen entstehen. So kommt es auch beim Einsatz der Industrierobotertechnik darauf an, die Werktätigen vor solchen arbeitsbedingten Unfallfaktoren, wie bewegten Teilen des Roboters selbst und seiner peripheren Einrichtungen, vor pathogenen Arbeitsfaktoren, wie Schwingungen u. a., sowie auch insbesondere vor besonderen Gefährdungen bei Wartungs- und Instandsetzungsarbeiten durch geeignete technische Mittel zu schützen.

Wir haben die Verantwortung, zu gewährleisten, daß bei der Verwirklichung wichtiger Entwicklungslinien unserer Volkswirtschaft die Arbeitsschutzprobleme beherrscht werden. Das möchte ich an zwei Beispielen deutlich machen:

Die Lösung der Transportaufgaben mit den zur Verfügung stehenden Treibstoffen ist eine volkswirtschaftliche Notwendigkeit. Hiermit verbunden ist eine Neugestaltung der Arbeitsteilung Schiene – Straße – Wasserweg durch die veränderten Bedingungen im Energieträgereinsatz. Vor den Betrieben steht die Aufgabe, Voraussetzungen für diese neuen Bedingungen zu schaffen. Dieser Prozeß ist in vollem Gange, und es gibt viele gute Erfahrungen. Hiermit verbunden ist eine starke Zunahme von Umschlagstätigkeiten. Be- und Entladen und ähnliche Arbeiten sind aber einer unserer kritischen Punkte im Unfallgeschehen. Dementsprechend gilt es, alle Anstrengungen zu unternehmen, von Anfang an bei solchen veränderten Formen ein hohes Niveau der Arbeitssicherheit zu gewährleisten. Dazu gehört die Vorbereitung arbeitssicherer Technologien, entsprechend gestaltete Bereiche, wie arbeitssichere Überfahrmöglichkeiten an Laderampen, sowie ein Fahrzeugeinsatz mit Umschlagtechnik und andere notwendige Arbeitsmittel.

Ein weiteres Beispiel im Zusammenhang mit der notwendigen Ölsubstitution: Für Heizzwecke erfordert die Umstellung von Öl auf Rohbraunkohle neue Feuerungstechnologien. Aus dem notwendigen höheren Zug ergeben sich andere strömungsmechanische Vorgänge. Das wiederum führt zu einer erhöhten Lärmentwicklung. Und gehörschädigender Lärm spielt im Arbeitsprozeß ohnehin bereits eine dominierende Rolle. So sind auch hier von Anfang an Lösungsvorschläge zum Lärmschutz mit zu erarbeiten und durchzusetzen.

Diese Beispiele sollen deutlich machen, daß insbesondere die Kader in den produktionsvorbereitenden Bereichen aufgerufen sind, die ökonomische Strategie nicht vom Arbeitsschutz abzukoppeln oder ihn bei ihrer Verwirklichung zu negieren. Das würde am Wesen der Einheit von Wirtschafts- und Sozialpolitik vorbeigehen. Es kommt deshalb in unserer Arbeit ganz besonders darauf an, daß mit den durchzusetzenden Strukturlinien unserer Wirtschaft wirksam als ein einheitlicher homogener Prozeß auch das Niveau der Arbeitssicherheit kontinuierlich weiter verbessert wird.

3. Es verstärkt sich die Integrationstendenz des Arbeitsschutzes mit den verschiedenen Aufgabengebieten der gesellschaftlichen Praxis

Jede Separatisierung von Forderungen und Maßnahmen des Arbeitsschutzes würde am Wesen unserer Entwicklung vorbeigehen. Und so gesehen, muß immer wieder betont werden: Die Verwirklichung seines gesamtgesellschaftlichen Anliegens ist kein zusätzliches oder gar nebenrangiges Problem, sondern ständige Aufgabe in Verbindung mit allen Intensivierungsprozessen. Die zunehmende Verflechtung der materiellen Produktion mit den Arbeits- und Lebensbedingungen ist grundlegender Bestandteil der sozialistischen Intensivierung.

Beschleunigung und Breitenanwendung technischer Neuerungen verstärken hierbei die Tendenz, Arbeitssicherheit stärker als funktionelle Sicherheit von Produktionsprozessen zu verwirklichen. Jede selbständige Betrachtung hat heute keine Anwendungschancen mehr und steht auch unseren ökonomischen Forderungen entgegen.

Der Schwerpunkt des Arbeitsschutzes verlagert sich in diesem Zusammenhang mehr und mehr auf die der Produktion vorhergehenden Leistungen. Zur Überwindung der Korrekturfunktion des Arbeitsschutzes wurde in der Vergangenheit stark Einfluß auf die Konstrukions- und Projektierungsphasen genommen. In der nächsten Zeit muß der entscheidende Druckpunkt bereits mit der Grundlagen- und angewandten Forschung erfolgen.

Natürlich haben wir die Einsatzmöglichkeiten z. B. der sekundären Lärmschutzmaßnahmen in der Praxis noch nicht erschöpft. Aber es handelt sich eben um sekundäre und damit in der Regel auch ökonomisch aufwendige Maßnahmen. Lärmbekämpfung muß man – so wie jede Vermeidung pathogener Arbeitsfaktoren und arbeitsbedingter Unfallfaktoren – an der Wurzel anpacken, und das ist die Vermeidung der Lärmentstehung. Insofern muß der Arbeitsschutz entschieden konsequenter in die verschiedenen Grundlagendisziplinen der Technikwissenschaften integriert werden. Um beim Beispiel Lärmbekämpfung zu bleiben: Die physikalischen Grundlagen der Lärmentstehung müssen Rüstzeug für die Kader in den produktionsvorbereitenden Bereichen sein. So ist eine lärmarme Konstruktion von vornherein möglich.

Ich möchte zur Integrationstendenz des Arbeitsschutzes ein weiteres Beispiel anführen. Mit der Orientierung auf die Vervollkommnung des Inhalts der Arbeit und den dabei möglichen Vorgehensweisen der Arbeitserweiterung und Arbeitsbereicherung ist die Tendenz verbunden, Instandhaltungsarbeiten den Produktionsgrundarbeitern zuzuordnen. Gerade das ist aber eine Tätigkeit, bei der sich rund jeder 5. Unfall bei uns in der Republik ereignet. Bereicherung des Inhalts der Arbeit darf nicht in Widerspruch geraten mit der Verantwortung zur Gewährleistung der Arbeitssicherheit. Deshalb muß die Richtung des Vorgehens darin bestehen, das Anliegen Arbeitsschutz auch in die Aktivitäten zur Entwicklung des Inhalts der Arbeit zu integrieren. Ansonsten kann der beabsichtigte Effekt nicht eintreten.

4. Notwendig ist eine tiefere Wirksamkeit der Beachtung der Erfordernisse des Arbeitsschutzes im Rahmen der WAO

Mit den Instrumentarien der WAO werden die Bedingungen der Arbeit unter dem Gesichtspunkt ihres Einflusses auf das Leistungsvermögen sowie das körperliche, geistige und soziale Wohlbefinden des Menschen im Arbeitsprozeß untersucht und gestaltet. Hieraus ergibt sich die enge Verbindung zum Arbeitsschutz. Durch eine wissenschaftliche Gestaltung der Arbeitsorganisation entstehen Arbeitsbedingungen, die sicher und erschwernisfrei sind.

Auf diesem Gebiet haben wir in den letzten Jahren entschiedene Fortschritte erreicht. Ich sehe dabei aber folgende Probleme, die besser beherrscht werden müssen.

Zum Ersten: Im Referat und im vorliegenden Beratungsmaterial wurde deutlich, daß wir einen absoluten Rückgang in der Reduzierung der Anzahl der Arbeiter und Angestellten mit erschwerten Arbeitsbedingungen im Bereich der Industrieministerien durch WAO-Maßnahmen zur Kenntnis nehmen müssen. Von Jahr zu Jahr wurden mit Hilfe der WAO für weniger Werktätige die erschwerten Bedingungen verbessert. Vergleichen wir diese Entwicklung noch mit der Gesamtzahl der durch WAO-Maßnahmen um- und neugestalteten Arbeitsplätze, so haben wir auch relativ einen erheblichen Rückgang zu verzeichnen. Wurden pro 100 durch WAO-Maßnahmen um- und neugestaltete Arbeitsplätze im Jahre 1975 für 21 Werktätige Erschwernisse beseitigt, so war das im Jahr 1981 nur noch für rund 10 Werktätige der Fall. Das ist ein Rückgang um mehr als 50 Prozent. Diese Entwicklung steht im Widerspruch zum Anliegen der WAO, und es handelt sich um Größenordnungen, mit denen man sich auf keinen Fall zufriedengeben kann. Das heißt eben, daß der Wirkungsgrad der WAO-Maßnahmen zur Verbesserung der materiellen Arbeitsbedingungen entschieden erhöht werden muß. Wo immer eine Um- und Neugestaltung von Arbeitsplätzen durch WAO erfolgt, verdient sie nur dann das Attribut „wissenschaftlich", wenn sowohl die Effektivität als auch das Niveau der Arbeitssicherheit verbessert werden.

Zum Zweiten: Man begegnet in der Praxis der Tendenz einer gewissen „Arbeitsteilung" zwischen WAO und Sicherheitsinspektion. Die WAO-Abteilungen analysieren und verändern die arbeitshygienischen Bedingungen, der Sicherheitsinspektor kümmert sich um die Unfallsicherheit. Solche „Arbeitsteilung" ist gefährlich und geht am Wesen des Anliegens von WAO und Arbeitsschutz vorbei. So ist stets von allen entsprechend ihrer differenzierten Verantwortung die Komplexität des Anliegens Arbeitsschutz zu berücksichtigen. Es gehört heute zur Selbstverständlichkeit, daß WAO-Kader arbeitshygienische Messungen u. ä. vornehmen. Aber selten sind noch die WAO-Abteilungen, die auch Zustandsanalysen der Unfallsicherheit erarbeiten. Sachlich gibt es für solche Abgrenzungen keinen Grund. Deshalb muß die Komplexität des Arbeitsschutzes überall verstärkt beachtet werden. Ansonsten verschenken wir hier mögliche Effekte in Größenordnungen. Lösungen für die Beherrschung einzelner Faktoren helfen uns heute nicht entschieden weiter. Es kommt darauf an, die verschiedenen schädigenden Faktoren in ihrem Zusammenwirken am Arbeitsplatz zu analysieren und zu beseitigen. Nur das dient dem Arbeiter und trägt in der Tendenz zur Reduzierung des notwendigen Aufwands bei.

5. Höhere Anforderungen sind an die Reproduktion des Niveaus der Arbeitssicherheit zu stellen, insbesondere an die differenzierte Nutzung der Reproduktionsformen

Die weitere Verwirklichung der Hauptaufgabe unter den veränderten Bedingungen verlangt objektiv, ein weiteres Wachstum des Niveaus der Arbeitssicherheit als gesetzmäßigen Prozeß zu erreichen.

Ausgangspunkt unserer Arbeit muß die Beachtung der von Lenin für den Kapitalismus aufgezeigten Gesetzmäßigkeit „der Zunahme der Bedürfnisse der gesamten Bevölkerung"[7] sein, die m. E. auch unter sozialistischen Bedingungen wirkt. Das Bedürfnis nach Schutz und Förderung der Gesundheit unserer Werktätigen prägt sich immer mehr aus, ist nicht statisch, sondern wird differenzierter. Deshalb muß eine enge Sicht des Arbeitsschutzes, die sich lediglich auf Arbeitsunfälle und Berufskrankheiten bezieht, weiter überwunden werden. Das soziale Wohlbefinden im Arbeitsprozeß in seiner gesamten Komplexität ist Gegenstand unserer gemeinsamen Anstrengungen.

Da die materiellen Ressourcen als traditionelle Grundlage für eine Erhöhung des Niveaus der Arbeitssicherheit langsamer wachsen als die Anforderungen, wäre auf lange Sicht Stagnation im Niveau der Arbeitssicherheit die Konsequenz, wenn das Wachstum auf das Ressourcenniveau eingestellt werden würde. Es ist deshalb heute notwendig, die Entwicklung des Niveaus der Arbeitssicherheit auf eine neue Grundlage zu stellen, einen einseitigen Ressourceneinsatz im Sinne von Investitionen zu überwinden.

Es sind qualitative Faktoren auch hierfür nutzbar zu machen. Qualitative Faktoren für die Erhöhung des Niveaus der Arbeitssicherheit sind

- die Höherentwicklung der sozialistischen Produktionsverhältnisse, speziell die Ausprägung qualitativer Merkmale durch Vervollkommnung der Leitung, Planung und Stimulierung, die für den Arbeitsschutz immer besser zu erschließen sind, um für die Entwicklung des Niveaus der Arbeitssicherheit günstigere Voraussetzungen zu schaffen;
- die sozialen Potenzen von Wissenschaft und Technik, insbesondere die Erschließung neuer Wirkprinzipien und ihre Umsetzung in technologischen Fortschritt zur Vermeidung und zum Abbau gesundheitsschädigender Faktoren;
- die Vervollkommnung der arbeitssicheren Organisation des Zusammenwirkens zwischen den Werktätigen und der Technik/Technologie (Arbeitsteilung, Kooperation, Kommunikation);
- die wirksame Nutzung der schöpferischen Ideen, des sich entwickelnden Qualifikationsniveaus der Werktätigen und ihres Bewußtseins für eine planmäßige Weiterentwicklung des Niveaus der Arbeitssicherheit, die Vervollkommnung der bewußten Arbeitsdisziplin;
- die Beachtung und planmäßige Nutzung der mehrfachen Wechselbeziehungen zwischen den genannten qualitativen Faktoren sowie der daraus resultierenden Wirkungen auf die Arbeitssicherheit.

Das Anliegen besteht darin, die Maßnahmen des Arbeitsschutzes selbst immer effektiver durchzuführen. Ausgangspunkt ist selbstverständlich das soziale Anliegen, entsprechend dem Sinn des Sozialismus Arbeitssicherheit zu gewährleisten und zur Entwicklung des Wohlbefindens der Werktätigen beizutragen. Dies ist zunächst unabhängig davon, ob das ökonomisch effektiv ist oder nicht. Aber daraus ist nicht ableitbar, daß ein Kosten-Nutzen-Denken in diesem Bereich keinen Platz hat. Es geht stets um einen effektiven Einsatz der für den Arbeitsschutz aufgewandten Mittel und damit auch im Arbeitsschutz um die Auswahl optimaler Varianten, um die Erreichung eines hohen Niveaus der Arbeitssicherheit mit minimalem Aufwand. Primat hat nicht das Finden irgendeiner Lösung, die Arbeitssicherheit bietet, sondern das Finden der optimalen Lösung. Charakteristisch für eine optimale Arbeitsschutzlösung ist die Einheit von

- maximaler Wirkung auf das Niveau der Arbeitssicherheit und der Gewährleistung von sozialem Wohlbefinden im Arbeitsprozeß (Ergebnismerkmal),
- minimalem Aufwand für Maßnahmen des Arbeitsschutzes (Aufwandsmerkmal).

Es erscheint nicht sinnvoll, das anzustrebende Ziel (das Ergebnismerkmal) in Ware –

[7] Vgl. W. I. Lenin, Zur sogenannten Frage der Märkte, in: Werke, Bd. 1, Berlin 1961, S. 98.

Geld – Kategorien zu definieren. Das Ergebnis – hohes Niveau der Arbeitssicherheit – muß zweckmäßigerweise in solchen Zustandskennzahlen ausgedrückt werden, wie Anzahl der Arbeitsplätze, für die Unfallsicherheit oder für die eine Einhaltung der arbeitshygienischen Normative gewährleistet ist. Mit solchen Kennziffern muß der Betrieb ohnehin im Rahmen der Planung der materiellen Arbeitsbedingungen mit dem Vordruck 711[8] sowie bei Nutzung der Arbeitsplatzkarten oder dem ab 1981 verbindlichen arbeitshygienischen Bericht arbeiten. Natürlich kann man als Ergebnis ökonomische Verluste durch Unfälle und Berufskrankheiten berechnen. Aber damit werden eben ökonomische Verluste und nicht soziale Wirkungen ermittelt. Soziale Wirkungen können nicht in Kategorien der wirtschaftlichen Rechnungsführung bewertet werden. Ich halte ein weiteres Verfolgen dieses Weges für Effektivitätsbetrachtungen, wie er in verschiedenen Ansätzen international wie national versucht wurde, nicht für richtig. Soziale Effektivität im Sinne des Arbeitsschutzes ist immer das soziale Ergebnis bezogen auf den ökonomischen Aufwand. Als Grundkennziffer eignet ich dementsprechend das Verhältnis der Anzahl der Werktätigen, für die sich durch Maßnahmen das Niveau der Arbeitssicherheit verbessert, zu dem Aufwand für diese Maßnahmen (in Mark).

Die Aussage besteht im Nachweis der verbesserten Bedingungen pro aufgewandte Mark.

Für die Aufwandsbetrachtungen muß im Entscheidungsprozeß stärker mit Varianten gearbeitet werden. Es ist zu optimieren zwischen

- einmaligem und laufendem Aufwand,
- Aufwand beim Hersteller und beim Anwender,
- wirkungsvollsten Ansatzpunkten zur Gestaltung sicherer Technik beim einmaligen Aufwand.

Eine aktuelle Aufgabe besteht in diesem Zusammenhang darin, traditionell entstandene Schutzvorschriften zu überdenken. Der Weg geht zum komplexen automatisierten Betrieb. Zunehmend entstehen automatisierte Fertigungszellen, verkettete Arbeitsmittel. 1985 werden 70 % der Werkzeugmaschinen automatisierte und komplexe Fertigungslinien sein. Der Arbeitsschutz aber fordert bisher kompromißlos Schutzhauben, Gitter u. ä., was unter diesen Bedingungen, daß Werktätige mit den entsprechenden schädigenden Faktoren überhaupt nicht in Berührung kommen können, schrittweise überflüssig wird.

Notwendig ist deshalb eine größere Dynamik in der Durchsetzung unserer Forderungen. So kann auch der Beitrag des Arbeitsschutzes zur Fondsökonomie geleistet werden.

Diese fünf genannten Prämissen machen deutlich, daß der Arbeitsschutz selbst ein Faktor zur Erhöhung der Leistungsfähigkeit unserer Wirtschaft ist und daß zugleich an ihn selbst neue, weitergehende Forderungen unter dem Aspekt der Intensivierung unserer Volkswirtschaft gestellt werden müssen.

In der Einheit dieser beiden Seiten leistet der sozialistische Arbeitsschutz einen Beitrag für die Sicherung des Leistungsanstiegs in der Volkswirtschaft durch Erhaltung des gesellschaftlichen Arbeitsvermögens sowie Erhöhung seiner Wirksamkeit, durch Mitwirkung an der Gewährleistung eines steten Wachstums der Arbeitsproduktivität und Effektivität mittels seiner Wirksamkeit auf die Grundfonds- und Materialökonomie, durch Optimierung der finanziellen Aufwendungen und Vermeidung materieller und finanzieller Verluste.

[8] Vgl. Anordnung über die Rahmenrichtlinie für die Planung in den Kombinaten und Betrieben der Industrie und des Bauwesens – Rahmenrichtlinie – vom 30. 11. 1979, in: GBl., Sonderdruck 1021.

K. Ladensack

Die Förderung des Leistungszuwachses durch die WAO – betrachtet unter Leitungsaspekten

Die uns bekannten Anforderungen an den Leistungszuwachs der 80er Jahre sind so tiefgründiger und komplexer Natur, daß sich daraus zwangsläufig auch weitreichende Konsequenzen für die Wissenschaftliche Arbeitsorganisation ergeben. Diese These möchte ich im folgenden begründen und vor allem einige Konsequenzen analysieren. Dabei soll diese Problematik unter Leitungsaspekten untersucht werden.

Sicherung des Leistungszuwachses hat Konsequenzen für die WAO-Arbeit

Das Arbeitsvermögen stellt eine entscheidende Bedingung des Reproduktionsprozesses dar. Dabei ist das Qualifikationspotential der Werktätigen aller Tätigkeitsbereiche als eine Hauptreserve für die Sicherung des Leistungszuwachses zu betrachten. Aus diesen Tatsachen ergibt sich eine erste wichtige Konsequenz: *Die Wissenschaftliche Arbeitsorganisation muß ihre Zielstellungen unmittelbar aus den Erfordernissen des Leistungszuwachses ableiten, und ihre Wirkungen müssen wiederum direkt in Leistungszuwachs bestehen.* Dabei kann das bei der bestehenden Komplexität des Reproduktionsprozesses weder durch eine isolierte Betrachtung einzelner Arbeitsplätze noch durch die alleinige Betrachtung der Werktätigen als Hauptproduktivkraft geschehen. Schwerpunkte und Zielstellungen der Untersuchungen, die Beurteilung der Effekte, die Wahl des Instrumentariums müssen direkt mit der Sicherung des Leistungszuwachses in Beziehung gebracht und von diesem Standpunkt aus beurteilt werden. So betrachtet, stellt die „Schwedter Initiative" eben nicht in erster Linie eine Methode zur Einsparung von Arbeitsplätzen und zum Freisetzen von Arbeitskräften dar, sondern eine grundlegende Maßnahme, um durchgreifend über die zweckmäßigere Strukturierung des Arbeitskräftepotentials Reserven für den Leistungszuwachs zu erschließen. In den Praktiken fortgeschrittener Kombinate und Betriebe widerspiegeln sich bereits jetzt diese neuen Wirkungsbedingungen der WAO. Ein Beispiel dafür ist die Nutzung solcher Führungsdokumente wie der Grundrichtungen der rationellen Nutzung des gesellschaftlichen Arbeitsvermögens für einen Fünfjahrplanzeitraum. Mit diesem Leitungsinstrument schafft sich beispielsweise das Mansfeld Kombinat Voraussetzungen, um „das Aufkommen, die Verteilung und die Nutzung des gesellschaftlichen Arbeitsvermögens entsprechend den gesellschaftlichen Erfordernissen zu steuern"[1]. Im VEB Kombinat Robotron wird aus dem „Komplexprogramm zur effektiven Nutzung des gesellschaftlichen Arbeitsvermögens" das erforderliche Schrittmaß für die wissenschaftlich-technische Arbeit, für notwendige Veränderungen in der Arbeitskräftestruktur und die bessere Nutzung der qualitativen

[1] Aus den Darlegungen der Generaldirektoren, Karlheinz Jentsch, Generaldirektor des VEB Mansfeld Kombinat „Wilhelm Pieck", in: Kombinate im Kampf um die Durchführung der ökonomischen Strategie des X. Parteitages, Berlin 1981, S. 139.

Faktoren des sozialistischen Arbeitsvermögens abgeleitet.[2] Der „großen Dimension" der sich dabei ergebenden WAO-Aufgaben müssen auch die Untersuchungsmethoden im Rahmen der WAO-Arbeit entsprechen. Solche neuen methodischen Ansätze kommen beispielsweise in der Anwendung komplexer WAO-Studien, Arbeits-, Leistungs- und Aufwandsvergleichen und in Sollvorgaben für die Einsparung von Arbeitsplätzen und Arbeitskräften sowie in der Erarbeitung von Sollprojekten für die WAO zum Ausdruck. Ebenso stellt die zunehmende Anwendung von *prozeßbezogenen WAO-Studien*[3] eine den neuen Bedingungen entsprechende Weiterentwicklung des methodischen Instrumentariums der WAO dar. Überhaupt bieten das Kombinat PCK Schwedt und andere Wirtschaftseinheiten eine Fülle von Ansätzen für die Anwendung eines Instrumentariums für die WAO-Arbeit, das den zu lösenden Problemen adäquat ist.

Die Notwendigkeit der noch stärkeren unmittelbaren Orientierung der WAO auf Erfordernisse des Leistungszuwachses äußert sich allerdings gegenwärtig nicht nur in positiven Ansätzen der dargestellten Art. Notwendig ist m. E. vor allem die Profilierung der WAO auf dem Gebiet der Leitung und Verwaltung. Hier ist die noch zu einseitige Orientierung auf Analysen und Einflußnahmen auf den Leitungs- und Verwaltungsaufwand weit verbreitet. So außerordentlich wichtige Aufwandssenkungen und der Einsatz der freigesetzten Kräfte an effektivitätsbestimmenden Schwerpunkten auch sind, das anzustrebende übergeordnete Ziel besteht darin, durchgehend über ein hohes Niveau der Leitungstätigkeit, durch Leitungsentscheidungen, die über neue wissenschaftlich-technische Lösungen hohe ökonomische Effekte bewirken, den notwendigen Leistungszuwachs zu sichern. Beispielsweise stellen für die Chemie-Kombinate von den volkswirtschaftlichen Erfordernissen und Ressourcenbedingungen ausgehende, die Produktionslinien erfassende und die Konsequenzen für Forschung und Entwicklung, Investitionstätigkeit und Außenwirtschaft herausarbeitende Programme für die Höherveredlung der Produkte zugleich wichtige Grundlagen für den Einsatz des personellen wissenschaftlichen Potentials – ja letztlich des Arbeitsvermögens überhaupt – dar. Deshalb muß die WAO in Leitung und Verwaltung gleichrangig auch auf den hohen Effekt der Leitungstätigkeit gerichtet sein. Eine Analyse und Gestaltung der Leitertätigkeit, die am Vergleich von Aufwand und Ergebnis der Leitungstätigkeit, am Niveau der getroffenen Entscheidungen, am Effekt hervorgebrachter Neuerungen, an der Qualität der Maßnahmen zur Nutzung des Neuerungspotentials u. a. vorbeigeht, wäre zu wenig auf Leistungszuwachs orientiert und würde zu wenig die Einheit von Schöpferischem und Formalem in der Arbeit der Leitungskader durchsetzen helfen.

Ausgehend davon, besteht eine zweite wesentliche Konsequenz aus den Zielstellungen zum Leistungszuwachs darin, daß die *WAO noch stärker in die Leitungstätigkeit selbst integriert sein muß.* Damit ist nicht die seit langem erhobene und auch in den vergangenen Jahren immer erfolgreicher verwirklichte Forderung gemeint, daß die Leiter als Bestandteil ihrer Arbeit WAO-Maßnahmen planen, durchsetzen, kontrollieren usw. Vielmehr geht es um die Tatsache, daß arbeitsorganisatorische Bedingungen im weitesten Sinne, das Niveau des Zusammenwirkens der Werktätigen, der Inhalt der Aufgaben, die in der Wirtschaftseinheit in Angriff genommen und gelöst werden, entscheidend von der *Qualität* der Arbeit und insbesondere von den Entscheidungen der Leiter

2 Aus den Darlegungen der Generaldirektoren, Wolfgang Sieber, Generaldirektor des VEB Kombinat Robotron Dresden, in: Kombinate im Kampf um die Durchführung der ökonomischen Strategie des X. Parteitages, a. a. O., S. 115.

3 Vgl. R. Emmrich, W. Köthe, Sozialistische Rationalisierung in Leitung, Verwaltung und Produktionsvorbereitung – rationelle Nutzung des Arbeitsvermögens, in: Sozialistische Arbeitswissenschaft, 6/1981, S. 448 f.

determiniert sind. Dieser Gesichtspunkt gewinnt um so mehr an Bedeutung, je umfassender die qualitativen Faktoren des Arbeitsvermögens erschlossen werden. Zukünftig sollten durch die effektive Gestaltung der Leitertätigkeit noch mehr positive Wirkungen auf das Niveau und den Effekt der Arbeitsorganisation erzielt werden, und zwar über die aktive Haltung zur eigenen Rolle im Reproduktionsprozeß, die Qualität von Leitungsentscheidungen zur Durchsetzung des Neuen und ein schöpferisches Herangehen an die Leitungstätigkeit.

Einflußmöglichkeiten der Leiter auf die Nutzung des Arbeitsvermögens

Zwischen dem Niveau der Leitungstätigkeit und der Wirksamkeit des Betriebskollektivs, zwischen dem Niveau der Leitungsentscheidungen und der Nutzung des Qualifikationspotentials der Werktätigen besteht ein enger Zusammenhang. Gerade auf dem Gebiet von Wissenschaft und Technik entscheidet die Leitungstätigkeit über den Umfang der Ergebnisse, die erreicht werden.[4] *Dieser Zusammenhang ergibt sich daraus, daß über das schöpferische, aktive, auf Neuerungen orientierte Handeln der Leiter Arbeitsaufgaben ausgelöst, konkrete ökonomische und soziale Zielstellungen fixiert, Leistungsmaßstäbe erzeugt und verwirklicht, berufliche Perspektiven vermittelt und Arbeitsbedingungen hervorgebracht werden, die in einem hohen Maße die Nutzung der Qualifikation verlangen und zugleich stimulieren.*

Die Nutzung des Arbeitsvermögens des gesamten Betriebskollektivs durch die Leitungstätigkeit wird dabei über mehrere Wirkungsketten determiniert:

1. Es müssen stabile Vorstellungen zur Kombinats- und Betriebsentwicklung bestehen. Durch klare, von ökonomischen Schwerpunkten abgeleitete Forschungslinien und entsprechende stabile wissenschaftlich-technische Aufgaben wird es möglich, die teilweise sehr umfangreichen F/E-Potentiale wirksamer einzusetzen. Das Zurückbleiben eines Teils der Kombinate in der Erfindertätigkeit und die teilweise noch ungenügende Lenkung der Neuerertätigkeit auf die Lösung ökonomisch bedeutsamer technisch-organisatorischer Zielstellungen muß direkt mit dem Niveau der Leitungstätigkeit in Zusammenhang gebracht werden.

2. Je konsequenter mit wissenschaftlich-technischen Neuerungen solche sozialen Zielstellungen wie Gestaltung inhaltsreicher Arbeitsaufgaben und Verbesserung der Arbeitsbedingungen verfolgt werden, desto mehr besteht an den modernisierten bzw. erneuerten Produktionsanlagen ein Zuwachs an verantwortungsvollen, interessanten, hohe Qualifikation erfordernden und höhere Gebrauchswerte hervorbringenden Arbeitsaufgaben (z. B. mikroelektronisch gesteuerte Werkzeugmaschinen, Spezialplaste).

3. Ein solches Niveau der Leitungstätigkeit, das die Durchgängigkeit von Neuerungsprozessen von der Forschung über Investitionstätigkeit, Produktion und Absatz sichert, verhindert die Vergeudung von Arbeit in Form von ungenutzten Forschungsergebnissen, verlorenem Projektierungsaufwand, nicht genutzten Baustelleneinrichtungen usw. und beschleunigt die Überführung der Ergebnisse.

4. Indem zweckmäßige Arbeitskräfteproportionen erkannt und entsprechende Umformierungsprozesse vollzogen werden, lassen sich Engpässe und Überschüsse an personellen und materiell-technischen Potentialen vermeiden und mit einem vergleichsweise geringen Einsatz entsprechend fachlich profilierter Kader ein hoher Leistungszuwachs

[4] G. Mittag, Hoher Leistungszuwachs für die weitere Stärkung unserer Republik, in: Einheit, 5/1982, S. 467.

erzielen.[5] Dieser Weg wurde beispielsweise bei einer Reihe sehr effektiver dezentraler Rationalisierungsvorhaben im VEB Chemiekombinat Bitterfeld, im VEB Kombinat Leuna-Werke „Walter Ulbricht" und auch im Kombinat Chemische Werke Buna beschritten.

5. Schließlich führen alle voranstehenden Maßnahmen zu Leistungsbedingungen, die gekennzeichnet sind von einer Klarheit über die Leistungsanforderungen in quantitativer und qualitativer Hinsicht, von einer höheren „Dichte der Verantwortung" der Beschäftigten für hohe Leistungen, einer stärkeren schöpferischen Suche und Risikobereitschaft, einer erhöhten Qualifizierungsbereitschaft und der ausgeprägteren Wertung und Würdigung dieser Verhaltensweisen. Es wird verhindert, daß Qualifikationspotential geradezu verkümmert; vielmehr reproduziert sich dieses Potential unter diesen Bedingungen auf einem ständig erhöhten Niveau.

Es ist offensichtlich, daß vor allem wissenschaftlich-technische Neuerungsprozesse einen hohen Einsatz des Qualifikationspotentials voraussetzen und ermöglichen. Damit hängt vor allem von den angewendeten Neuerungsstrategien der Kombinate und Betriebe ab, in welchem Maße das geistige Potential für die Erzielung von Leistungszuwachs genutzt wird. Als zwei Strategien, die ein „träges Reagieren" auf Neuerungserfordernisse beinhalten, charakterisiert H. Maier die Traditionsstrategie und die reaktive Strategie.[6] Bei diesen Strategien ergeben sich im Vergleich mit der an gleicher Stelle charakterisierten Offensiv- und Nutzungsstrategie weit geringere Möglichkeiten für die Ausschöpfung des Qualifikationspotentials im Leitungsbereich. Ja, es können sogar negative Wirkungsmechanismen folgender Art auftreten: Neu heranreifende Probleme, wie z. B. Neuerungserfordernisse, werden ignoriert und demzufolge nicht aufgegriffen. Es kommt zu einem Stau an nicht erkannten und nicht gelösten Problemen, der Widerspruch zwischen den Anforderungen an die Wirtschaftseinheit (Bereich) und ihrem tatsächlichen Leistungsvermögen wird immer größer. Das Kombinat bzw. der Betrieb/Bereich gelangt in eine defensive Position mit all ihren negativen Wirkungen. Damit entwickelt sich zugleich häufig planlose Operativität, physische Überbeanspruchung bei einem Teil der Leiter und anderen Beschäftigten, ein enger Pragmatismus, Zweifel an prinzipiellen Lösungsmöglichkeiten und eine Einengung der Aktivitäten auf „laufende Prozesse" zuungunsten von Neurungsprozessen. Das Anforderungsprofil an die Beschäftigten wird eingeengt und vorhandenes geistiges Potential gerade in der Situation ungenutzt gelassen, in der es besonders dringend notwendig wäre, eine Tendenzwende bei seinem Einsatz für den Leistungszuwachs herbeizuführen.

WAO bei der Leitungstätigkeit muß Schöpfertum der Leiter fördern

Die effektive Gestaltung der Leitertätigkeit ist selbst ein Problem der WAO, wobei hier offen gelassen werden soll, welche Wissenschaftsdisziplinen hierfür welche Teilbeiträge für die Analyse und Gestaltung dieser Art von Tätigkeit zu leisten haben. Unterschiede in der Effektivität, die bei Leistungsvergleichen der Betriebe eines Kombinates festgestellt werden und die ihre Ursache in der Leitungstätigkeit haben, sollten weiter zurückverfolgt werden bis zu den politischen Haltungen, der Konzentration der persönlichen Arbeit auf zuwachsfördernde Aktivitäten und letztlich bis zu dem Grad

[5] K. Matterne, S. Tannhäuser, Die Grundmittelwirtschaft in der sozialistischen Industrie der DDR, Berlin 1982, S. 105 ff.

[6] Vgl. H. Maier, Wissenschaftlich-technische Neuerungsprozesse, Effektivität und Strategienbildung, in: Wirtschaftswissenschaft, 11/1981, S. 1327 ff.

der schöpferischen Wahrnehmung der Aufgaben, die qualitativ neue Betrachtungsweisen, Zielstellungen, Lösungsformen usw. verlangen.

Was charakterisiert nun die Anforderungen an die Arbeit der Leiter, die eng mit dem erforderlichen Leistungszuwachs zusammenhängen und die durch die gezielte Vervollkommnung der Leitertätigkeit besser bewältigt werden müssen? Die allgemeine Situation besteht darin, daß dringender denn je alle Quellen für das Wirtschaftswachstum erschlossen werden müssen; zugleich liegen dafür aber auch umfangreichere Begrenzungen, Prämissen, Mehraufwände bei der Rohstoffgewinnung, Restriktionen für den Mitteleinsatz u. ä. vor. Das ist der Grund, weshalb es unbedingt notwendig ist, im Reproduktionsprozeß völlig neue Lösungen zu finden und nicht einfach nur „etwas mehr zu erreichen".[7] Bei den Anforderungen, die gegenwärtig gestellt werden, kommt der hohen Rolle von Wissenschaft und Technik im Aufgabenprofil der Leiter, ihrer Haltung, ihrer Sachkundigkeit und einer schöpferischen Lösung der Aufgaben, die Leistungszuwachs bewirken, eine zentrale Bedeutung zu. Ganz zu Unrecht wird allerdings mitunter dem Schöpferischen in der Leitungstätigkeit weit weniger Bedeutung beigemessen als beim Forscher, Konstrukteur und Neuerer. Hierin besteht ein ernsthafter Mangel mit negativen praktischen Folgen. Ohne hohes Schöpfertum bei der Leitung von Wissenschaft und Technik sind hohe schöpferische Leistungen der Forscher, Entwickler und Technologen, die mit hohen ökonomischen Effekten verbunden sind und in die Praxis überführt werden, kaum denkbar. Deshalb sollte ein grundsätzliches Anliegen der WAO bei der Leitertätigkeit in der weiteren Ausprägung schöpferischer Verhaltensweisen bestehen. Empirische Untersuchungen unterstreichen diese Feststellung. Meines Erachtens gilt für die gegenwärtige Situation folgendes:

1. Die Fähigkeiten der Leiter, die mit dem Erkennen, Aufgreifen und Lösen von neu heranreifenden Leitungsproblemen, mit dem Infragestellen des Bisherigen zusammenhängen, sind im Spektrum der Leistungsvoraussetzungen – für den Durchschnitt betrachtet – oftmals noch zu wenig entwickelt.

2. Nach den Äußerungen vieler Leiter erschweren es mitunter die Bedingungen und die Arbeitsbeanspruchung beim gegenwärtigen Stand der Organisation der Arbeit, schöpferisch zu arbeiten, d. h. Varianten zu verfolgen, Neues aufzugreifen, damit verbundene Risiken vorauszubestimmen.

3. Auffallend ist auch, daß das schöpferische Verhalten nicht von allen Leitern für sehr bedeutsam gehalten wird; teilweise wird es – ebenso wie Risikobereitschaft – unterschätzt.

4. Der entscheidende Umstand besteht aber darin, daß die Leitertätigkeit von der Sache her, d. h. objektiv, einen weit höheren schöpferischen Gehalt hat, als sie subjektiv von vielen Leitern schöpferisch vollzogen wird. Ganz bewußt wird hier das Niveau der schöpferischen Anforderungen an die Arbeit und das Niveau des Vollzugs der Leitertätigkeit auseinandergehalten. Zwischen beidem klafft zuweilen eine Lücke, die geschlossen werden muß. Der hinter den Anforderungen zurückbleibende Vollzug der Tätigkeit führt m. E. beispielsweise zu der Erscheinung, daß einerseits in nicht wenigen Wirtschaftseinheiten umfangreiche ungelöste Probleme bestehen und andererseits die Qualifikation einer großen Zahl von Hoch- und Fachschulkadern noch unzureichend genutzt wird. Die Leiter brauchen für die volle Wahrnehmung ihrer Aufgaben und Verantwortung nicht in erster Linie eine Hilfe für die Bewältigung von Routineprozessen. Der Schwerpunkt sollte vielmehr in der qualifizierten Bewältigung von Problembear-

[7] Aus dem Schlußwort des Mitglieds des Politbüros und Sekretärs des Zentralkomitees der SED, Genossen Günter Mittag, in: Mit der Kraft der Kombinate für weiteren hohen Leistungsanstieg, Berlin 1980, S. 25.

beitungsprozessen liegen. Problembearbeitungsprozesse treten auf z. B. bei der Konzipierung von Forschungsstrategien, der politisch-ideologischen Vorbereitung des Kollektivs auf grundsätzliche Veränderungen im Produktionsprogramm, der Umformierung des personellen Potentials, der richtigen politischen Einschätzung komplexer Leitungssituationen, der geistigen Durchdringung von Risikosituationen und bei der Organisation eines Prozesses des Umdenkens im Kollektiv, wenn dieses mit qualitativ anderen Aufgaben konfrontiert wird. Diese Hilfe durch wissenschaftliche Arbeit auf dem Gebiet der WAO sollte sich auch auf die Wechselbeziehungen zwischen den Arbeitsbedingungen und dem schöpferischen Gehalt der Tätigkeit von Leitern beziehen.

Als *Schlußfolgerung* ergibt sich, daß für die WAO bei der Leitungstätigkeit methodische Instrumentarien bereitgestellt werden sollten, die helfen, solche Merkmale in den Handlungen und den Arbeitsbedingungen der Leiter zu erfassen und auszuprägen, die dem erfolgreichen schöpferischen Arbeiten eigen sind bzw. diese begünstigen. Die Leiter sind in einem wesentlichen Umfang selbst Gestalter ihrer Tätigkeit und ihrer Arbeitsbedingungen. Sie schaffen zugleich Leistungsvoraussetzungen für ihr Kollektiv. Demzufolge sollte es sich vor allem um Grundlagen für Analyse und Gestaltung ihrer *eigenen Arbeit handeln.* Diese sollte beispielsweise auf den effektiven Vollzug solcher Erkenntnisprozesse wie der Erfassung von Leitungssituationen (z. B. Neuerungserfordernisse, nutzbares Neuerungspotential), die Fixierung des eigenen Leistungsbeitrages und das Auffinden von zweckmäßigen Varianten des Reagierens des Leitungsbereiches in der gegebenen Situation gerichtet sein. Eine besondere Rolle spielt nach unseren Erkenntnissen die vertiefte Ausprägung der Problembewußtheit[8] und die auf ein richtig abgestecktes Suchfeld gerichteten Suchaktivitäten für das Erkennen, Aufgreifen, Realisieren und den breiten wirksamen Nutzen von Neuerungsprozessen. Es kann angenommen werden, daß ein solches Instrumentarium auch eine tiefgründigere Beschreibung der Tätigkeit besonders erfolgreicher Leitungskader zuläßt. Es gestattet, bei der Verallgemeinerung progressiver Erfahrungen und Leitungspraktiken von der Handhabung von Leitungsformen mehr zur Art und Weise des Denkens der Leiter und der Organisation kollektiver – oft sehr weit verzweigter – Problembearbeitungsprozesse sowie zu ihrem Reagieren auf die erfaßten Situationen vorzudringen. Auf diesem Wege würde es auch möglich, mehr konzeptionelle Erkenntnisse über effektives Leiterhandeln und seine Wirkungsbedingungen zu gewinnen.

[8] Bei weitem nicht immer werden bestehende betriebliche Erfordernisse auch als Anspruch an die Arbeit der eigenen Leistungsbereiche und an die eigene Arbeit erlebt. Auf diese Weise bleiben unmittelbar oder mittelbar bestehende Möglichkeiten für Leistungszuwachs ungenutzt.

W. Podewin

Wissenschaftliche Arbeitsorganisation zur Leistungssteigerung in der Forschung und in der Forschung und Entwicklung

Die Höhe der Gebrauchswerte neuer Erzeugnisse, ihre Aktualität und Bedarfsgerechtheit, wird in hohem Maße durch die Qualität der Arbeit der Forschung und Entwicklung bestimmt.

Selbstverständlich muß diese Arbeit eingebettet sein in gut funktionierende betriebliche/kombinatsseitige und volkswirtschaftliche Reproduktionsprozesse. Es müssen also die Verbindungen zu relevanten fortgeschrittensten Erkenntnissen von Wissenschaft und Technik, zu den Hauptmärkten und ihren gegenwärtigen und perspektivischen Erfordernissen ebenso gut funktionieren wie die zur Technologie, den Zulieferern, der Produktion und dem Absatz.

Für die Höhe der Aufwendungen zur Produktion von Erzeugnissen und Leistungen gilt prinzipiell das gleiche.

Damit sind auch die Erlöse sowie die Binnenmarkt- und die Exporteffektivität in hohem Maße wie vorgenannt determiniert. Es ist deshalb notwendig, den Arbeiten zur Grundlagenforschung, zur bedürfnis- und zur konkurrenzseitigen Marktforschung, zur angewandten Forschung und Entwicklung von Erzeugnissen und Leistungen, Technologien und Verfahren größte Aufmerksamkeit zu schenken.

Genosse Erich Honecker erklärte in diesem Zusammenhang auf dem 3. Plenum: „Große Fortschritte der Intensivierung unserer Produktion haben ihren Ausgangspunkt immer am Reißbrett und im Labor."[1] Deshalb möchte ich nachfolgend wesentliche Möglichkeiten der wissenschaftlichen Organisation der Arbeit zur Leistungssteigerung in der Forschung und Entwicklung untersuchen.

Die Unterscheidung in Forschung und Forschung und Entwicklung wurde vorgenommen, um zu verdeutlichen, daß sowohl die Grundlagenforschung als auch die angewandte Forschung – letztere zumeist auch betrieblich eng verbunden mit der Entwicklung – Gegenstand der Arbeiten sein müssen. Dabei sind die Spezifika dieser Prozesse zu beachten. Im folgenden wird nur noch insgesamt von Forschung und Entwicklung gesprochen, falls nicht einer der Teilprozesse gesondert gemeint ist.

1. Schwerpunkte und Spezifika der WAO in Forschung und Entwicklung

Dieser Teil meines Beitrages resultiert wesentlich aus gezielten Gesprächen mit Kadern verschiedener Leitungsebenen aus Forschung und Entwicklung, mit Direktoren für Kader und Qualifizierung und Weiterbildungs-Verantwortlichen sowie mit Hochschullehrern der Ingenieur-, der Ökonomen- und der Wissenschaftsorganisatoren-Ausbildung.

[1] Aus dem Bericht des Politbüros an die 3. Tagung des ZK der SED, Berichterstatter: Genosse Erich Honecker, Berlin 1981, S. 31.

Die Gespräche wurden geführt, um zusätzlich zu den – z. Z. noch wenigen – Informationen aus der Literatur aktuellste und komplexe Aussagen über Stand und Erfordernisse aus Theorie und Praxis zu erhalten für die Konzipierung der Lehre, der Weiterbildung und der Forschung auf diesem Gebiet.

Es sollten in Praxis und Theorie der wissenschaftlichen Organisation der Arbeit in Forschung und Entwicklung drei prinzipiell mögliche Arbeitsweisen gekannt, genutzt und weiterentwickelt werden:

- Instrumentarien der WAO, in sinnvoller Weise angewandt entsprechend der Spezifik der Forschung und Entwicklung und ihrer jeweiligen Teilprozesse und Teilergebnisse:
  - die Analyse und Gestaltung der Arbeit,
  - die Arbeitsklassifizierung sowie die Ausarbeitung und Anwendung von Leistungskennzahlen,
  - die materielle und ideelle, persönliche und kollektive Stimulierung hoher Arbeitsergebnisse.
- Problemlösungen für komplexe, mehrfach wiederkehrende Aufgaben einer wissenschaftlichen Organisation der Arbeit in Forschung und Entwicklung,
- Kombinationen der beiden vorgenannten Arbeitsweisen.

Hinweise und Erfahrungen zur Leitung der WAO in Forschung und Entwicklung sollten das Ganze abrunden. Sie sind insbesondere dort zweckmäßig, wo erst geringe Erfahrungen mit der WAO-Arbeit insgesamt vorliegen, also wo zum Beispiel nicht auf diesbezügliche Erfahrungen aus der materiellen Produktion oder Leitung und Verwaltung in der eigenen Einrichtung zurückgegriffen werden kann.[2]

Im folgenden sollen besondere Schwerpunkte und Spezifika der WAO in Forschung und Entwicklung benannt werden:

1.1. Qualifizierung der Vorbereitung von Arbeitsgegenständen (Aufgaben) der Forschung und Entwicklung.

Dieser Schwerpunkt wurde herausgegriffen, weil mit diesem Arbeitsschritt entscheidende Weichen für Gebrauchswert und Wert und damit für die Effektivität künftiger Produkte gestellt werden. Zu seiner optimalen Lösung sind mindestens folgende Teilschritte erforderlich[3]:

- Auswahl und Zusammensetzung geeigneter Kader,
- verbesserte Befähigung geeigneter Kader zum Erarbeiten neuer Ideen,
- optimale Versorgung mit Eingangsinformationen,
- Befähigung zum selbständigen Präzisieren von Zielen/zur selbständigen Wertung von Lösungen und Teillösungen,
- Befähigung zur besseren Bearbeitung,
- Stimulierung zu maximalen Leistungen.

Der verbesserten Befähigung geeigneter Kader zum Erarbeiten neuer Ideen dient z. B.

ein allgemeines Kreativitätstraining,
ein spezifisches Kreativitätstraining für Konstrukteure (Finden und rationelles Kombinieren und Variieren relevanter Größen),
die systematische und die nichtsystematische Heuristik,

[2] Der Katalog Wissenschaftlicher Arbeitsorganisation (WAO) im Hochschulwesen, Institut für Hochschulbildung, Berlin 1981, beinhaltet in Form einer Kurzdokumentation Problemlösungen sowie Spezifisches zu Instrumentarien und zur Leitung der WAO hochschultypischer Prozesse.

[3] Die Teilschritte konnten nicht nur der WAO in Forschung und Entwicklung, sondern auch anderen Wissenschaftsdisziplinen zugeordnet werden. Im Abschnitt 2 dieses Beitrages dazu Näheres.

. das Training des rechtzeitigen und raschen Wechsels von algorithmierbaren und noch nicht algorithmierbaren Denkprozessen.

Der optimalen Versorgung mit Eingangsinformationen dienen WAO-Lösungen teils betriebs-/institutsspezifischer, teils allgemeiner Art wie für das

. rasche Erhalten von Informationen,
. vollständige Erhalten von Informationen,
. Erhalten aktuellster Informationen,
. gezielte Erhalten von Informationen.

Der Befähigung zur besseren Bearbeitung von F/E-Aufgaben dienen zusätzlich WAO-Lösungen zur

. nutzerfreundlichen Gestaltung von Informationen,
. rationellen Durchführung von Weltstandsvergleichen,
Vorbereitung, Durchführung und Nachbereitung von Verteidigungen.

Eine gut aufbereitete Übersicht über „Stellen, an denen ein Methodiker" (in einer F/E-Einrichtung) „immer wieder ansetzen kann, wenn er zur Rationalisierung beitragen will", einschließlich der Benennung vorliegender Ergebnisse, ihrer Einschätzung sowie eines Ausblicks, bietet J. Müller[4].

1.2. Beherrschung der hohen und rasch weiter wachsenden Komplexität der Aufgaben

Hier seien nur Stichworte genannt, um die Richtung der erforderlichen Problemlösungen (und gleichzeitig eventueller Qualifikationsforderungen) zu charakterisieren: ausreichend große und aktuelle Kenntnisse

- der Ökonomiebestimmung bei Herstellern und Anwendern,
- der Informationsverarbeitung in Forschung und Entwicklung,
- des Binnenmarktes sowie wichtiger Exportmärkte.

Auch hier lassen sich Qualitätssteigerungen bei wesentlichen Zeiteinsparungen erzielen, wenn gut aufbereitete Problemlösungen vorliegen, zum Beispiel für die Durchführung anwenderbezogener Weltstandsvergleiche.

1.3. Erfassung formalisierbarer Tätigkeiten und ihre schrittweise Ausgliederung aus der bisherigen Zuordnung

Diese Grundaufgabe der WAO dient der besseren Arbeitsteilung zwischen den Beschäftigten und/oder zwischen Mensch und Maschine mit den Zielen der

- Beschleunigung von Arbeitsprozessen,
- Verringerung von Fehlern,
- Erhöhung der Ergebnisqualität,
- Schaffung von mehr Kapazität für schöpferisches Arbeiten.

Auch hierfür gibt es lohnende vielfältig übertragbare Lösungen.

1.4. Erarbeitung spezifischer Leistungskennzahlen, Vervollkommnung der Leistungsbewertung und Stimulierung

Die Erarbeitung von Leistungskennzahlen oder anderen Leistungsvorgaben, die möglichst weitgehend auf das Endergebnis der Arbeit bezogen, aber noch ausreichend durch den oder die Mitarbeiter beeinflußbar sind, ist eine wichtige Aufgabe, welche die qualifizierte Erarbeitung sowie den Austausch bewährter Lösungen lohnt.

[4] J. Müller, Erkenntnisse und Erfahrungen eines Methodik-Beraters des ZIS Halle, in: ZIS-Mitteilungen (Zentralinstitut für Schweißtechnik, Halle), 4/1982, S. 396.

Auch das sichere Wissen um die differenzierte Wirkung verschiedener materieller und moralischer Stimuli – bezogen auf Kollektivnormen, auf Altersgruppen, auf Beschäftigtengruppen – erhöht die Rationalität der Arbeit und der Leitungstätigkeit in Forschung und Entwicklung.

Der Arbeitskreis Forschungsstimulierung des Zentralen Forschungsinstituts für Arbeit in Dresden und andere[5] legten Ende des vergangenen Jahres ein interessantes Material, u. a. zur Anwendung ideeller Stimuli, vor. Danach haben sich als sehr tragfähig erwiesen:

- Übertragung einer schöpferischen und interessanten Tätigkeit,
- Niveau der sozialistischen Arbeits- und Lebensbedingungen sowie das Arbeitsklima im Kollektiv,
- Qualifizierungsmöglichkeiten und persönliche Perspektive im Betrieb,
- Anerkennung der Arbeitsleistungen im Betrieb und Kombinat,
- richtig proportionierte Anwendung von Lob und Tadel,
- Mitwirkung an der Erarbeitung von Patenten, Lizenzen, Neuerervorschlägen,
- Veröffentlichungen, Studienreisen, Delegierung zu Kongressen und Tagungen u. a. m.

Ich möchte hinzufügen, daß auch hohe unverrückbare Aufgabenstellungen, die eine harte Konfrontation mit internationalen Spitzenwerten beinhalten, den Willen stählen, dadurch Intensität und Beharrlichkeit erhöhen und so fast unerwartete Höchstleistungen entstehen lassen können. Dazu gehört auch der Elan guter Absolventen und junger Hoch- und Fachschulkader, ihr Wunsch, sich in der Praxis zu beweisen. Bei Vergabe anspruchsvoller Aufgaben direkt an diese Kader führt das oft zu sehr hohen Arbeitsergebnissen sowie zur weiteren Ausprägung einer hohen Arbeitsmoral.

1.5. Leitung der wissenschaftlichen Organisation der Arbeit in Forschung und Entwicklung

Hierbei sollte besonders beachtet werden, daß die WAO

- organischer Teil der Aufgaben und Lösungshilfen zur komplexen Intensivierung wird,
- in sehr hohem Maße durch die Hoch- und Fachschulkader selbst auf die Rationalisierung ihrer eigenen Arbeitsprozesse angewandt wird.

Hier sei auf die Forderung von Genossen Harry Tisch im Bericht des Bundesvorstandes des FDGB an den 10. FDGB-Kongreß[6] hingewiesen, „den sozialistischen Wettbewerb stärker in den produktionsvorbereitenden Bereichen zu entwickeln. In der Forschung und Entwicklung sind die Pflichtenhefte ein gutes Mittel der Orientierung, wenn sie konkrete Ziele vorgeben, die dem Weltstand entsprechen. Alle Gewerkschaftsleitungen sollten hier keine Halbheiten dulden, sondern kompromißlos auf die Überwindung von Mittelmaß drängen."

[5] Leistung – Leistungsbewertung – Effektivität in der Produktionsvorbereitung, Lesematerial zum Kolloquium „Wege zur Erhöhung der ökonomischen und sozialen Effektivität der Arbeit in der Produktionsvorbereitung", veranstaltet im Oktober 1981 von der Ingenieurhochschule Köthen, dem Arbeitskreis Forschungsstimulierung des Zentralen Forschungsinstituts für Arbeit Dresden und dem Bezirksverband der Kammer der Technik Halle.

[6] Wachsende Rolle der Gewerkschaften bei der Gestaltung der entwickelten sozialistischen Gesellschaft in der DDR, Aus dem Bericht des Bundesvorstandes des FDGB an den 10. FDGB-Kongreß, Berichterstatter: Harry Tisch, Vorsitzender des FDGB-Bundesvorstandes, Mitglied des Politbüros des ZK der SED, in: Neues Deutschland vom 22. April 1982, S. 4.

2. Gesamteinordnung und Abgrenzungen

Um WAO-Lösungen für die Weiterbildung und die Nachnutzung möglichst übersichtlich und zweckentsprechend anbieten zu können, auch, um neue Lösungen und Erfahrungen rationell aufbereiten und speichern zu können, wird eine geeignete Systematik benötigt.

Grundsätzlich sehe ich folgende Systematisierungsmöglichkeiten:

a) nach den Elementen des wissenschaftlichen Arbeitsprozesses und den diese verbindenden Größen,
b) nach den Phasen wissenschaftlicher Arbeitsprozesse,
c) nach wesentlichen Ebenen wissenschaftlicher Arbeitsprozesse,
d) nach den Arten der Forschung und Entwicklung (z. B. Erkundungs- oder Grundlagenforschung),
e) nach den Hauptgebieten der Forschung und Entwicklung (z. B. Projekte, Konstruktionen oder Verfahren),
g) nach der Komplexität (Interdisziplinarität und Interinstitutionalität),
h) nach wesentlichen Tätigkeiten in wissenschaftlichen Arbeitsprozessen (z. B. Konzipieren, Berechnen, Entwerfen, Zeichnen, Bewerten, Entscheiden etc.[7])
i) nach der Technisierung der Arbeitsprozesse.

Zweifellos müssen für die Erfüllung der genannten Zwecke mehrere dieser Gliederungen möglichst parallel angewandt werden, um eine bestimmte Problemlösung sicher und schnell finden und auch einordnen zu können.

Eine weitere wichtige Frage kann die der Abgrenzung von WAO-Lösungen und speziellen WAO-Instrumentarien gegenüber Arbeitsergebnissen „reiner" Wissenschaftsdisziplinen sein, welche sich ebenfalls mit der Rationalisierung und Intensivierung von Arbeitsprozessen und -ergebnissen befassen, insbesondere von Forschungs- und Entwicklungsprozessen sowie deren Ergebnissen. Beispiele für Letzteres sind die Wissenschaftsökonomie, die Wissenschaftswissenschaften insgesamt, die Ingenieurpsychologie, Erfindermethodiken und andere.

Die disziplinäre Bearbeitung der komplexen Probleme der Praxis und Theorie ist zweifellos ebenfalls erforderlich, um

- die nötige Tiefe der Untersuchung wichtiger Aspekte dieser Probleme zu sichern,
- auch das gesamte Wissen dieser jeweiligen Disziplinen, also z. B. der Technologie, Ökonomie, Psychologie, zu Rate ziehen zu können. Dieses ist jeweils bereits seit langem für die materielle Produktion erarbeitet, vielfach erprobt und besitzt eine hohe Reife.

Die WAO als Hauptanwendungsgebiet der sozialistischen Arbeitswissenschaften muß die Komplexität der Arbeitswissenschaften widerspiegeln. Die WAO in Forschung und Entwicklung muß zusätzlich die Ergebnisse wissenschafts- bzw. forschungsbezogener relevanter Spezialdisziplinen beinhalten.

Für die Umsetzung in die Forschungs- und Entwicklungspraxis – für das Übergeben von Problemlösungen und für die Weiterbildung von Praxiskadern mit breitem Profil – wird, das hat die bisherige Erfahrung gezeigt, das auf komplexe, aktuelle Probleme bezogene Anbieten, Vermitteln und Diskutieren bevorzugt.

[7] Vgl. TGL 27214/02, Projekte und Programme für die Rationalisierung der technischen Produktionsvorbereitung.

3. Schritte zur Realisierung

Genosse Günter Mittag sagte auf dem ZK-Seminar in Leipzig: „Es bringt nichts ein, über Wissenschaft und Technik nur zu reden. Vielmehr kommt es jetzt darauf an, die Arbeit unserer hochqualifizierten Kader auf die effektivste Art und Weise so zu organisieren, daß in kürzester Frist jene schöpferischen neuen Lösungen entstehen und verwirklicht werden, die wir heute für die Stärkung der Position der Republik in der internationalen Klassenauseinandersetzung brauchen.“[8]

Daraus ergibt sich m. E.: Es muß zunächst der vorhandene Fundus an rationellen Arbeitsweisen in Forschung und Entwicklung rasch und breit genutzt werden. Dazu gehört

- das Zusammentragen (ähnlich den „Besttechnologien“) geeigneter Ergebnisse,
- deren übersichtliches Aufbereiten,
- das Sichern des Zugriffs,
- das aktive Anbieten, Vermitteln und Mitwirken an der Anpassung auf konkrete Situationen (besonders eine Aufgabe der Weiterbildung).

Es sollten weiterhin geeignete Teile des in der Grundlagenforschung vorhandenen Wissens zur schnellen Praxisnutzung aufbereitet werden. Hierzu gehören Gebiete wie Methodologie der wissenschaftlichen Arbeit, Theorien- und Modellbildung, Prognostik, Arbeits- und Ingenieurpsychologie, Erwachsenenpädagogik. Schließlich sollte die zielgerichtete Erarbeitung neuen Wissens – Problemlösungen, Instrumentarien und Grundlagenwissen – entsprechend den gesetzten Maßstäben beschleunigt werden.

[8] G. Mittag, Hoher Leistungszuwachs für die weitere Stärkung unserer Republik, in: Einheit, 5/1982, S. 469.

K. Schiefner

WAO und die sozialistische Rationalisierung

Genosse Prof. Dr. Hanspach führte zu Recht aus: Die WAO wirkt im System und ist dementsprechend in andere Führungskonzeptionen, wie z. B. in die komplexe sozialistische Rationalisierung, einzuordnen.

In den vorliegenden Thesen sollte m. E. dieser Systemcharakter, die Komplexität und Vermaschung aller mensch- und sachbezogenen Faktoren der WAO bei der Optimierung der Produktions- und Arbeitsprozesse noch verstärkt werden. Er ist sowohl für die Theorie als auch bei der praktischen Umsetzung, d. h. dem „Wie" der WAO, von ausschlaggebender Bedeutung. Es gilt, die ökonomischen und sozialen Effekte im betrieblichen/kombinatlichen und volkswirtschaftlichen Reproduktionsprozeß maximal zu nutzen. Wie bekannt, forderte Lenin, unablässig die Einheit von technisch-organisatorischen und sozialen Faktoren im Interesse der Werktätigen zu beachten. Als wichtige Bedingungen dafür fixierte er:

- Festigung der Staatsdisziplin einschließlich der Arbeitsdisziplin,
- allseitige Entfaltung der schöpferischen Initiative,
- Studium und Verbesserung der fortgeschrittenen Produktionserfahrungen,
- aktive Einbeziehung der Massen,
- allseitige Entwicklung des sozialistischen Wettbewerbs,
- umfassende Nutzung der modernsten Erkenntnisse von Wissenschaft und Technik.

Hieraus folgt, daß bei den Maßnahmen des wissenschaftlich-technischen Fortschritts alle mensch- und sachbezogenen Bedingungen von Anfang an zu berücksichtigen sind. Die praktische Umsetzung der WAO zeigt, daß, angefangen von der Analyse der Prozesse, der optimalen Gestaltung, der Leistungsbewertung und des Leistungsprinzips alle technischen, ökonomischen und sozialen Faktoren im Interesse der Leistungserhöhung auf der Basis des Planes und des sozialistischen Wettbewerbs zusammenzuführen sind.

Die Ergebnisse der Praxis lehren, daß die Effekte einer Systemlösung sowohl aus der Forschung und Entwicklung als auch aus den Investitionen und der laufenden sozialistischen Rationalisierung, den TOM (technisch-organisatorischen Maßnahmen) kommen.

Durch die ständige Produkten- und Technologievervollkommnung (Innovation) bei den Überleitungs- und Einführungsaufgaben sowie der laufenden Produktion werden mit Hilfe der WAO durch alle Werktätigen ständig neue Reserven aufgedeckt und damit Ansatzpunkte für die Rationalisierung der Hard-, Soft- und Orgware der Produktion bzw. Arbeitsprozesse gefunden und durch TOM planwirksam gemacht. Entsprechend ihrer Umsetzung werden sie untergliedert in Sofort- und langfristige Maßnahmen. Ein besonders positives Beispiel ist die Arbeit der Betriebsabteilung Bildröhre im Werk für Fernsehelektronik Berlin. Durch ständige WAO-Arbeit wurde im Rahmen der sozialistischen Rationalisierung ein zeitlicher Wirkungsgrad der eingesetzten Grundmittel von 92 % erreicht, d. h. 16,2 Stunden pro Kalendertag einschließlich des eingesetzten Industrieroboters mit drei Freiheitsgraden sowie der in eigener Regie geschaffenen vollautomatisierten Röhrenwaschanlage. Durch diese Rationalisierungsmaßnahme wurden drei bzw. vier Arbeitskräfte freigesetzt. Die Rückflußdauer des einmaligen Aufwandes beträgt beim Industrieroboter 1,3 Jahre. Bei der Waschanlage liegt die Rückflußdauer noch darunter. Gleichzeitig wurde durch rhythmischeren Arbeitsablauf die körperlich schwere und monotone Arbeit der Werktätigen beseitigt. Vor den TOM-Maßnahmen mußten z. B. die zwei Werktätigen am Waschplatz pro Schicht 3,6 t aufnehmen, umsetzen und ablegen bei einem Arbeitsweg von 6 km unter Last und 6 km ohne Last. Ein Rohkolben wiegt je nach Größe 13 bis 15 kg.

Die Innovation neuer Produkte und Technologien ist in steigendem Maße von der Kenntnis und Beherrschung der wissenschaftlich-technischen Grundlagen durch die Werktätigen abhängig.

Deutlich bestätigt dies die Entwicklung und Nutzung der Mikroelektronik einschließlich der Handhabetechnik, wie NC-Maschine, Industrieroboter und flexible Automatisierungstechnik. Besonders zu beachten ist, daß der Gesamtwirkungsgrad einer Maschine immer das Produkt von zeitlichem und leistungsmäßigem Wirkungsgrad ist. Prof. Hanspach erläuterte hierzu bereits einige Kennziffern. Die Größe der Aufgaben auf diesem Gebiet unterstreicht das nachfolgende Beispiel aus dem Kombinat Elektro-Apparate-Werke, Berlin. Die NC-Maschinen in der Vorfertigung werden zur Zeit mit 35 bis 40 % und die herkömmlichen Werkzeugmaschinen mit über 85 % zeitlich ausgelastet. Die optimale Auslastung erfordert, angefangen bei den Standzeiten der Werkzeuge usw., das Zusammenwirken der NC-Maschinen mit der Peripherie einschließlich der notwendigen Qualifikation der Werktätigen weiter zu verbessern.

Die Rahmenrichtlinie für die Ermittlung, Planung, Kontrolle der Effektivität der Maßnahmen des wissenschaftlich-technischen Fortschritts (GBl. I, Nr. 8 vom 11. 3. 1982) unterscheidet deshalb zu Recht zwischen

a) F/E	Pflichtenheft
b) Investitionen	Grundsatzentscheidung
c) TOM	Maßnahmeblatt.

Diese einheitliche Erfassung und Abrechnung ist notwendig, um mit Hilfe der sozialistischen Rationalisierung einschließlich der WAO hohe und stabile Wachstumsraten der Kombinate und Volkswirtschaft – insbesondere der Arbeitsproduktivität – zu realisieren, um das Verhältnis von Aufwand und Nutzen auf allen Gebieten entscheidend weiter zu verbessern.

Den Einfluß, den dabei die TOM auf der Basis der Methoden und Verfahren des Arbeitsstudiums und der übrigen Bestandteile der WAO in Verbindung mit dem sozialistischen Wettbewerb bei der Einbeziehung aller Beteiligten von Anfang an bei der Optimierung der Produktions- und Arbeitsprozesse im System haben, zeigt die Analyse der ökonomischen Effekte im Kombinat A (Robotron) und in den Betrieben B (Leiterplattenwerk Neuruppin) und C (Werk für Fernsehelektronik Berlin).

Die erreichten ökonomischen Effekte untergliedern sich dabei wie folgt:

	F/E	TOM	davon Neuererwesen
Kombinat A	1/5	4/5	15 – 20 %
Betrieb B	1/4	3/4	ca. 20 %
Betrieb C	2/5	3/5	ca. 20 %

Die Analyse zeigt, daß der Hauptanteil der ökonomischen Effekte in den untersuchten Kombinaten bzw. Betrieben erreicht wurde durch die höhere Integration der Bauelemente und Einschübe, indem der Materialaufwand, die Energie, das Raumvolumen, die Wartungs- und Stillstandszeiten usw. gesenkt wurden und die Zuverlässigkeit, die Lebensdauer und die Grundfondsauslastung anstiegen.

Die Praxis bestätigt, daß der Erfolg einer TOM als Teil der sozialistischen Rationalisierung abhängig ist von der

- Klarheit der Zielstellung,
- Einbeziehung der Werktätigen von Anfang an (Motivation, Einstellung, Aktivität usw.),
- konsequenten Beachtung der Einheit von Analyse und Synthese einschließlich Kontrolle und Abrechnung sowie dem optimalen Erfahrungsaustausch mit Hilfe des sozialistischen Wettbewerbs.

Dies galt und gilt nicht nur für Initiativschichten, die Schnellvortriebsbewegung im Bergbau, die Aktivisten- bzw. Freundschaftsschmelzen in der Metallurgie zur Findung und Durchsetzung von Besttechnologien, sondern besonders auch für die Initiativschichten zur Durchsetzung der Automatisierungsmaßnahmen mit Hilfe der Mikroelektronik in allen Bereichen der Volkswirtschaft. Hierzu sind am Maßstab der Weltspitze alle ideologischen, technisch-organisatorischen und sozialen Faktoren im Komplex und in ihrer Vermaschung ständig zu optimieren. Maximale Ergebnisse, Spitzenleistungen erfordern deshalb klare Ziel- und Aufgabenstellung in Einheit von Analyse und Synthese aller ideologischen, technisch-organisatorischen, ökonomischen und sozialen Faktoren bei ständiger Anleitung und Kontrolle der Arbeit gemeinsam von Anfang an mit allen Werktätigen. Die Basis hierfür ist und bleibt die sozialistische Gemeinschaftsarbeit, der sozialistische Wettbewerb.

A. Reif

Einfluß auf die Vervollkommnung der WAO durch Lehr- und Forschungseinrichtungen

An einer Bildungseinrichtung wie einer Technischen Hochschule liegen die Aufgaben zur Vervollkommnung der WAO entsprechend der objektiven Erfordernisse in beiden Hauptprozessen, also in Forschung *und* Lehre. Die Aufgaben resultieren aus dem wissenschaftlich-technischen Fortschritt in der Einheit seiner wissenschaftlich-technischen, ökonomischen und sozialen Komponenten. Auf dieser Ausgangsposition basiert unser Profil in Forschung und Lehre.

Gegenstand unserer Forschung sind arbeitswissenschaftliche Probleme bei der Entwicklung von flexiblen automatisierten Fertigungen, die gekennzeichnet sind durch die Integration von Haupt- und Hilfsprozeß, durch den Einsatz von Fertigungszellen einschließlich Industrierobotern und durch die Anwendung der Mikroelektronik für die Maschinen- und Prozeßsteuerung. Diese Lösungen, die den wissenschaftlich-technischen Fortschritt im Maschinenbau repräsentieren, erfordern *qualitativ neue* Lösungen seitens der WAO.

Von den daraus sich ergebenden vielen und meist komplizierten Problemstellungen wird an unserem Wissenschaftsbereich das Problem der Gestaltung von Arbeitskräftelösungen bearbeitet, welche Aussagen zur Arbeitsaufgabengestaltung, zur Organisationsform der Arbeitskollektive, zur notwendigen Arbeitskräfteanzahl, zur Arbeitsplatzgestaltung einschließlich Datentechnik und zur leistungsfördernden Stimulierung bringen. Methodisch wird diese Aufgabenstellung in der Einheit von Grundlagen- und Anwendungsforschung realisiert, wobei Teilergebnisse in Form konkreter, objektbezogener Lösungen für Pilotlösungen (Wema Saalfeld, Betriebsteil Thum und Kombinat 7. Oktober, Betriebsteil Gera) erarbeitet werden. Ich möchte in diesem Zusammenhang einige ausgewählte Schwerpunkte nennen, für die forschungsseitig Grundlagen entwickelt werden müssen:

- Grundlagen und Methoden für die wissenschaftliche Fundierung der Tätigkeitsprojektierung;
- Kriterien und Grundsätze für die Arbeitsteilung sowie für die Gestaltung kollektiver Formen der Arbeitsorganisation;
- Grundlagen für die ergebnisabhängige Leistungsstimulierung unter den Bedingungen veränderter Einflußmöglichkeiten.

Forschungsseitig zu beantwortende Fragen wirft auch die Vereinigung von produktionsvorbereitenden, produktionsdurchführenden und produktionssichernden Teilaufgaben in einer Person bezüglich der erforderlichen Qualifikation, aber auch bezüglich der betrieblichen Abrechnung auf. Und nicht zuletzt sei das Problem der qualitativen Bewertung der Arbeit genannt, für welche die Arbeitsklassifizierung allein zu eng geworden ist. Die Anforderungen an die Zuverlässigkeit flexibler automatisierter Fertigungen sowie ihr sehr hoher Grundmittelwert rücken solche Kriterien wie Verantwortung und Einstellung zur Arbeit in den Mittelpunkt.

Die in den erwähnten ausgewählten Schwerpunkten genannten Probleme sind sowohl für den Bereich der Produktion als auch den Bereich der technischen Produktionsvorbereitung zu lösen.

Soweit zu einigen Ausführungen zur Forschung, die aus dem wissenschaftlich-technischen Fortschritt in seiner perspektivischen und konkreten Erscheinungsform im Maschinenbau resultieren.

Ich führte eingangs aus, daß die Aufgaben zur Vervollkommnung der WAO auch in der Lehre liegen. In den 70er Jahren wurden mit der Grundlagenlehrveranstaltung Arbeitswissenschaften im Maschineningenieur- und Elektroingenieurwesen gute Erfahrungen hinsichtlich ihres Bezugs zum wissenschaftlich-technischen Fortschritt gemacht. Der künftige wissenschaftlich-technische Fortschritt erfordert m. E. nicht nur eine kontinuierliche Anpassung der Lehre, sondern in einigen Teilen eine inhaltliche Veränderung wie auch andere Proportionierung. In diesem Zusammenhang sind wir u. a. auf folgende Probleme gestoßen:

1. Es ist m. E. erforderlich, die Vermittlung arbeitswissenschaftlicher Grundlagen prozeßbezogen unter Berücksichtigung der Spezifik der Fachrichtungen durchzuführen.
2. Die im Rahmen der Forschung zu erbringenden arbeitswissenschaftlichen Grundlagen als Vorlaufwissen reichen noch nicht voll aus.
3. Es gibt mitunter die Auffassung, die arbeitswissenschaftliche Ausbildung zugunsten der Vermittlung technischer Sachverhalte zu reduzieren. Damit wird die soziale Komponente des wissenschaftlich-technischen Fortschritts disproportioniert dargestellt. Unsere Arbeiten an der Pilotlösung „bedienarme Fertigung" bestätigen dies, indem soziale Aspekte zunächst nicht den erforderlichen Stellenwert erhielten.

Ich bin der Auffassung, daß die Lösung vorgenannter Probleme unsere Absolventen besser in die Lage versetzt, den wissenschaftlich-technischen Fortschritt in der Einheit seiner Komponenten zu begreifen und sozialistische Rationalisierungslösungen zu erarbeiten.

H. Koziolek

Schlußbemerkungen

Zum Abschluß unserer Beratung möchte ich feststellen, daß die 36. Ratstagung vielseitig Probleme des wichtigen Feldes der menschlichen Arbeitstätigkeit behandelt hat. Damit widmete sich diese Ratstagung einem der vier Querschnittsprobleme der wirtschaftswissenschaftlichen Forschung im Zeitraum 1981 bis 1985, den Fragen der Erhöhung der Effektivität der lebendigen Arbeit. Es wurden dabei auch Ergebnisse der Hauptforschungsrichtung des Zentralen Forschungsplanes 1981–1985 „Hauptrichtungen der Vervollkommnung der wissenschaftlichen Arbeitsorganisation zur Nutzung und qualitativen Entwicklung des Arbeitsvermögens" zur Diskussion gestellt und weitere Probleme erörtert. Zugleich hat die Tagung einen bedeutenden Beitrag zur Erfüllung der Aufgaben des Seminars des Zentralkomitees der SED mit den Generaldirektoren der Kombinate und den Parteiorganisatoren des ZK vom April 1982 geleistet. Außerdem konnten erste Schlußfolgerungen zu bestimmten Fragen gezogen werden, die vom 10. FDGB-Kongreß aufgeworfen wurden.

Es ist besonders hervorzuheben, daß die Ratstagung deutlich gezeigt hat, welch hohes Gewicht die WAO für das weitere Leistungswachstum hat und daß sie als Bestandteil der ökonomischen Strategie der Partei zukünftig flexibel mit den technisch-technologischen und ökonomischen Erfordernissen Hand in Hand gehen und rasch auf aktuelle Anforderungen reagieren muß. Die qualitativen Veränderungen durch wissenschaftlich-technische Maßnahmen, insbesondere bei der sozialistischen Rationalisierung, haben zu einem qualitativen Wandel der Anforderungen an die WAO geführt. Mehrere Beiträge machten anschaulich deutlich, daß die zunehmende Tiefe und Breite der zu bewältigenden Prozesse es erforderlich machen, mit der WAO verstärkt das komplexe und prozeßorientierte Herangehen durchzusetzen und die oft noch vorherrschende einseitige Orientierung auf den einzelnen Arbeitsplatz zu überwinden. Es war ein Vorzug der Tagung, daß die Behandlung von Problemen der lebendigen Arbeit immer die Einheit von Kampf um hohen Leistungszuwachs, voller Nutzung aller materiellen und geistigen Fonds und der Verbesserung der Arbeits- und Lebensbedingungen aufzeigte. Es wurde herausgearbeitet, daß die WAO elementarer Bestandteil der Intensivierung ist und nicht gesondert neben dem wissenschaftlich-technischen Fortschritt, sondern unmittelbar damit verbunden durchzusetzen ist, das heißt, die langfristigen Intensivierungskonzeptionen der Kombinate und Betriebe müssen die WAO einschließen.

Besonderen Dank möchte ich Prof. Dr.-Ing. Hanspach und allen an der Vorbereitung und Durchführung der Ratstagung unmittelbar Beteiligten für ihre Arbeit aussprechen und betonen, daß die Wissenschaft vor allem verpflichtet ist, die in der Praxis gewonnenen Erkenntnisse zu verallgemeinern. Als Ergebnisse der Ratstagung können meines Erachtens herausgestellt werden:

– Die WAO ist Bestandteil der ökonomischen Strategie. Sie hat dazu beizutragen, daß die für die DDR im Vordergrund stehenden Entwicklungslinien, wie die Einführung der Mikroelektronik, der Robotertechnik, die Rohstoff-, Energie- und Materialverbrauchssenkung, die bessere Ausnutzung der Fonds, vor allem die Erhöhung der Schichtarbeit, die Rekonstruktion, Modernisierung und Prozeßeinordnung vorhandener Maschinen und Anlagen, die Schaffung arbeitsorganisatorischer Unterlagen bei Veränderungen in der Produktion usw., effektiv realisiert und zugleich die Arbeits- und Lebensbedingungen den neuen Erfordernissen entsprechend gestaltet werden.

– Die WAO leistet einen wesentlichen Beitrag zur Steigerung der Arbeitsproduktivität bei gleichzeitiger Verbesserung der Arbeits- und Lebensbedingungen und zur noch besseren Nutzung des geistigen Potentials. Die WAO ist auf das engste mit dem wissenschaftlich-technischen Fortschritt verbunden.

Die zentrale Frage der WAO ist, wie sie zur Erhöhung der Effektivität beitragen kann. Sie hat einen hohen Stellenwert für die Senkung des Aufwandes an lebendiger und vergegenständlichter Arbeit zur Verbesserung des Verhältnisses von Aufwand und Ergebnis. Die Forschungsarbeiten zur exakteren Messung der Arbeitsproduktivität müssen verstärkt werden, um bessere Lösungen als gegenwärtig möglich zu erreichen.

– Die wissenschaftliche Arbeitsorganisation ist entscheidender Bestandteil der sozialistischen Rationalisierung. Dabei kommt es insbesondere darauf an – und das ist die spezifische Seite der WAO –, die technischen und organisatorischen Bedingungen der Rationalisierung mit der Verbesserung der Arbeits- und Lebensbedingungen der Werktätigen zu verbinden.

Die WAO trägt entscheidend dazu bei, auf diese Weise den sozialistischen Charakter der Rationalisierung, die Vorzüge sozialistischer Produktionsverhältnisse in der Verwirklichung der Rationalisierung zum Tragen zu bringen.

– Leistungsvermögen und -bereitschaft vorausgesetzt, trägt die WAO zur Gestaltung der effektivsten Arbeitsbedingungen bei, d. h., sie wirkt auf die Kontinuität der Produktion, auf das Niveau der Arbeit usw. und nicht nur z. B. auf die Reduzierung von Arbeitserschwernissen. Für sie gelten gleichermaßen solche Kriterien wie Kontinuität der Produktion, Erhöhung des Inhalts der Arbeit, Nutzung des Leistungspotentials, Effektivität der Arbeit durch Arbeitsteilung und Kooperation, Niveau der Organisation der Arbeit vom Arbeitsplatz bis zur Betriebsorganisation. Das trifft auch für den Hauptprozeß der Produktion bis hin zu den Hilfsprozessen und für die Organisation der Arbeit in Leitung und Verwaltung zu.

– Der WAO erwachsen erhöhte Anforderungen aus der Durchsetzung des Leistungsprinzips und bei der Entwicklung der Masseninitiative der Werktätigen. Von besonderer Bedeutung dabei ist die Förderung einer noch höheren Arbeitsdisziplin und Arbeitsmoral. Über die durch die WAO vollziehbare Arbeitsumweltbeeinflussung wird ein bedeutender Einfluß auf die sozialistische Bewußtseinsentwicklung genommen. Die WAO übt wesentlichen Einfluß auf die Wirkung der Vorzüge und Triebkräfte der sozialistischen Produktionsverhältnisse aus, sie fordert und fördert den sozialistischen Wettbewerb, die Neuererbewegung, den Leistungsvergleich sowie die Wirkung des Kollektivs. Dabei muß beim sozialistischen Wettbewerb das Prinzip der Mannigfaltigkeit bewahrt bleiben.

– Die Wirksamkeit der WAO gewinnt durch enge Kooperation mit anderen Disziplinen, wie z. B. der sozialistischen Betriebswirtschaft, sowie mit der Organisation der Planung und Abrechnung noch weiter an Bedeutung.

Kolibri 360 GmbH
Ferdinand-Jühlke-Straße 7
99095 Erfurt, Deutschland
produktsicherheit@kolibri360.de